国家“十二五”规划重点图书

中国地质调查局
青藏高原1：25万区域地质调查成果系列

中华人民共和国

区域地质调查报告

比例尺 1∶250 000

扎日区幅

(H46C004003)

项目名称：1∶25万扎日区幅区域地质调查

项目编号：200113000063

项目负责：尹光侯 苏学军

图幅负责：苏学军

报告编写：苏学军 黄建国 彭兴阶 包俊跃
段国玺 侯世云 肖 玲 张家云
刘 志 杨淑胜 邓志祥 张留清

编写单位：云南省地质调查院

单位负责：李文昌(院长、院总工程师)

中国地质大学出版社
ZHONGGUO DIZHI DAXUE CHUBANSHE

内 容 简 介

1:25万扎日区幅区域地质调查，系中国地质调查局新一轮国土资源大调查为填补青藏高原空白区，提高西藏自治区地质研究程度而下达的区域地质调查重要项目之一。

运用现代多重地层划分理论，查明了工作区的地层分布，初步建立了全区的地层系统，将测区划分为5个地层分区、5个(岩)群、6个(岩)组和2个蛇绿混杂岩单位，其中新建晚三叠世章村组和玉门混杂岩，确定调查区南迦巴瓦岩群为元古代结晶基底的存在，新发现玉门蛇绿混杂岩。详细研究了朗县混杂岩带火山岩主要为基性火山熔岩，显示了深海拉斑玄武岩特征，其形成的构造环境为扩张的洋脊或边缘海。详细研究了玉门混杂岩带火山岩岩石学、岩石化学及地球化学特征，其特征介于板内碱性玄武岩与洋中脊玄武岩之间，玉门混杂岩形成于晚三叠世，为晚三叠世时的雅鲁藏布江洋的一部分，并具有早期裂谷至初始洋盆特征。对全区的侵入岩进行了系统、全面的调查，已划分出三叠纪、始新世、中新世3个侵入时期。对冈底斯岩浆弧花岗岩进行了岩石学、岩石化学及地球化学分析，划分为早白垩世同熔型花岗岩、晚白垩世同构造S型花岗岩组合。划分了5个变质岩带、变质岩亚带及2个韧性剪切糜棱岩带，发现高压多硅白云母，确定了雅鲁藏布江结合带高压变质带在区内的存在，在玉门混杂带中首次发现了埋深变质的葡萄石-沸石相低温高压变质带。通过对测区沉积建造、岩浆活动、变质作用、构造变形相、构造变形相序列、地球物理、构造变形期次、构造事件和大地构造环境的综合分析，将测区划分为5个二级构造单元、7个三级构造单元；重视区内伸展断裂和区内南北向脆性断裂的研究，查明了藏南拆离系在区内的展布情况。

图书在版编目(CIP)数据

中华人民共和国区域地质调查报告．扎日区幅(H46C004003)：比例尺1:250 000/苏学军等著．—武汉：中国地质大学出版社，2013.11

ISBN 978-7-5625-3217-0

Ⅰ．①中…
Ⅱ．①苏…
Ⅲ．①区域地质-地质调查-调查报告-中国②区域地质-地质调查-调查报告-西藏
Ⅳ．①P562

中国版本图书馆CIP数据核字(2013)第234066号

中华人民共和国区域地质调查报告
扎日区幅(H46C004003) 比例尺1:250 000　　苏学军　等著

责任编辑：李　晶　刘桂涛　　责任校对：张咏梅

出版发行：中国地质大学出版社(武汉市洪山区鲁磨路388号)　　邮政编码：430074
电　　话：(027)67883511　　传　　真：67883580　　E-mail：cbb@cug.edu.cn
经　　销：全国新华书店　　http://www.cugp.cug.edu.cn

开本：880mm×1230mm　1/16　　字数：406千字　印张：11.75　图版：13　插页：3　附图：1
版次：2013年11月第1版　　印次：2013年11月第1次印刷
印刷：武汉中远印务有限公司　　印数：1—1500册

ISBN 978-7-5625-3217-0　　定价：460.00元

前　　言

青藏高原包括西藏自治区、新疆及青海省南部、四川省西部和云南省西北部，面积达260万km^2，是我国藏民族聚居地区，平均海拔4500m以上，被誉为“地球第三极”。青藏高原是全球最年轻的高原，记录着地球演化最新历史，是研究岩石圈形成演化过程和动力学的理想区域，是“打开地球动力学大门的金钥匙”。

青藏高原蕴藏着丰富的矿产资源，是我国重要的资源后备基地。青藏高原是地球表面的一道天然屏障，影响着中国乃至全球的气候变化。青藏高原也是我国主要大江大河和一些重要国际河流的发源地，孕育着中华民族的繁生和发展。开展青藏高原地质调查与研究，对于推动地球科学研究、保障我国资源战略储备、促进边疆经济发展、维护民族团结、巩固国防建设具有非常重要的现实意义和深远的历史意义。

1999年国家启动了“新一轮国土资源大调查”专项，按照温家宝总理“新一轮国土资源大调查要围绕填补和更新一批基础地质图件”的指示精神。中国地质调查局组织开展了青藏高原空白区1∶25万区域地质调查攻坚战，历时6年多，投入3亿多，调集25个来自全国省（自治区）地质调查院、研究所、大专院校等单位组成的精干区域地质调查队伍，每年近千名地质工作者，奋战在世界屋脊，徒步遍及雪域高原，完成了全部空白区158万km^2共112个图幅的区域地质调查工作，实现了我国陆域中比例尺区域地质调查的全面覆盖，在中国地质工作历史上树立了新的丰碑。

1∶25万扎日区幅（H46C004003）区域地质调查项目，由云南省地质调查院承担，目标任务书要求：应用造山带综合地层学、构造地质学、岩浆动力学和盆山耦合的理论与方法，综合运用遥感地质、地球物理、地球化学等多手段，充分利用前人的调查研究成果，按照《1∶25万区域地质调查技术要求（暂行）》、《青藏高原艰险地区1∶25万区域地质调查技术要求（暂行）》及有关规范、指南，合理采用填图方法，划分测区的构造单元，对不同的地质构造单元采用不同的填图方法和技术路线，对测区进行全面的区域地质调查，并根据测区的实际情况，辅以矿产地质、地质生态环境的综合调查。

1∶25万扎日区幅（H46C004003）地质调查工作时间为2001—2004年，累计完成地质填图面积为4300km^2，遥感解译面积16 308km^2；实测剖面113.18km。地质路线779km，采集各类样品3259件，全面完成了设计工作量。主要成果有：①将测区划分为5个地层分区、5个（岩）群、4个亚群、6个（岩）组和2个蛇绿构造混杂岩，新建晚三叠世章村组和玉门混杂岩。②依据在隆子县夏格勒桥南迦巴瓦岩群中获Rb－Sr等时线年龄625Ma，隆子县绕让肉切村岩群中获$^{40}Ar-^{39}Ar$同位素等时线年龄921.17±1.32Ma，结合邻区同位素年龄资料，确定调查区元古代结晶基底的存在。③在蛇绿岩调查研究中取得重大进展。新发现玉门蛇绿混杂岩，由晚三叠世复理石基质、玄武岩岩片、辉橄岩岩片、少量硅质岩等组成；在基质部分采获晚三叠世化石；朗县蛇绿混杂岩带范围有所扩大，其南界向南推至登木—白露一带。④初步查明了火山岩的分布，火山活动时期有新元古代至寒武纪、三叠纪、白垩纪等时期，基本查明了火山岩的时空分布规律及形成的大地构造环境。⑤对全区的侵入岩进行了系统、全面的调查,已划分出三叠纪、始新世、中新世3个侵入时期。确定冈底斯岩浆弧花岗岩为早白垩世同熔型花岗岩、晚白垩世同构造S型花岗岩组合。⑥划分了5个变质岩带、变质岩亚带及2个韧性剪切糜棱岩带;在金东一莫洛一带发现了高压多硅白云母,确定了雅鲁藏布江结合带高压变质带在区内的存在;在玉门混杂带中首次发现了埋深变质的葡萄石-沸石相低温高压变质带。

2004年7月,中国地质调查局组织专家对项目进行最终成果验收,评审认为,提交的野外原始资料齐全,整理较规范;地质记录内容较丰富,各类图件吻合较好,地质草图图面结构合理;全面完成了任务书和批准的设计书规定的各项任务,并取得不少新成果。专家组同意通过野外验收,野外资料评定为优秀级,参加报告编写的主要有苏学军、黄建国、彭兴阶、包俊跃、段国玺、侯世云、陈应明、肖玲、张家云、刘志、杨淑胜、邓志祥、张留清等。先后参加野外工作的还有段德华、赵庆红、洪友琪、胡清华、孙贵荣、张富金、杜德寿、杨崇德、李四平、刘启和、杨位民、戴庚荣、翁晋川、邓曙光、丁敏聪、刘卫东等。

1:25万隆子县幅区域地质调查,得到了中国地质调查局拉萨工作站、西藏山南地区行政公署、林芝地区行政公署、人民解放军边防部队和当地各族人民的支持和帮助;原国土资源部副部长、原中国地质调查局局长寿嘉华等一行还到野外第一线慰问了全体工作人员。受到了西藏1:25万区域地质调查专家组夏代祥、王义昭教授级高级工程师、李才教授、云南省地质调查院秦德厚教授级高级工程师、包钢处长及区域地质调查主管曹德斌教授级高级工程师、成都地质矿产研究所潘桂棠和罗建宁研究员、中国地质调查局成都地质调查中心丁俊博士、王大可教授级高级工程师和王全海处长、彭兴阶高级工程师等人的指导和帮助,在此表示诚挚的谢意。

为了充分发挥青藏高原1:25万区域地质调查成果的作用,全面向社会提供使用,中国地质调查局组织开展了青藏高原1:25万地质图的公开出版工作,由中国地质调查局成都地质调查中心与项目完成单位共同组织实施。出版编辑工作得到了国家测绘局孔金辉、翟义青及陈克强、王保良等一批专家的指导和帮助,在此表示诚挚的谢意。

鉴于本次区域地质调查成果出版工作时间紧、参加单位较多、项目组织协调任务重以及工作经验和水平所限,成果出版中可能存在不足与疏漏之处,敬请读者批评指正。

“青藏高原1:25万区调成果总结”项目组

2010年9月

目　　录

第一章　绪　论

第一节　交通位置、自然地理与经济

一、位置与交通

1∶25 万扎日区幅(H46C004003)位于西藏自治区东南部。北与 1∶25 万林芝县幅、西与 1∶25 万隆子县幅、南与 1∶25 万济罗幅、东与 1∶25 万巴昔卡幅相邻。地理坐标：东经 93°00′—94°30′，北纬 28°00′—29°00′，面积 16 308km²。调查区横跨喜马拉雅造山带东部冈底斯陆块、著名的雅鲁藏布江结合带及喜马拉雅陆块，是中国地质调查局青藏高原南部空白区基础地质调查与研究项目。行政区划属林芝地区米林县、墨脱县、朗县，山南地区隆子县、错那县所辖(图 1-1)。

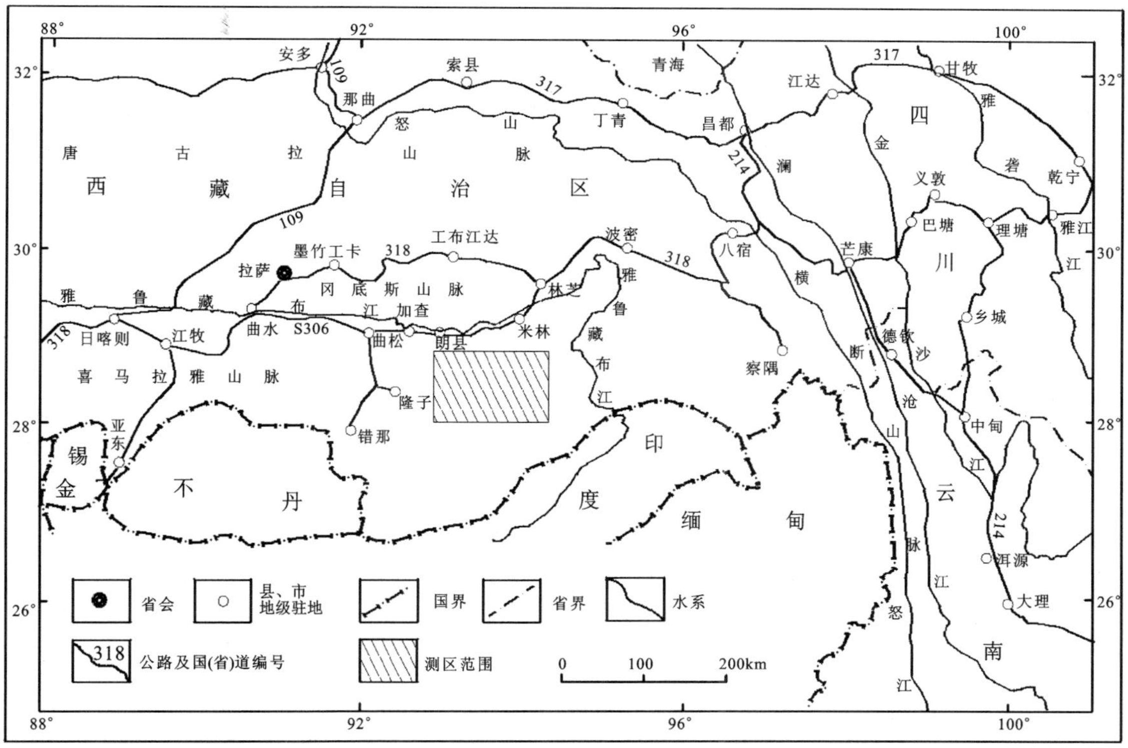

图 1-1　交通位置图

调查区内交通不便。S306 省道从测区北侧的雅鲁藏布江边通过。图区内竟无一个县城和一条主干公路。有少量林区或至乡政府的短途简易公路、便道。扎日区(马及墩)有简易国防公路可通，其余广大山区、游牧场为稀疏的崎岖小道，全靠马、牦牛和人力运输，通行十分艰难。

二、自然地理与经济

测区位于雅鲁藏布江南，著名的喜马拉雅山脉东西向横亘于测区北部。地势西北高，东南低，主峰一线海拔均在 4500m 以上，6000m 以上的山峰有 11 座(图版Ⅰ-1)。其冰川山岳自然地貌景观遗迹蔚为壮观。区内现代冰川有 25 处，总面积大于 240km^2。最高峰在拉多乡东南，海拔为 6179m，最低点为甲曲河谷，海拔仅 200m，最大高差达 5979m。雅鲁藏布江南岸河谷为 3000～3100m，其风景优美，气候宜人，自然资源丰富，属高山深切割地区。

区内水系发育，呈树枝状由西向东一南流，部分为南北向流，主要水系有雅鲁藏布江(图版Ⅰ-2、Ⅰ-3)，甲曲河、西洛木河及其他主要水系均属印度洋水系。高山、山地河流，落差大，水流湍急，有着丰富的水利资源。高原上明镜般的冰川湖泊星罗棋布，湖泊周围水草丰美，是藏族牧民夏季优良的天然牧场地。

调查区处于低纬度高原气候区。受印度洋湿润气候的影响，雨量充沛，气候变化无常，垂直分带显著。夏季山顶冰雪辉映，山下百花飘香，有"一山有四季，十里不同天"的特点。区内以高原温带半湿润季风气候区为主，亚热带、温带及寒带并存的多种特殊季风气候区。年平均气温 9.1℃，最高气温 30.3℃，平均最高气温 17.0℃，最低气温－6.2℃，平均最低气温 5.5℃。5 月中旬—10 月中旬为雨季，雨季降水量 430.7mm。旱季降水量 44.9mm。本区初霜期为 10 月下旬，终霜期为次年 4 月下旬。区内自然灾害频繁，安全隐患多。常见的自然灾害有洪涝、干旱、泥石流、霜冻、冰雹、风沙、滑坡、地震及农作物病虫害等。野外作业时间以 4—10 月较为适宜。

调查区人烟稀少，居民多集中居住于雅鲁藏布江江边及公路沿线的乡村、城镇(图版Ⅰ-4)。广大高山区为无人区，仅有少量季节性牧场。居民以藏族为主，少量门巴族、珞巴族、汉族等，是一个多民族聚居的地区，以打猎、耕种和畜牧为生。生产方式十分落后，许多地方仍是刀耕火种，生活物质难以自给。名特产品主要有畜产品、冬虫夏草、松茸、贝母、麝香、熊胆、天麻、野三七、猴头、灵芝、苹果和高原鱼类等。种植业农作物主要有冬小麦、春小麦、青稞、油菜、土豆、豌豆、蚕豆、麻等。区内高山牧场、谷地、林间草场牧场，水草丰盛，为西藏牧区之一。畜牧业主要饲养牦牛、犏牛、黄牛、绵羊、山羊、马、驴、骡、猪等，牦牛能在高原雪山上长途驮运，被誉为"高原之舟"。

调查区自然资源丰富，并有着得天独厚的地质矿产资源。植物从亚热带到寒带均有生长，是生物多样性最典型的地区之一，是全国最大的原始森林区之一。植物资源中仅高等植物就有 1000 多种以上。主要有观赏植物杜鹃、兰花、龙胆等；主要林木种类有巨柏(西藏古柏)、桑树、红豆杉、冷杉、云杉、高山松、华山松、高山栎、杨桦、柳树等；药用植物灵芝、冬虫夏草、野三七、天麻、茯苓、雪山一枝蒿、红景天、贝母、党参、手掌参、雪莲花等。食用菌资源有松茸、银耳、金耳、木耳、猴头、鸡油菌等。经济林木和水果有苹果、梨、核桃、桃、石榴、西瓜、草莓等。野生动物资源有黑熊、马熊、狗熊、金钱豹、雪豹、鹿、猴子、香獐、水獭、猞猁、野牦牛、黄羊、羚羊、盘羊、野猪和鸟类等。区内已发现矿产资源有金、铜、铁、铬铁矿、水晶、石榴石、透闪石、蓝晶石类矿物、石墨、地下热水。人文景观类有 20 处，其中有列山古墓群。著名的宗教寺庙有桂萨石庙、勒池寺，乃巴村彩绘摩崖石刻，还有遮天蔽日的原始森林、花卉((图版Ⅰ-5、Ⅰ-6)和雪山草地，里龙等地雅鲁藏布江边的沙丘链等(图版Ⅰ-7)。

第二节　目的任务要求

西藏 1∶25 万扎日区幅(H46C004003)区域地质调查项目，系中国地质调查局新一轮国土资源大调查为提高青藏高原基础地质工作水平，解决一批国际瞩目的重大地质问题，提高我国地学研究的国际地位，以提高地质调查工作质量和社会效益为出发点，以服务国民经济与社会可持续发展为目的，并围绕经济建设和社会发展以及西部大开发战略需要，而下达的国土资源大调查区域地质调查项目之一。

中国地质调查局于2001年1月19日，下达了青藏高原1:25万扎日区幅（H46C004003）区域地质调查项目任务书。任务书编号60101153005，项目编码200113000063。由云南省地质调查院负责实施。同年3月1日，云南省地质调查院以云地调[2001]26号文下达任务书，决定由第三地质矿产调查所具体承担青藏高原1:25万扎日区幅区域地质调查任务。经过2001年实际填图工作，发现扎日区幅南部大部分地区难以进入，2002年初中国地质调查局又重新下达任务书，将1:25万扎日区幅和1:25万隆子县幅合为一个项目，为青藏高原南部空白区基础地质调查与研究，基础地质调查项目子项目。任务书编号：基[2002]002－18，子项目编码：20011300064，项目总经费为432万元，项目实施单位为成都地质矿产研究所，负责单位为云南省地质调查院，工作年限为2001年1月—2004年12月。

中国地质调查局总体目标任务书要求："应用造山带综合地层学、构造地质学、岩浆动力学和盆山耦合的理论与方法，综合运用遥感地质、地球物理、地球化学等多手段，充分利用前人的调查研究成果，按照《1:25万区域地质调查技术要求（暂行）》、《青藏高原艰险地区1:25万区域地质调查技术要求（暂行）》及有关规范、指南，合理采用填图方法，划分测区的构造单元，对不同的地质构造单元采用不同的填图方法和技术路线，对测区进行全面的区域地质调查，并根据测区的实际情况，辅以矿产地质、地质生态环境的综合调查。填图总面积为32 616km^2。"具体任务要求如下。

（1）通过系统区域地质调查，查明各大类岩石或地质体的岩石组合类型、时空分布；在此基础上划分构造单元，建立各单元岩石地层系统。

（2）调查测区原划分为"三叠系"郎杰学群的特征、层序、盆地性质及转换关系。

（3）查明雅鲁藏布江结合带时空展布、构造转换及变形-变质叠加等问题。

（4）查明主要断裂、褶皱的形态规模、组合样式及运动学标志，探讨区域构造演化；注意各类矿产资源和地质生态环境的综合调查。

（5）按照填图带专题的原则，专题为西藏扎日地区雅鲁藏布江结合带地质演化模式。

（6）重点解剖雅鲁藏布江构造带"蛇绿岩混杂岩"的组合类型、形成时代，进而探讨板块构造的拼合、裂解过程及其构造动力学机理，及与之有关的构造-岩浆活动、变质作用和成矿作用规律。

预期成果：1:25万扎日区幅地质图、区域地质调查报告及专题报告；提交1:25万扎日区幅地质图MAPGIS和ARC/INFO图层格式的数据光盘、报告文字数据盘各一套，遥感解译数字影像图及数据光盘。2004年5月提交图幅野外验收成果，2004年12月提交最终验收成果。

根据上述目标任务要求，结合测区实际，项目拟定以下工作目标。

（1）查明区内地层、岩石、古生物、构造以及其他各种地质体的岩石类型、空间展布、相互关系等特征，重视地质成果的转化和地质知识的科学普及，实现地质成果全方位、全领域向社会提供服务。

（2）加强对晚三叠世和侏罗纪—白垩纪沉积地层的调查，尤其对晚三叠世构造-地层以岩石地层单位为基础，填绘其中的变中基性火山岩、灰岩、石英砂岩等特殊岩石地层体，查明朗杰学群与涅如组关系、恢复地层层序，合理划分地层和填图单位，对比研究时代、建造及盆地性质、变形变质特征、构造环境，合理划分构造-地层分区。

（3）查清玉门蛇绿岩西延的物质组成、剖面结构、时代、变质变形特点、空间展布特征，以及与上三叠统郎杰学群的关系。

（4）研究各地层-构造分区边界断裂的特征、运动学及变形机制及其对两侧地层、构造变形、岩浆活动和变质特征等的控制属性。正确填绘与研究各区（褶皱）构造形态、样式，探讨区域构造演化、高原隆升机制。

（5）重视区内中酸性侵入岩类的野外地质实际资料搜集，注意其与周边地质体的关系及成矿作用。

第三节　地质矿产调查历史与研究程度

测区位于喜马拉雅造山带的东部，以往开展的地质工作较少。除1∶100万区域地质调查外，仅有少量路线地质及矿产调查，存在着大片地质空白区。迄今为止先后有以下主要单位在本区做过地质工作。

1951—1953年，以中国科学院李璞为首的专家首批进藏考察，沿公路沿线进行了1∶50万西藏东部地质矿产调查；1962年，西藏自治区地质局拉萨地质队进行1∶100万拉萨地区路线找煤地质调查；1973—1976年，中国科学院青藏高原综合科学考察队沿公路进行科学考察；1974—1979年，西藏自治区地质局综合普查大队进行1∶100万拉萨幅区域地质调查，正式拉开了该区地学研究序幕；1975—1992年，潘桂棠、陈智梁、李兴振等进行东特提斯地质构造形成演化野外路线专题考察研究；1983—1984年，西藏自治区地质矿产局第二地质大队进行1∶20万加查—林芝路线地质矿产调查。1988年，成都地质矿产研究所编制出版了1∶150万青藏高原及邻区地质图及说明书；1989年，西藏自治区地质矿产局地质科学研究所编制出版了1∶150万西藏板块构造-建造图及说明书；1992—1994年，西藏自治区地质矿产局区域地质调查队，进行了1∶20万朗县幅区域化探工作(水系沉积物测量)；1993年，西藏自治区地质矿产局出版了专著《西藏自治区区域地质志》；1997年，西藏自治区地质矿产局编著出版了《西藏自治区岩石地层》；2001年，西藏自治区地质矿产局区域地质调查队，进行了1∶20万米林县幅区域化探工作(水系沉积物测量)。2001年，陕西省地质调查院进行1∶100万拉萨幅区域重力测量；2002年，潘桂棠、李兴振、王立全等进行青藏高原及邻区大地构造单元初步划分。其他地质科学考察成果等见表1-1。

上述历年来进行的基础地质矿产调查、普查找矿及地质科学研究考察工作，积累了较为系统的地质矿产资料，为本区开展1∶25万区域地质调查奠定了较好的基础。

表1-1　测区地质调查历史简表

序号	成果名称	工作单位与作者	工作时间
1	1∶50万西藏东部地质矿产调查资料	中国科学院李璞等	1951—1953年
2	1∶100万拉萨地区路线找煤地质报告	西藏自治区地质局拉萨地质队	1962年
3	青藏高原科学考察丛书：西藏地层、西藏岩浆活动和变质作用等	中国科学院青藏高原科考队	1973—1976年
4	1∶100万拉萨幅区域地质调查报告	西藏自治区地质局综合普查大队	1974—1979年
5	东特提斯地质构造形成演化	潘桂棠、陈智梁、李兴振等	1975—1992年
6	1∶20万加查—林芝地质矿产调查报告	西藏自治区地质矿产局第二地质大队	1983—1984年
7	1∶150万青藏高原及邻区地质图及说明书	中国地质科学院成都地质矿产研究所	1988年
8	1∶150万西藏板块构造-建造图及说明书	西藏自治区地质矿产局地质科学研究所	1989年
9	喜马拉雅岩石圈构造演化西藏地层	中国地质科学院	1989年
10	1∶20万朗县幅地球化学图说明书(水系沉积物测量)	西藏自治区地质矿产局区域地质调查队	1992—1994年
11	西藏自治区区域地质志	西藏自治区地质矿产局	1993年
12	西藏自治区岩石地层	西藏自治区地质矿产局	1997年
13	1∶20万米林县幅地球化学图说明书(水系沉积物测量)	西藏自治区地质矿产局区域地质调查队	2001年
14	1∶100万拉萨幅区域重力测量	陕西省地质调查院	2001—2003年
15	青藏高原及邻区大地构造单元初步划分	潘桂棠、李兴振、王立全等	2002年

第四节 任务完成情况及质量评述

一、任务完成情况

项目组由24人组成，其中正高级工程师1人，高级工程师7人，工程师7人，助理工程师6人，技术员1人，后勤人员6人。其中，部分人员与1:25万林芝县幅工作交叉使用。

根据任务书和设计书及1:25万区域地质调查技术要求(暂行)，1:25万区域地质调查工作分以下6个阶段进行。

1. 野外工作前期准备阶段

2001年1—4月，准备工作阶段。项目3月正式运作，主要任务是收集测区有关资料，熟悉、阅读资料，对遥感资料进行初步解译，组织有关人员进行岗位培训，并请专家介绍测区地质概况，找出存在的重点和难点地质问题，编制地质草图，制定生产任务计划和布置野外工作。

2. 野外踏勘与地质试填图及设计编审阶段

2001年5月—2002年4月。2001年5—9月，进行野外地质、矿产踏勘与试填图、测制部分剖面，遥感解译成果初步查证。10—12月，编写图幅设计书，于2001年12月5日提交设计书报云南省地质调查院、中国地质调查局西南地区项目管理办公室。同年12月20—22日，在云南省昆明市审查通过。2002年4月项目组根据设计评审批复意见进行了设计修改，并对2001年野外工作进行室内资料整理和质量检查。

3. 野外调查阶段

2002年5—9月，全面开展地质填图扫面、实测地质剖面、矿产踏勘、地质路线检查、灾害地质、生态地质、旅游地质资源调查。搜集了较为丰富的野外第一手资料。

2003年4—9月，开展第二次野外工作。4月15日出队，9月2日收队。分4个作业组历时4.5个月。对1:25万扎日区幅进行全面填图和剖面测制工作，查明了各地层单元展布特征、物质组成、相互关系及变质变形特征，并进行遥感解译查证。

4. 地质资料整理阶段

2002年10月—2004年5月，对所有形成的野外资料进行了再整理和全面质量检查。其中，2003年主要工作是1:25万隆子县幅的设计和野外地质调查工作，准备野外资料验收。

5. 野外资料验收阶段

2003年9月—2004年7月，全面整理各项野外实际资料，样品成果加注，编制各种图件、表格，编写矿(化)点踏勘检查简报、建立各类卡片，进行野外资料验收前的综合整理与质量检查和编目，编制野外地质图和实际材料图，编写1:25万扎日区幅野外区域地质调查简报。

2004年7月26—27日，受中国地质调查西南项目办公室委托，以云南省地质调查院秦德厚教授级高级工程师为组长的5人验收组，在云南省大理市对青藏高原1:25万扎日区幅区域地质调查项目进行野外资料验收。经专家组评审认为："1:25万扎日区幅区域地质调查经过三年半的艰苦工作，取得了十分丰富的第一手资料，完成了任务书和设计书规定的任务，同意通过野外资料验收，转入室内最终报告编写”，对项目组野外工作原始资料评定为优秀级(91.5 分)。

6. 最终成果报告编写验收阶段

2004 年 8—12 月，项目组按照野外资料验收要求及意见，补送了部分岩矿、化学分析及少量外检样品。在各种资料综合整理的基础上，多次组织全体人员对图幅内主要地质、矿产问题进行深入讨论。在统一认识的基础上，项目组根据《1∶25 万区域地质调查技术要求》，按项目技术人员业务特长分工负责，作了统一部署安排，编制报告详细提纲。云南省地质调查院区调主管也多次莅临指导、检查。2003 年 12 月底完成报告送审稿、数字化地质图编制。

根据任务书和设计，1∶25 万扎日区幅区域地质调查共完成如下实物工作量(表 1-2)，较多项目超过了设计要求。

表 1-2　扎日区幅实物工作量一览表

工作项目		单位	设计数	完成数	工作项目		单位	设计数	完成数
填图面积	1∶25 万	km^2	4300	4300	多项化学分析		件		12
	遥感解译		16 308	16 308	硅酸盐分析		件	35	65
实测剖面	地层	km/条	122.7	113.185/8	稀土分析			35	65
地质路线	填图路线	km	910	779	微量元素			35	65
	检查路线			60	X 衍射分析		件	5	7
地质观测点		个		651	电子探针		件	12	12
化石	大化石	件	50	21	同位素年龄	放射性	件	6	9
	牙形石		15	8		氧、铅			1
	放射虫			18	基岩半定量光谱		件	20	29
岩矿鉴定	薄片	件	1000	1378	陈列样品		件		1546
	定向薄片		15	15	矿点检查	踏勘	个		13
	粒度分析		10	8		新发现			6

二、质量评述

为了确保图幅质量，项目组严格按照中国地质调查局《1∶25 万区域地质调查技术要求(暂行)》及地质调查项目管理制度和技术与质量管理的要求，不断学习运用当代地质科学领域中的新理论、新技术、新方法，“源头创新”及提高调查成果的科技含量，发挥调查成果的社会效益，从传统地质工作向以“地球系统科学”为核心内容的现代地质工作转变。为了实现地质工作为国民经济和社会发展的多功能、全方位服务工作思想，工作中充分利用高新技术全球卫星定位系统技术(GPS)、遥感信息系统技术(GS)和地理信息系统技术(GIS)，为确保野外资料的准确性，提供了高科技的技术保证。

质量是地质调查的生命线。项目组在上级领导下，重视区调工作质量。自始至终坚持质量检查制度，强化项目技术与质量管理工作，确保项目质量，提高成果水平。在野外资料验收审查中，项目地质调查成果获优秀地质成果。野外现场工作期间，国土资源部副部长兼中国地质调查局局长寿嘉华、青藏高原 1∶25 万区调专家组夏代祥、王义昭、李才、中国地质调查局成都地质调查中心丁俊博士、拉萨工作站黄伟、李国梁高级工程师、项目单位领导杨夕辉教授级高级工程师、云南省地质调查院包钢高级工程师、曹德斌教授级高级工程师和项目技术顾问彭兴阶高级工程师、总工办主任侯世云高级工程师等莅临野外工作区指导、检查工作和慰问。室内资料整理中，各级部门来项目组进行检查，加强项目全过程质量控制与技术指导，强化质量监督，肯定了项目工作质量是可靠的，并且找出了存在的问题和提出改进措施。此外，为了加深对本区地质矿产规律的认识，提高图区的研究程度和成果质量，工作者不断地学习运用当代地质科学领域中的新理论、新技术、新方法。项目组多次与外单位和在项目组内进行图幅地质矿产问题学术交流、讨论会，提高技术人员业务素质。

野外地质调查所使用的工作地形图系中国人民解放军总参谋部测绘局1974年、1980年、1983年第一版1:10万地形图和1983年第一版1:5万地形图；1:25万地理底图采用国家基础地理信息中心提供的1:25万地理底图空间数据库数据，由云南省地质调查院信息中心所编制；野外地质定点定位是地质填图的基础，工作中野外空间定位定点采用小博士高精度手持GPS(Global Positioning System)全球卫星定位系统；1:25万地质图采用数字化地质图工作流程和技术要求编制；上述质量符合精度要求。

各类样品分析测试鉴定由云南地矿资源股份有限公司滇西分公司实验室承担化学分析、薄片、光谱半定量分析；牙形石、部分薄片和薄片外检由云南省地调院区域地质调查所分析鉴定。硅酸盐、稀土、微量、电子探针、X衍射分析分别由云南省地质矿产勘查开发局中心实验室、滇西分公司实验室、湖北省武汉地质研究所(武汉综合岩矿测试中心)、中国科学院地质与地球物理研究所分析；Rb-Sr、$^{40}Ar-^{39}Ar$同位素测年由中国科学院地质与地球物理研究所承担。硫、铅、氧同位素、包体测温由中国地质调查局同位素地球化学开放研究实验室宜昌地质矿产研究所承担。上述各单位分析测试鉴定成果质量均符合国家规定的地质样品的分析要求。

1:25万扎日区幅区域地质调查，自始至终都得到了中国地质调查局拉萨工作站、西藏林芝地区行政公署、山南地区行政公署及各县、乡、村人民政府、人民解放军边防部队和当地各族人民的大力支持和帮助；国土资源部副部长、中国地质调查局局长寿嘉华等一行还到野外第一线慰问了全体工作人员(图版Ⅰ-8)。受到了西藏1:25万区调专家组夏代祥、教授级高级工程师王义昭、李才教授、云南省地质调查院秦德厚教授级高级工程师和包钢处长及区调主管教授级高级工程师曹德斌、成都地质矿产研究所博士生导师潘桂棠和罗建宁研究员、中国地质调查局成都地质调查中心丁俊博士、教授级高级工程师王大可和王全海处长(教授级高级工程师)、技术顾问高级工程师彭兴阶等人的指导和帮助；参加野外调查工作的还有段德华、赵庆红、洪友琪、孙贵荣、胡清华、张富金、杜德寿、胡休才、杨崇德、刘启和、杨位民、李四平、戴庚荣、翁晋川、尚勇、邓曙光、丁敏聪、刘卫东等。谨此一并表示诚挚的谢意。

第二章　地层及沉积岩

调查区地层系统属滇藏大区的喜马拉雅地层区，从北向南为雅鲁藏布江、康马—隆子、北喜马拉雅和高喜马拉雅 4 个地层分区(图 2-1)。

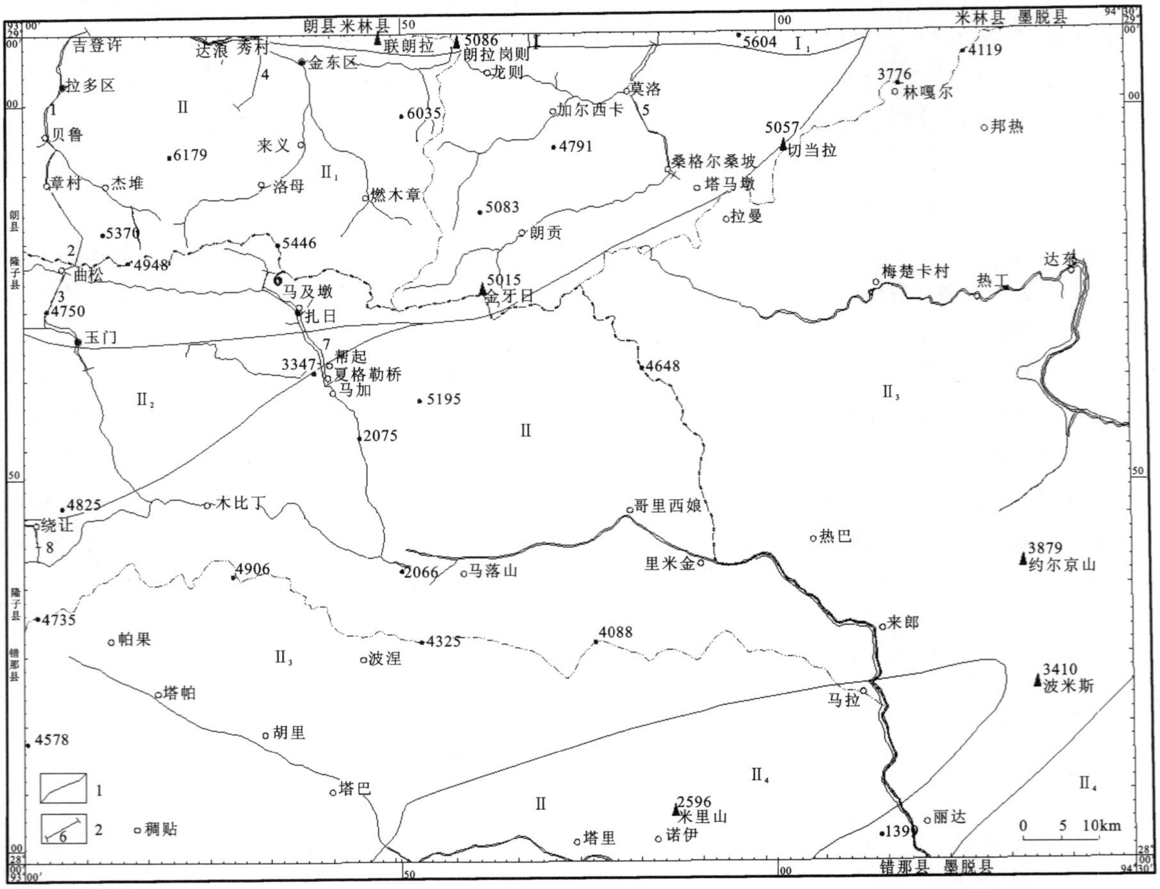

图 2-1　1∶25 万扎日区幅地层区划及剖面位置图

1. 地层分区界线；2. 剖面位置及编号；Ⅰ. 冈底斯—腾冲地层区；$Ⅰ_1$. 拉萨—察隅分区；Ⅱ. 喜马拉雅地层区；$Ⅱ_1$. 雅鲁藏布江分区；$Ⅱ_2$. 康马—隆子分区；$Ⅱ_3$. 高喜马拉雅分区；$Ⅱ_4$. 低喜马拉雅分区

区内地层发育较全，除中、晚古生代地层缺失外，古元古代、新元古代—寒武纪、晚三叠世、白垩纪及第四纪地层均较发育，分布面积达 15 846km^2。

全区共测制地层剖面 8 条，全长达 113.185km，引用剖面 1 条(表 2-1)。达到了各地层分区每一地层单元均有 1～2 条实测剖面控制。现以《西藏自治区岩石地层》(1997)方案和《喜马拉雅及邻区岩石地层单元划分与岩石地层序列表》(青藏高原研究中心，2003)为基础，并参考利用最新 1∶5万、1∶20 万、1∶25 万区域地质调查成果，重新厘定各地层单元序列。除第四系松散沉积外，在区内正式建立岩石地层单位 11 个组 12 个群，构造岩层单位、2 个混杂岩、2 个岩群和 4 个亚群(表 2-2)。

表 2-1　1:25 万扎日区幅地质剖面统计

编号	剖　面　名　称	代号	比例尺	长度(km)	剖面地质点
1	朗县拉多晚三叠世江雄组、章村组、白垩纪朗县混杂岩实测剖面	T_3jx、$T_3\hat{z}$、KL	1:5000	37.07	ZR5007—5019
2	隆子县曲松多晚三叠世章村组实测剖实	$T_3\hat{z}$	1:5000	2.05	ZR5110—5111
3	隆子县玉门三叠纪玉门构造混杂岩、晚三叠世章村组实测剖面	T_3Y 、$T_3\hat{z}$	1:5000	19.50	ZR5201—5205
4	朗县秀村白垩纪朗县构造混杂岩实测剖面	KL	1:5000	11.679	ZR5001—5006
5	米林县莫洛白垩纪朗县构造混杂岩实测剖面	KL	1:5000	20.986	ZR5301—5305
6	隆子县马及墩三叠纪玉门构造混杂岩实测剖面	T_3Y	1:5000	16.51	ZR5104—5106
7	隆子县夏格勒桥古元古代南迦巴瓦岩群、新元古代—寒武纪肉切村岩群实测剖面	$Pt_1Nj.$、$Pt_3\in R.$	1:5000	2.50	ZR5101—5103
8	区隆子县绕让新元古代—寒武纪肉切村岩群实测剖面	$Pt_3\in R.$	1:5000	2.07	ZR5107—5109

表 2-2　测区地(岩)层单位序列表

<table>
<tr><td colspan="3">地层分区
年代地层</td><td colspan="2" rowspan="2">低喜马拉雅地层分区</td><td colspan="2" rowspan="2">高喜马拉雅地层分区</td><td colspan="2" rowspan="2">康马—隆子地层分区</td><td colspan="4" rowspan="2">雅鲁藏布江地层分区</td></tr>
<tr><td>界</td><td>系</td><td>统</td></tr>
<tr><td rowspan="2">新生界</td><td rowspan="2">第四系</td><td>全新统</td><td colspan="10">冲积(Qh^{al})</td></tr>
<tr><td>更新统</td><td colspan="10">湖积(Qp^{l})</td></tr>
<tr><td rowspan="5">中生界</td><td>白垩—侏罗系</td><td></td><td colspan="2" rowspan="5"></td><td colspan="2" rowspan="6"></td><td colspan="2"></td><td colspan="4">朗县混杂岩
KL</td></tr>
<tr><td rowspan="4">三叠系</td><td rowspan="4">上统</td><td rowspan="4">涅如组</td><td>T_3n^3</td><td rowspan="3">玉门混杂岩
T_3Y</td><td rowspan="3">郎杰学群</td><td>章村组</td><td>$T_3\hat{z}$</td></tr>
<tr><td rowspan="2">T_3n^2</td><td rowspan="2">江雄组</td><td>T_3jx^2</td></tr>
<tr><td>T_3jx^1</td></tr>
<tr><td>T_3n^1</td><td colspan="4" rowspan="7"></td></tr>
<tr><td rowspan="2">古生界</td><td rowspan="2"></td><td rowspan="2"></td><td colspan="2">冈瓦纳群　CPG</td><td colspan="2" rowspan="6"></td></tr>
<tr><td rowspan="3">米里群</td><td>达里组
$Pt_3\in d$</td><td rowspan="3">肉切村岩群</td><td rowspan="2">b 亚群
$Pt_3\in R.^b$</td></tr>
<tr><td rowspan="4">元古界</td><td rowspan="4"></td><td rowspan="4"></td><td>英肯组
$Pt_3\in y$</td></tr>
<tr><td>波木多组
$Pt_3\in b$</td><td>a 亚群
$Pt_3\in R.^a$</td></tr>
<tr><td colspan="2" rowspan="2"></td><td rowspan="2">南迦巴瓦岩群</td><td>b 亚群
$Pt_1Nj.^b$</td></tr>
<tr><td>a 亚群
$Pt_1Nj.^a$</td></tr>
</table>

注:冈底斯—腾冲地层区之拉萨—察隅分区为花岗岩分布。

第一节　古元古代地层

古元古代地层分布于图区东南部高喜马拉雅地层分区，为一套中深变质的南迦巴瓦岩群基底结晶岩系，出露面积达 8071km^2。

——南迦巴瓦岩群($Pt_1Nj.$)

南迦巴瓦岩群为一套片麻岩、变粒岩、斜长角闪(片)岩、大理岩组成的中深变质岩系。1∶100 万拉萨幅(1979)划为时代不明的混合岩，郑锡澜和常承发(1979)首建“南迦巴瓦岩群”，其时代划归石炭纪—晚三叠世或三叠纪。尹集祥等(1984)改为前震旦纪南迦巴瓦岩群。近年来的 1∶25 万区域地质调查，继墨脱县南迦巴瓦岩群中进一步证实有高压麻粒岩之后，在该带西延的米林县、错那县、定结倒、亚东及帕里一带也相继发现基性麻粒岩和与之伴生的深成相超镁铁岩和超浅成相超镁铁岩，从东向西构成了一条断续分布有高压麻粒岩和榴辉岩的高压变质相带(潘桂棠，丁俊，姚冬生，王立全等，2004)。其锆石 U-Pb 年龄值分别集中分布在 2500～2100Ma、1144～1064Ma、1990～1795Ma、845～736Ma 和 553～461Ma 5 个时间段内，后两者可能为新元古代和早加里东叠加变质作用的反映。

图幅内南迦巴瓦岩群分布区多为森林掩盖出露不全，而其岩石特征与林芝县幅、墨脱县幅基本相同，现将南迦巴瓦岩群具代表性的米林县雪嘎村南迦巴瓦岩群 a 亚群剖面和米林县派乡、巴嘎村南迦巴瓦岩群 b 亚群剖面分别简述如下。

(一) 米林县雪嘎南迦巴瓦岩群 a 亚群剖面(图 2-2)

该剖面位于米林县羌纳乡雪嘎村，东经 94°21′36″，北纬 29°10′35″，省道 S306 可直达雪嘎村。

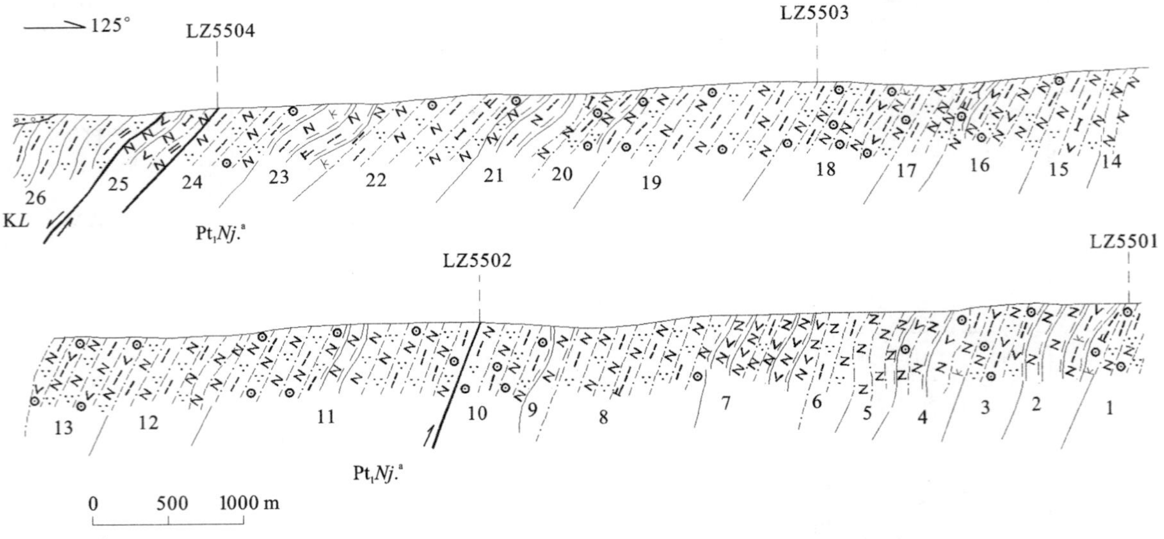

图 2-2　西藏自治区米林县雪嘎村南迦巴瓦岩群实测剖面

上覆地层：朗县混杂岩(KL)

＝＝＝＝＝＝＝ 剥离断层 ＝＝＝＝＝＝＝

南迦巴瓦岩群 a 亚群($Pt_1Nj.^a$)　　**叠置厚度＞6484.62m**

25. 白云斜长变粒岩、斜长透辉角闪片麻岩、角闪斜长片麻岩、石榴蓝晶黑云二长片麻岩　72.4m
24. 眼球状含榴黑云长英质初糜棱岩，片麻状黑云长英质初糜棱岩　80.25m
23. 黑云二长片麻岩、蓝晶黑云斜长片麻岩　56m
22. 片麻状含榴黑云长英质初糜棱岩、含蓝晶夕线黑云长英质糜棱岩、黑云长英质糜棱岩　94.9m

21. 透辉黑云斜长变粒岩、黑云长英质片麻岩，斜长角闪片麻岩	61.83m
20. 下部含榴黑云斜长片麻岩，中上部片麻状含榴长英质糜棱岩	387.58m
19. 片麻状黑云长英质糜棱岩、片麻状含榴黑云长英质糜棱岩	177m
18. 片麻状含榴黑云长英质初糜棱岩、糜棱岩，中下部夹含榴黑云角闪二长变粒岩	354.43m
17. 黑云长英质糜棱岩、长英质糜棱岩	102.41m
16. 片麻状含榴黑云长英质初糜棱岩、长英质糜棱岩夹少量角闪斜长变粒岩、黑云角闪斜长片麻岩及片麻状含蓝晶石榴夕线长英质糜棱岩	77.90m
15. 片麻状黑云长英质糜棱岩、长英质糜棱岩夹斜长黑云透辉角闪片麻岩	153.42m
14. 灰白色变粒岩	33.73m
13. 片麻状含榴角闪黑云长英质糜棱岩、长英质糜棱岩	335.53m
12. 片麻状黑云长英质糜棱岩，底部灰白色斜长变粒岩	302.84m
11. 片麻状含榴黑云长英质初糜棱岩夹少量斜长变粒岩	669.72m
═══════ 断层 ═══════	
10. 片麻状含榴黑云长英质糜棱岩，局部夹斜长片麻岩	94.9m
9. 灰白色斜长片麻岩	132.7m
8. 黑云长英质糜棱岩	707.85m
7. 斜长角闪片麻状，局部夹 5～15m 黑云长英质糜棱岩	547.21m
6. 眼球片麻状黑云长英质糜棱岩	218.22m
5. 灰色斜长变粒岩，中部夹含榴片麻状黑云长英质糜棱岩	251.03m
4. 黑云二长变粒岩、含榴角闪斜长变粒岩、中下部夹斜长片麻岩	399.39m
3. 片麻状含榴黑云角闪长英质初糜棱岩	195.84m
2. 下部石榴蓝晶黑云钾长片麻岩，中部黑云角闪二长片麻岩，上部斜长片麻岩	428.33m
1. 片麻状含石榴黑云长英质糜棱岩，底出露不全	>72.61m

（二）米林县派乡南迦巴瓦岩群 b 亚群实测剖面（图 2-3）

该剖面位于米林县派乡，东经 94°50′09″，北纬 29°30′49″，省道 S306 可达派乡。

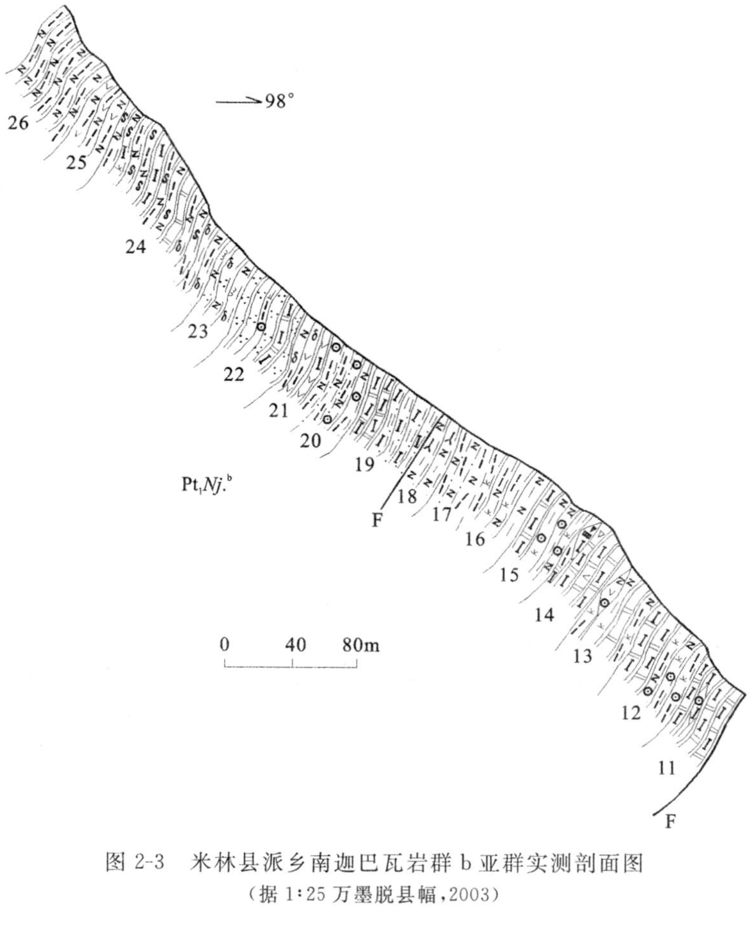

图 2-3　米林县派乡南迦巴瓦岩群 b 亚群实测剖面图
（据 1:25 万墨脱县幅，2003）

南迦巴瓦岩群 b 亚群（$Pt_1Nj.^b$） （未见顶） **叠置厚度 ≥491.61m**

26. 灰黑—黑色黑云斜长片麻岩 79.28m
25. 灰—灰黑色中—薄层状角闪黑云斜长片岩、含黑云角闪斜长片岩 17.96m
24. 条带状黑云斜长片麻岩夹透闪石岩、透辉二长变粒岩及大理岩 84.53m
23. 条纹条带状长英质片麻岩（混合片麻岩） 23.88m
22. 薄层状石英岩。下部夹变粒岩、透闪透辉大理岩，中部夹含夕线蓝晶石榴黑云斜长片麻岩 53.71m
21. 条带状黑云角闪斜长片麻岩夹透辉斜长角闪岩 26.29m
20. 下部为含榴黑云二长片麻岩，上部为黑云斜长变粒岩 18.18m
19. 下部含透辉黑云浅粒岩，上部薄层含透辉石大理岩 36.5m

═══════ 断层 ═══════

18. 黑云钾长浅粒岩和含夕线黑云斜长片麻岩 9m
17. 中下部为灰色黑云变粒岩夹薄层石英岩，上部为灰色石墨黑云变粒岩 16.03m
16. 灰白色的含石墨黑云母二长片麻岩 23.22m
15. 下部为灰黑色夕线石榴黑云片麻岩、石榴二长浅粒岩，中部为石榴二长浅粒岩与薄层大理岩互层，上部为中层状透闪透辉大理岩 14.35m
14. 中厚层状灰—灰绿色的含硅质条带状大理岩夹灰黑色含石墨黑云片岩 23.49m
13. 下部为以浅灰白色含石墨黑云斜长片麻岩为主夹薄层石墨透辉大理岩，上部为灰—灰黑色石榴黑云二长片麻岩夹石榴斜长角闪岩透镜体 15.7m
12. 下部含榴夕线黑云二长片麻岩，上部厚层含石墨透闪透辉大理岩夹石榴斜长角闪岩 2.23m
11. 薄层状含石墨大理岩与二云石英（片）岩及石英岩，上部夹石榴透闪黑云透辉岩 17.26m

═══════ 韧性断层 ═══════

下伏地层南迦巴瓦岩群 a 亚群（$Pt_1Nj.^a$）

（三）米林县羌纳乡巴嘎村南迦巴瓦岩群 b 亚群简测剖面（图 2-4）

该剖面位于米林县羌纳乡巴嘎村，东经 94°25′42″，北纬 29°20′34″。省道 S306 直达瓦嘎村。

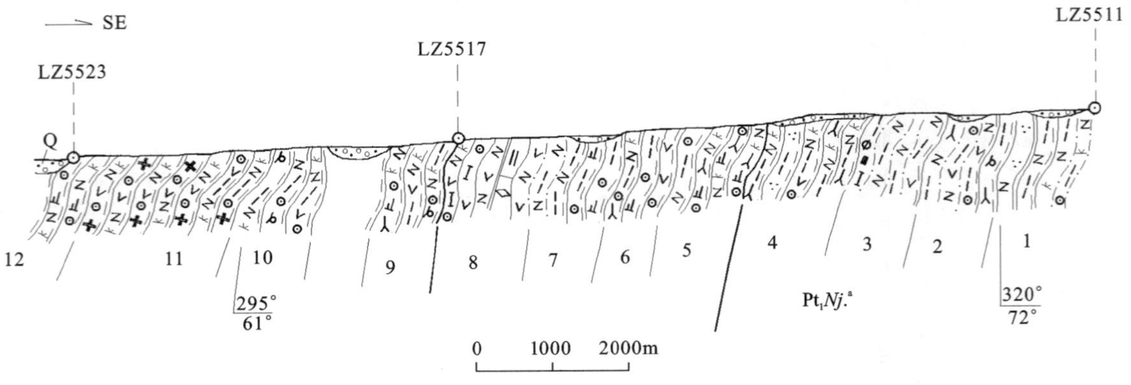

图 2-4 巴嘎村古元古代南迦巴瓦岩群简测剖面

南迦巴瓦岩群 b 亚群（$Pt_1Nj.^b$） **叠置厚度≥8911.77m**

12. 灰、灰白色含榴黑云二长变粒岩、黑云变粒岩、长石石英岩，出露不全 971.42m
11. 褐灰、杂色眼球状夕线黑云二长片麻岩、含透辉石榴黑云角闪斜长变粒岩 690.08m
10. 灰、灰绿色含角闪斜长变粒岩、含透辉绿帘方柱黑云变粒岩 743.24m
9. 灰色夕线黑云二长片麻岩、含榴角闪黑云二长片麻岩 1226.08m
8. 灰白、深灰色含蓝晶石榴夕线黑云二长片麻岩、石榴黑云斜长片麻岩 549.46m
7. 灰、深灰绿色含蓝晶石榴黑云二长片麻岩、含辉石角闪黑云石榴片麻岩（榴闪岩）、含夕线石榴黑云二长片麻岩夹少量黄褐色含蓝晶石榴二长变粒岩 332.5m
6. 灰色蓝晶石榴黑云片麻岩、黑云斜长变粒岩 689.13m
5. 灰绿杂色斜长角闪片岩、中长透辉石榴角闪片麻岩（榴闪岩）夹厚约 2～3m 浅褐黄色白云母大理岩 17.36m

═══════ 韧性断层 ═══════

下伏地层南迦巴瓦岩群 a 亚群（$Pt_1Nj.^a$）

上述南迦巴瓦岩群集中分布于图幅东南部，西北界准巴剥离断裂与肉切村岩群相接。以帕果韧性剪切断裂将南迦巴瓦岩群分割为 a、b 两个岩群。a 亚群主要为一套含蓝晶斜长片麻岩、变粒岩、钙硅酸盐岩及少量大理岩、斜长角闪(片)岩、中长透辉石榴角闪片麻岩(榴闪岩、麻粒岩)透镜体的岩石组合，显示出中高压麻粒岩相特点。其叠置厚度达 6500m 以上。岩石大多经过了剪切作用，发育石榴黑云角闪长英质、长英质糜棱岩和糜棱岩化。以剥离断层与肉切村岩群 a 亚群接触。b 亚群分布于米里韧必剪切断裂的东南部，主要为一套含榴蓝晶夕线二和片麻岩、含蓝晶石榴黑云二长片麻岩、黑云斜长变粒岩、大理岩组合，其叠置厚度，在区内达 8900m 以上。

南迦巴瓦岩群在区内变质较深，变形强烈，遭受了强烈的糜棱岩化和混合岩化作用，其原岩组构和物质组分均发生了彻底改造，原岩恢复较为困难。据其岩石化学成分大致与中国的中酸性岩类相似(黎彤，1962)，Al_2O_3、Fe_2O_3、FeO、MgO、CaO 偏高，Na_2O、K_2O 偏低。岩石微量元素中除 Rb、U、Cu、Zn 高于泰勒克拉克值外，Sc、Zr、Ba、Sr、Nb、Hf、Th、V、Cs、Pb、Sn、W、Be、Li、Ti、Ga 的平均值均低于泰勒克拉克值。Rb、Zr、Ba、Sr、W、Be 等在花岗质片麻岩中富集，Hf、Th、U、V、Cu、Pb、Zn 在黑云斜长片麻岩中稳定。依据南迦巴瓦岩群的岩石组合、岩石化学及地球化学特征，恢复 a 亚群的原岩可能为含火山岩的类复理石建造，b 亚群为一套巨厚海相泥质类碳酸盐岩建造。

南迦巴瓦岩群的时代前已述及，长期以来众说纷纭。近年来 1∶25 万区域地质调查，其锆石 U－Pb 年龄值分别集中分布在 2500～2100Ma、1144～1064Ma、1990～1795Ma 和 845～736Ma、553～461Ma 5 个时间段内，而后两者一并出现在肉切村岩群中，可能为冈瓦纳泛非末增生基底的变质时期。而前 3 组可能为冈瓦纳结晶基底变质时代。因此，南迦巴瓦岩群的时代可能为古元古代，但不排除有属中元古代和较古元古代更老的可能。

第二节　新元古代—寒武纪地层

新元古代—寒武纪地层有分布于图区中部及中东部高喜马拉雅地层分区的肉切村岩群($Pt_3\in R.$)和测区南图边及东南隅低喜马拉雅地层分区的波木多组($Pt_3\in b$)、英肯组($Pt_3\in y$)和达里组($Pt_3\in d$)，它们均为一套变质达绿片岩相二云母级的浅变质岩系，与下伏古元古代南迦巴瓦岩群呈韧性剪切断裂接触，或隐蔽不整合接触。上覆中生代地层与其呈剥离断层接触。

一、高喜马拉雅地层分区的肉切村岩群($Pt_3\in R.$)

该岩群在图区中部南迦巴瓦岩群西侧和中东部呈北东向带状分布。面积约 $2100km^2$。区内以隆子县绕让剖面出露较全，现将其叙述如下。

隆子县绕让肉切村岩群($Pt_3\in R.$)剖面(图 2-5)，位于隆子县三安曲林乡绕让，东经 93°01′09″，北纬 28°23′17″，有省道 S202 可直达剖面。

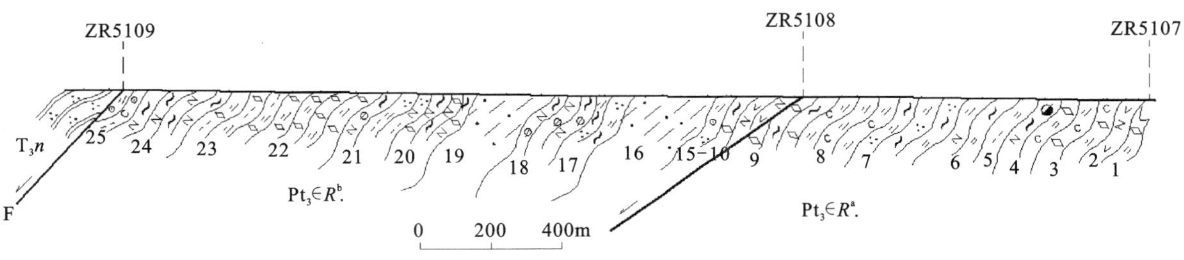

图 2-5　西藏自治区隆子县绕让肉切村岩群实测剖面

上覆地层：上三叠统涅如组(T_3n)

======== 剥离断层 ========

肉切村岩群 b 亚群($Pt_3 \in R.^b$)

25. 灰黑色含榴炭质电气石白云片岩、灰黑色含炭质石榴二云片岩	21.61m
24. 浅灰色更长石白云绿泥片岩、更长绿泥片岩	162.39m
23. 灰色方解石二云片岩	106.54m
22. 灰色白云母方解石片岩	161.37m
21. 灰白色含黑云白云石英片岩与灰绿色斜长绿帘绿泥片岩不等厚互层，石英片岩厚 13～17m，绿泥片岩厚 2～3m，并向上逐渐增厚	247.10m
20. 浅灰绿色斜长方解石白云绿泥片岩	202.58m
19. 浅灰色二云长英质糜棱岩	189.45m
18. 灰绿色斜长绿帘绿泥片岩	134.10m
17. 浅灰色绿泥白云石英片岩	96.69m
16. 灰白色二云母长英质糜棱岩	218.23m
15. 浅灰白色含榴二云石英片岩	46.47m
14. 灰绿色方解石绿泥片岩	62.16m
13. 灰绿色含角闪斜长绿泥片岩	42.55m
12. 灰绿色绿泥石化斜长角闪片岩与斜长角闪绿泥片岩互层	37.82m
11. 灰绿色含绿帘斜长角闪绿泥片岩与灰黑色角闪黑云片岩等厚互层	29.39m
10. 灰绿色绿泥石化斜长角闪片岩，发育褶劈理构造	35.42m

======== 断层 ========

肉切村岩群 a 亚群($Pt_3 \in R.^a$)

9. 浅绿灰色方解绿泥片岩	65.74m
8. 灰黑色炭质绢云千枚岩	138.40m
7. 灰绿色绿泥白云母石英片岩	76.64m
6. 灰白色斜长白云母片岩夹灰绿色含黝帘斜长绿泥片岩，绿泥片岩厚 2～3m	123.00m
5. 灰黑色千枚状含炭质方解石绢云片岩	61.38m
4. 灰绿色含黝帘斜长绿泥片岩夹少量含方解石石英岩	75.53m
3. 灰黑色千枚状含炭质方解石绢云片岩夹浅灰绿色千枚状含绿泥绢云方解石片岩	156.77m
2. 浅灰色千枚状含炭质方解石绢云片岩夹浅灰绿色细—中粒斜长角闪变粒岩	186.79m
1. 灰黑色千枚状含炭质绢云方解石片岩，具少量黄铁矿细脉，底不全	35.37m

从上述剖面可以看出，肉切村岩群依据岩石组合特征，可分为 a、b 两个亚群。a 亚群为一套灰、灰黑色二云片岩、二云石英片岩、黑云石英片岩，夹少量斜长角闪变粒岩、斜长绿泥片岩中浅变质岩系，其叠置厚度在 919.62m 以上。b 亚群以灰绿色斜长角闪片岩、角闪绿泥片岩、斜长方解绿泥片岩、方解绿泥片岩为主，含炭质石榴二云片岩、含榴二云石英片岩。其叠置厚度达 1793.87m 以上。依据岩石组合特征，a 亚群的原岩为一套浅海台地相泥砂质碎屑岩夹碳酸盐岩建造，b 亚群则为一套夹基性火山岩复理石沉积。

关于肉切村岩群的时代，从区域上看，肉切村岩群与南迦巴瓦岩群相伴产出，在绕让剖面肉切村岩群 b 亚群角闪片岩中，获得$^{40}Ar-^{39}Ar$等时线年龄为 921.17±1.3Ma。西延在亚东，刘国惠(1985)测得肉切村岩群 U－Pb 年龄 686Ma，上覆地层含 *Dicoactinoceras*，*Sactoceras robayashii*。依据上述地层层序位置和同位素年龄资料，肉切村岩群的时代应为震旦纪—寒武纪时期的沉积。

二、低喜马拉雅分区的米里群

米里群分布于测区东南部稠帖—丽达断裂(主中央断裂，MCT)以南，纳卡利拉山—嘎木克断裂(主边界断裂(MBT))。出露地层新元古代—寒武系米里群($Pt_3\in M$),为一套由石英岩、(变质)砂岩、板岩、碳酸盐岩,夹(变)基性火山岩组成的浅变质岩系,面积约 1389km²。

米里群由印度瓦第压喜马拉雅地质研究所 A. K. Jain(1974)创名于西藏珞渝米里(山),时代为前寒武纪—中古生代。常承法、郑锡澜(1979)将其归入震旦纪—寒武纪,相当于印度地台的文迪亚系,并认为其下部的岩性与高喜马拉雅区肉切村岩群大致可以对比。尹集祥等在"喜马拉雅中段先奥陶岩系的某些地层地质特征"(《青藏高原地质论文专辑》,1982)中,将喜马拉雅区中东部先奥陶岩系下部岩系综合划分为上、中、下(含底亚群)3 个亚群。《西藏自治区区域地质志》(1993)其下部的波木多组、英肯组的时代与肉切村岩群相当,认为上部的吉西组、达里组、阿波尔组、米里组、潘金组的时代可能属奥陶纪—志留纪。《西藏自治区岩石地层》(1997)经对比研究后沿用米里群一名,并将其时代置于震旦纪—寒武纪。潘桂棠等(2003)将其时代归为新元古代—寒武纪。本书沿用米里群名称,时代为新元古代—寒武纪。并结合西南部不丹、尼泊尔等地的资料将其下部的两个组对比划分并沿用波木多组($Pt_3\in b$)和英肯组($Pt_3\in y$),上部吉西组及其以上的 5 个组归并为达里组($Pt_3\in d$),时代仍为新元古代—寒武纪(表 2-3)。

表 2-3 测区米里群划分沿革表

<table>
<tr><th>A. K. Jain(1974)</th><th>常承法
郑锡澜
(1979)</th><th colspan="2">尹集祥等
(1982)</th><th colspan="2">《西藏自治区区域地质志》、
《西藏自治区岩石地层》
(1993、1997)</th><th colspan="2">本书(2004)</th></tr>
<tr><td rowspan="3">米里群
(An∈—T)</td><td rowspan="3">米里群
(Z—∈)</td><td rowspan="3">先奥陶系
(AnO)</td><td>上亚群</td><td rowspan="3">米里群
(Z—∈)</td><td>潘金组、米里组、阿波尔组、达里组、吉西组</td><td rowspan="3">米里群
($Pt_3\in M$)</td><td>达里组
($Pt_3\in d$)</td></tr>
<tr><td>中亚群</td><td rowspan="2">英肯组
波木多组</td><td>英肯组
($Pt_3\in y$)</td></tr>
<tr><td>下亚群</td><td>波木多组
($Pt_3\in b$)</td></tr>
</table>

由于米里群中未获化石,据岩性特征,下部的波木多组和英肯组为含钙质的泥质复理石沉积,并夹少量火山岩,其上的达里组为白云质灰岩、紫红色页岩,夹中基性火山岩(原划的吉西白云岩组、达里灰岩组、阿波尔火山岩组、米里石英岩组、潘金碎屑岩组)。根据印度瓦第亚喜马拉雅地质研究所测制的西藏错那县珞渝(地理坐标东经 95°00′,北纬 28°00′)正层型剖面整理层序及岩性特征如下(图 2-6)。

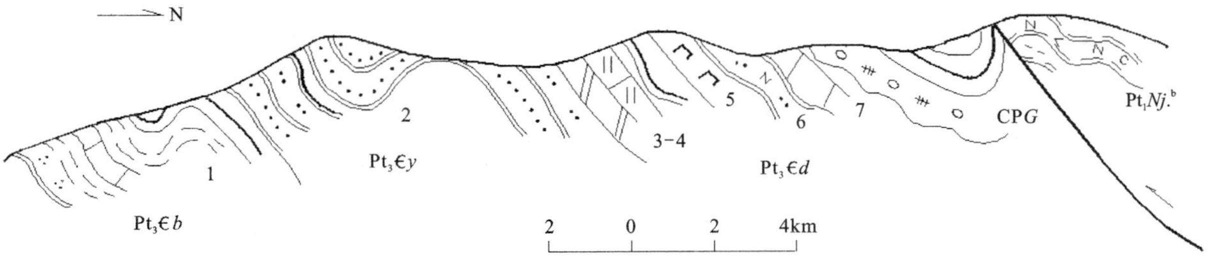

图 2-6 错那县米里山米里群地质剖面图

上覆地层:冈瓦纳群(CPG)

~~~~~~~~ 角度不整合 ~~~~~~~~

达里组($Pt_3\in d$)

7. 泥灰岩、砾岩、钙质板岩和石英岩(原潘金碎屑岩组) >820m

6. 石英岩、长石砂岩及少量紫红色页岩,条带状板岩和薄层状砾岩(原米里石英岩组) 900m
~~~~~~~~

5. 暗绿色具层状构造玄武岩、火山角砾岩(原阿波尔火山岩组)　100m

4. 白云质灰岩、白云岩、紫红色页岩(原达里灰岩组)　200m

3. 白云质灰岩、白云岩、紫红色页岩(原吉西白云岩组)　250m

英肯组($Pt_3\in y$)

2. 砂岩、粉砂岩、页岩韵律层和绿色、红色页岩,夹少量石英岩和火山岩　1500m

波木多组($Pt_3\in b$)

1. 条带状石英岩、灰岩、千枚岩和板岩　>10 000m

(未见底)

英肯组、波木多组厚度为结合低喜马拉雅区的情况确定。在尼泊尔中东部(青藏高原地质论文专辑,1982),该套地层为前奥陶系(或震旦系)浅变质岩系,厚度大于15 000m,分为上、中、下(含底部)3个亚群。上亚群以含叠层石灰岩为主,夹板岩、千枚岩和变质砂岩,(未见顶)厚度大于3500m;中亚群以白色具波痕的石英岩为主,夹千枚岩、板岩,底部为石英砾岩,厚度为1500m;下亚群以中粗粒砂岩为主,夹绿泥千枚岩,底部夹薄层砾岩层,砾石以石英为主,花岗岩少量,厚度大于10 000m。从上述上、中、下3个亚群的基本特征看,大致相当于测区所划分的达里组、英肯组和波木多组。

米里群主要分布于低喜马拉雅地层分区。在西藏境内主要分布于邦迪拉、洛渝、西巴霞曲等地。与其上覆的冈瓦纳群和下古生界为角度不整合接触。岩性为一套碎屑岩、碳酸盐岩,夹中基性火山岩,变质程度仅低达绿片岩相,总体上为一近于大陆边缘的含火山坳陷沉积。结合区域地质特征,将其时代置于新元古代—寒武纪,不排除有更新时代地层的可能。

第三节　石炭纪—二叠纪地层

石炭纪—二叠纪地层分布于测区南部稠帖—丽达断裂(主中央断裂,MCT)以南,卡门河、马拉一带,为一套具冷水动、植物群的冰水相和河流相杂砾岩、含砾板岩、(变质)砂岩和粉砂岩,面积约169km²,地层区划属低喜马拉雅地层分区。

冈瓦纳群(Gondwana Gr.)最早于1872年由H. B. Medlicott根据印度中央邦的Kingmd得名。原意主要指底部为冰川沉积和上部河湖相沉积的地层。M. S. Krihnan将其划分成上、下两部分,下部以*Glosspteris*植物群为特征,上部以*Ptilophyllum*植物群为特征,并认为上、下两者之间有一地层间断。由此而演变为下冈瓦纳群、上冈瓦纳群。1974年,印度瓦第亚地质研究所将低喜马拉雅地区邦迪拉—西巴霞曲以东地区的一套厚大于400m陆缘碎屑岩(变质砂、含砾板岩)和冰碛岩,称之为冈瓦纳岩系。首次将冈瓦纳相地层引用到低喜马拉雅地区,并将其时代置于石炭纪—二叠纪。《西藏自治区区域地质志》(1993)、《西藏自治区岩石地层》(1997)沿用此含意,并更名为冈瓦纳群(CPG),本书予以沿用(表2-4)。

表2-4　石炭系—二叠系冈瓦纳群划分沿革表

<table>
<tr><td>H. B. Medlicott(1872)</td><td colspan="2">M. S. Krihnan</td><td>瓦第亚地研所
(1974)</td><td>《西藏自治区岩石地层》
(1997)</td><td>本　书
(2004)</td></tr>
<tr><td rowspan="2">冈瓦纳群
(C—P)</td><td rowspan="2">P—C</td><td>上冈瓦纳群</td><td rowspan="2">冈瓦纳群
(C—P)</td><td rowspan="2">冈瓦纳群
(C—P)</td><td rowspan="2">冈瓦纳群
(C—P)</td></tr>
<tr><td>下冈瓦纳群</td></tr>
</table>

——岩石地层单位特征

冈瓦纳群(CPG)为一套陆缘碎屑岩(变质砂岩、含砾板岩)、冰碛岩等组成的冰海相沉积岩系,与下伏古生代地层为不整合接触，并可超覆于新元古代—寒武纪地层之上。据印度“瓦第亚喜马拉雅地质研究所”资料(1974)，其特征如下。

冈瓦纳群(CPG)　　　　**(未见顶)**

4. 卵石泥岩段。深灰—绿灰色泥岩，内含分选很差的岩屑(由粉红色长石砂岩、绿白色石英岩、白云岩、石灰岩、玄武岩、千枚岩、片岩、黑云母片麻岩及碧玉、燧石、脉石英组成)　　>100m
3. 长石石英砂岩段。为不稳定的灰白色长石砂岩夹黑色页岩，产苔藓虫化石　　50m
2. 黑色页岩段。黑色炭质页岩和紫红色铁质页岩，中含球状及椭圆状结核(有铁质、燧石质、白云质、磷质和钙质)，产腕足和海百合茎。此层在局部地区不稳定而与层 4 交互成层　　250m
1. 复成分碎屑岩段。灰褐色碎屑岩，主要由黄色石英、长石，次为圆度较好的石英、白云质、粉红色花岗岩及黑云母片麻岩的碎屑组成，粘土质胶结，厚度不详

(未见底)

冈瓦纳群主要分布于低喜马拉雅分区、其研究程度较差，无实测剖面资料。在卡门河西恩一带，尹集祥曾介绍了这套地层，其底部为“吉兰特含砾板岩”含 *Eurydesma* 动物群，向上连续过渡到含 *Stepanoviella* - *Cyrtella* - *Paraconularia* 组合的含炭质结核泥质粉砂岩。下部岩石特征大致与南亚地区的塔尔切尔(Talchir)漂砾层、盐岭的 Tobra 漂砾层和锡金北部的 Lachi 杂砾岩可以对比。均属冰海相沉积的杂砾岩与冈瓦纳群上部(Damuda)含煤地层相当，只是未见含煤层位。在尼泊尔境内(《西藏自治区区域地质志》，1993)，见有石炭系—二叠系不整合覆于震旦纪—早古生代地层之上。因此，暂将冈瓦纳群的时代对比确定为石炭纪—二叠纪。

第四节　三叠纪地层

三叠纪地层集中分布于测区北部雅鲁藏布江地层分区和康马—隆子地层分区，除北喜马拉雅分区地层分区外均有出露，面积达 2555km^2。从北向南有雅鲁藏布江分区的郎杰学群、玉门混杂岩；康马—隆子地层分区的涅如组。

一、雅鲁藏布江地层分区

本区出露的三叠纪地层以寺木寨—郎贡断裂为界，北为晚三叠世郎杰学群，南为晚三叠世玉门混杂岩，前者为一套厚达 8276m 以上的深海平原、浊积扇及少量浅海组成的弧前盆地沉积，后者为一套叠置厚度达 5209m 以上的由变形橄榄岩、块状—枕状玄武岩，夹硅质岩、粉砂质板岩组成的具初始洋盆特征的混杂岩。

(一) 郎杰学群

郎杰学群主要分布于测区中部和北部，位于白露断裂和寺木寨—郎贡断裂之间，东西向延伸展布，出露面积约 1287km^2。

根据岩性差异、岩石特征和化石组合，从下向上划分为：宋热组、江雄组和章村组。

1962 年藏南地质队测制贡嘎县郎杰学剖面时，将其命名为晚三叠世郎杰学组，划分为苏诺林段、执村段、执拉段；1979 年 1:100 万拉萨幅将执拉段划归早白垩世，命名为加不拉组，其余仍保留苏诺林段、执村段；1980 年，中国地质科学院王乃文等认为，执拉段应划归中侏罗世，命名执(遮)拉群，把郎杰学组提升为郎杰学群，各段均提升为组；1993 年《西藏自治区区域地质志》采用了修康群名称；1994 年浪卡子

县、泽当县幅(1994)保留郎杰学群，将王乃文的执(遮)拉群和执村组顶部划归中侏罗世哲古组，其余新命名姐德秀组、江雄组、宋热组。2002 年 1:5万琼果、曲德贡幅，按照岩石地层单位划分原则，根据岩石组合特征，古生物证据、沉积构造和构造样式，对郎杰学群进行重新划分和定义，由下向上划分为宋热组和江雄组及本书新建的章村组(表 2-5)。现将各组分述如下。

表 2-5　晚三叠世朗杰学群划分沿革表

藏南地质队(1962)	西藏综合队(1:100万拉萨幅)(1979)	王乃文等(1980)	《西藏自治区区域地质志》(1993)	陕西区调队(1:20万浪卡子、泽当幅)(1994)	《西藏自治区岩石地层》(1997)	西藏地调院(1:5万琼果、曲德贡幅)(2002)	本书(2004)
执拉段	加不拉组 K_1	执(遮)拉群 J_2		哲古组 J_2	另一分区地层	另一分区地层	遮拉组(属康马隆子分区)
郎杰学组 T_3：执村段	郎杰学组 T_3：执村段	郎杰学群 T_3：执村组	修康群 T_3	郎杰学群 T_3：宋热组 六段	修康群 T_3	郎杰学岩群 T_3：江雄岩组 邦日岩段 $T_3jx.b$	郎杰学群：章村组 T_3；玉门混杂岩 T_3Y
				宋热组 五段		江雄岩组 雪康岩段 $T_3jx.x$	江雄组 二段
				宋热组 四段		江雄岩组 珍布岩段 $T_3jx.z$	江雄组 一段
				宋热组 三段		宋热岩组 坡安切岩段 $T_3s.p$	
苏诺林段	苏诺林段	苏诺林组		宋热组 二段		宋热岩组 安嘎岩段 $T_3s.a$	
				宋热组 一段		宋热岩组 宗堆岩段 $T_3s.z$	
				江雄组 二段		宋热岩组 白松岩段 $T_3s.b$	
				江雄组 一段		宋热岩组 琼果岩段 $T_3s.q$	
				姐德秀组			

1. 晚三叠世江雄组(T_3jx)

江雄组主要分布于雅鲁藏布江南岸至朗县章村一带，呈东西向条带展布，面积约 605km²。区内测制了朗县拉多剖面、隆子县曲松剖面和玉门剖面。现将朗县拉多剖面和隆子县玉门剖面分述如下。

(1)朗县拉多晚三叠世江雄组一段实测剖面(图 2-7)。

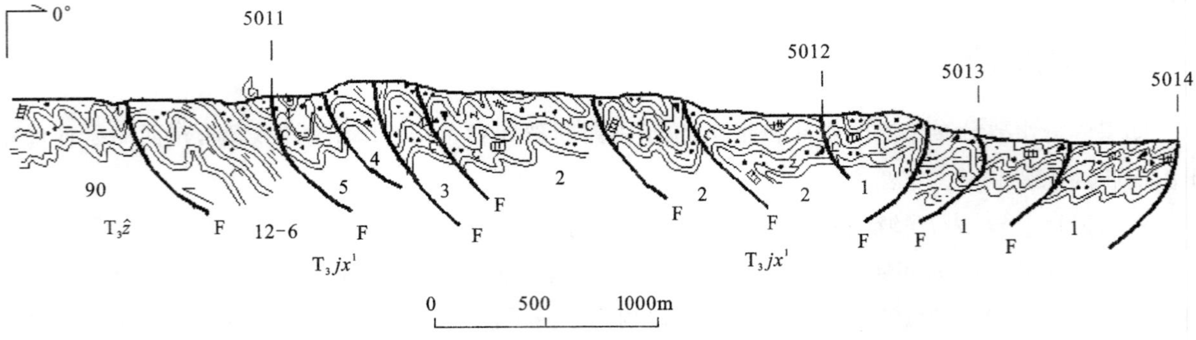

图 2-7　朗县拉多章村晚三叠世江雄组一段(T_3jx^1)实测剖面图

上覆地层：晚三叠世章村组($T_3\hat{z}$)

══════ 断层 ══════

江雄组一段(T_3jx^1)　　(未见顶)

12. 深灰、灰黑色极薄层状粉砂质绢云板岩夹灰绿色蚀变玄武岩　>24.45m

══════ 断层 ══════

11. 深灰色粉砂质绢云板岩夹灰绿色板岩　>76.45m
10. 深灰色含炭质砂质绢云板岩与灰黑色粉砂质绢云板岩互层，夹少量灰色薄层状变质细粒含长岩屑石英砂岩　7.64m
9. 灰黑色粉砂质板岩与砂质板岩不等厚互层　56.70m
8. 灰色薄层状变质砂质粉砂岩与灰黑色粉砂质板岩不等厚互层　>88.13m

══════ 断层 ══════

7. 灰色中层状变质细粒含长岩屑石英杂砂岩与灰黑色粉砂质板岩不等厚互层，岩层褶皱形成一背斜　>57.26m
6. 深灰色含炭质粉砂质绢云千枚岩夹灰、浅灰色变质细粒含长石英杂砂岩　>103.84m

══════ 断层 ══════

5. 灰色中层状变质中—细粒含长岩屑石英杂砂岩夹深灰色含炭质粉砂质绢云千枚岩　>56.90m

══════ 断层 ══════

4. 灰色中层状变质中—细粒含长岩屑石英杂砂岩，偶夹同色变质粉砂岩、粉砂质板岩　>50.42m

══════ 断层 ══════

3. 灰色薄层状变质中—细粒含长岩屑石英杂砂岩与灰黑色含炭质粉砂质绢云板岩不等厚互层　>59.09m

══════ 断层 ══════

2. 深灰色含炭质粉砂质绢云板岩与灰、浅灰色薄层状变质含长岩屑石英杂砂岩不等厚互层，岩中含黄铁矿，发育断层、揉皱　>155.94m

══════ 断层 ══════

1. 灰色变质不等粒长石石英杂砂岩与深灰色含炭质粉砂质绢云板岩互层，岩中发育断层和揉皱，石英脉、黄铁矿化普遍，未见底　>42.88m

(2) 隆子县玉门晚三叠世江雄组二段实测剖面(图 2-8)。

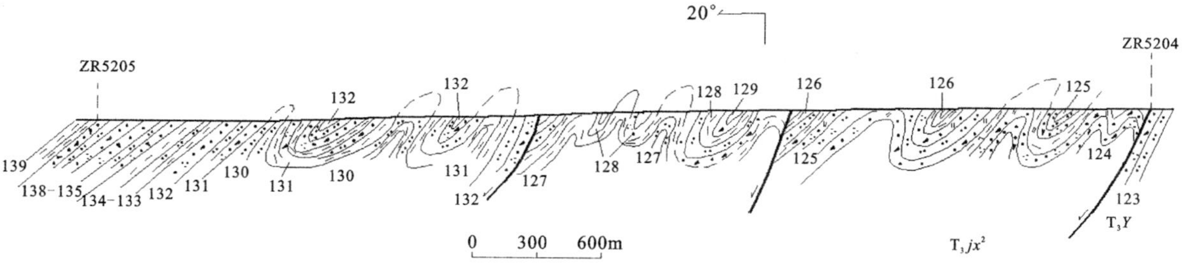

图 2-8　隆子县玉门晚三叠世郎杰学群江雄组二段(T_3jx^2)实测剖面

晚三叠世江雄组二段(T_3jx^2)　　(未见顶)　　>874.2m

139. 深灰色薄层状粘土岩，见有粉砂质条带，间距在 1～2cm 间　>16.5m
138. 灰色块状—厚层中细粒岩屑石英砂岩、深灰色薄层状粘土岩，厚度比为 2∶1，每个层序厚 1.5～1.8m；发育正粒序层理—水平层理，砂岩底部见少量复成分砂砾岩，具槽模构造，为鲍马层序 ae 段组合　38.4m
137. 灰色厚层状中—细粒岩屑石英砂岩、灰色中薄层状粉砂岩，厚度比为 3∶1，每个层序厚 1.4～1.6m，发育平行层理—波状交错层理，为鲍马层序 bc 段组合　56.5m

136. 灰色中层细粒岩屑石英砂岩、深灰色中薄层状粉砂质粘土岩，每个互层厚约 0.7m，发育微波状交错层理，为鲍马层序 cd 段组合 65.0m

135. 灰色中层状细粒岩屑石英砂岩—粗粉砂岩—灰色粉砂质粘土岩，厚度比为 3:2:1，每个层序厚约 1m，可能为鲍马层序 cde 段组合 63.4m

134. 深灰色中薄层具水平层理粉砂质粘土岩—粘土岩，为鲍马层序 de 段组合 90.6m

133. 灰色中厚层细粒岩屑石英砂岩—粗粉砂岩—深灰色中薄层粘土岩；厚度比为 1:1:2，厚度在 1.1～1.3m，发育波状交错层理—水平层理，为鲍马层序 cde 段组合 43.6m

132. 灰色厚层状中—细粒岩屑石英砂岩—粗粉砂岩—深灰色中薄层状粉砂岩，厚度比为 3:2:1，每个层序厚约 1.5m，多发育平行层理—波状交错层理—水平层理，砂岩底部见槽模构造，为鲍马层序 bcd 段组合 24.5m

131. 灰色、深灰色中薄层状细粒岩屑石英砂岩—粉砂岩—薄层状粘土岩组成，厚度比为 1:2:3，每个层序厚约 1m，砂岩底部见槽模构造，为鲍马层序 cde 段组合 68.4m

130. 深灰色、灰色中薄层粉砂岩—深灰色层状含细砂质泥质粉砂岩，多发育水平层理，厚度比为 3:1，每个互层约 0.6m，为鲍马层序 de 段组合 >13m

═══════ 断层 ═══════

129. 灰色中厚层细粒含岩屑石英砂岩—石英粉砂岩组成，厚度比为 2:1～3:1，每个层序厚约 1.2～1.3m，多发育平行层理—微波状交错层理，为鲍马层序 bcd 段组合 >23.9m

128. 灰色中层状细粒含细砾岩屑杂砂岩—石英粉砂岩—深灰色薄层状粘土岩组成，厚度比为 2:1:1，每个层序厚 0.8～1m，多发育波状交错层理—水平层理，为鲍马层序 cde 段组合 65.0m

127. 灰色中层具水平层理粉砂岩—深灰色页片状粘土岩组成的层序，每个层序厚 0.5m，为远源浊积岩 >115.7m

═══════ 断层 ═══════

126. 灰色、深灰色薄层状具水平层理粉砂岩—深灰色页片状钙质水云母状粘土岩，厚度比为 2:1，每个层序厚约 0.3～0.4m，多发育水平层理，为鲍马层序 de 段组合 >75.6m

125. 浅灰色中薄层细粒含白云质岩屑石英砂岩—深灰色薄层状石英粉砂岩近等厚互层，每个互层厚约 0.3～0.7m，局部见少量页片状钙质水云母粘土岩；多发育波状交错层理—水平层理，为鲍马层序 cd—cde 段组合，多发育紧闭同斜褶皱，轴面北倾 122.1m

124. 深灰色中层状细粒含白云质岩屑石英砂岩—石英粉砂岩—深灰色页状钙质水云母粘土岩，厚度比为 3:2:3，每个层序厚 1m 左右，发育平行层理—波状交错层理—水平层理，为鲍马层序 bcd 段组合，多发育斜歪褶皱，轴面北倾 >57.0m

（未见底）

═══════ 断层 ═══════

下伏地层：晚三叠世玉门混杂岩（T_3Y）

江雄组依据岩石组合，可划分为两个岩性段，一段（T_3jx^1）：灰色中层状变质中细粒含长岩屑石英杂砂岩—深灰色粉砂质板岩。从下向上板岩增多，发育微波状交错层理—水平层理，含双壳类碎片。为斜坡相—深海平原沉积，未见底，厚度大于 829.52m；二段（T_3jx^2）：灰色中厚层—厚层状变质细粒长石石英砂岩、变质细粒岩屑长石石英砂岩、杂砂岩夹深灰色绢云板岩、灰色薄层状粉砂岩，中部见有泥砾岩，厚度大于 842.4m。产双壳：*Halobia* cf. *austrica*，*Burmesia* sp.，*V*? *monotis salinaria*；菊石：*Parajuvavites decwssatus*，*Indojuvaites* sp.；腹足类：*Omphalaptyca concinna*，时代为晚三叠世。

2. 晚三叠世章村组（$T_3\hat{z}$）

章村组分布于测区中、北部，近北东向延伸，面积约 682km²，为本项目新建地层单位，建组剖面为朗县拉多剖面，剖面起点坐标：东经 93°04′06″、北纬 28°43′33″，终点坐标：东经 93°02′01″、北纬 28°52′54″。剖面主要沿乡间小路测制，露头良好，层序清晰，化石丰富（图 2-9）。

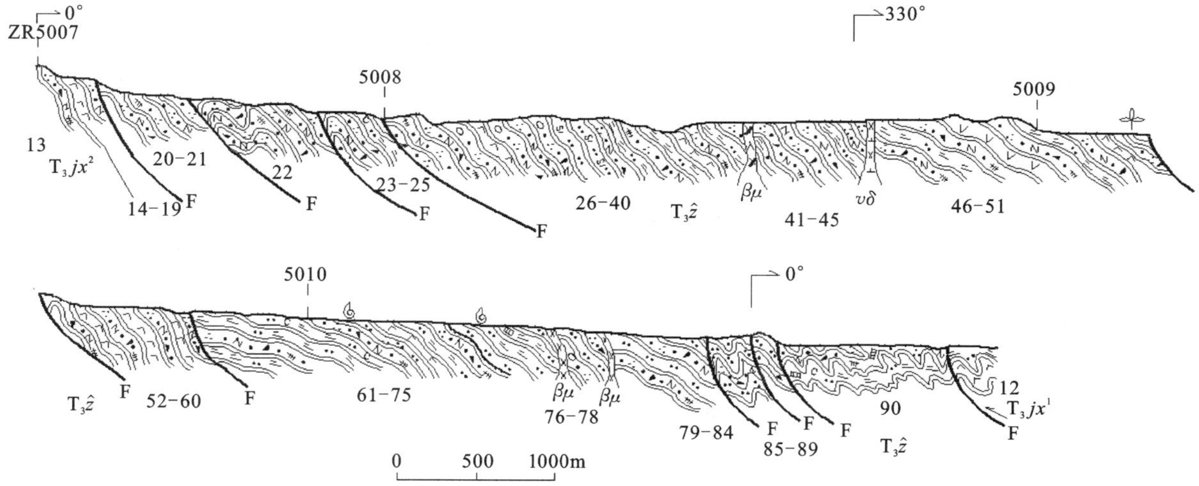

图 2-9　朗县拉多章村晚三叠世章村组（$T_3\hat{z}$）实测剖面图

上覆地层：晚三叠世江雄一段（T_3jx^1）

══════════ 断层 ══════════

晚三叠世章村组（$T_3\hat{z}$）　　（未见顶）

90. 深灰色中层状变质含长岩屑石英杂砂岩、灰、深灰、灰黑色含炭质粉砂质绢云板岩不等厚互层，中上部夹少量含炭质硅质粉晶灰岩，含炭质硅质结核，灰岩中获牙形刺：*Hungarella subtera* Zheng，*H. Subelliptica* Hou et Gou，? *Prioniodina excavatemosher*，? *Neogondolella* sp.，*Neogondolella polygnathiformis*　　>33.63m

══════════ 断层 ══════════

89. 灰黑色含炭质粉砂质绢云板岩　　31.83m
88. 灰黑色微薄层状粉砂质板岩夹灰色变质细粒含长岩屑石英杂砂岩　　36.16m
87. 浅灰、灰白色薄—中层状变质细粒含长岩屑石英杂砂岩夹灰、灰黑色薄层状粉砂质板岩　　41.36m

══════════ 断层 ══════════

86. 灰黑色微薄层状粉砂质板岩夹变质含长岩屑石英杂砂岩　　21.43m

══════════ 断层 ══════════

85. 灰色薄层状变质岩屑石英粉砂岩与灰黑色板岩、粉砂质板岩构成韵律层对，岩中发育水平层理、沙纹层理，偶夹灰色变质细粒含长岩屑石英砂岩　　30.81m
84. 深灰—灰黑色薄层状粉砂质板岩夹浅灰色变质含长岩屑石英砂岩　　54.86m
83. 灰色薄层状变质细粒含长岩屑石英砂岩与灰黑色粉砂质板岩不等厚互层，其间夹有 1 层厚约 3m 的灰绿色蚀变玄武岩　　254.69m
82. 深灰色板岩、粉砂质板岩夹薄板状变质岩屑石英粉砂岩，向上粉砂岩逐渐增加，偶夹薄层状变质细粒含长岩屑石英砂岩　　105.84m
81. 灰色薄板状变质岩屑石英砂岩与灰黑色板岩互层，发育水平层理　　28.19m
80. 浅灰色薄层状变质含长岩屑石英杂砂岩与薄层状粉砂质板岩互层　　44.81m
79. 灰色变质细粒含长岩屑石英杂砂岩夹变质石英粉砂岩，上部夹一层厚 2.5m 的蚀变玄武岩　　27.17m
78. 灰色薄层状变质含长岩屑石英杂砂岩、灰黑色薄层状粉砂质板岩互层，夹多层厚 1～3m 的蚀变玄武岩　　84.31m

77. 灰色薄层状变质含长岩屑石英杂砂岩、灰黑色粉砂质板岩不等厚互层　60.46m

76. 灰色中层状变质含泥砾、含长岩屑石英杂砂岩，夹浅灰色薄层状变质粉砂岩，夹厚约 2m 的蚀变玄武岩　54.64m

75. 深灰色薄层状砂质绢云板岩与灰黑色粉砂质绢云板岩不等厚互层，岩中含黄铁矿，含量大于 1%　82.93m

74. 灰色薄层状变质细粒含长岩屑石英杂砂岩、灰黑色粉砂质绢云板岩不等厚互层，砂岩底部有重荷模　92.65m

73. 灰色薄层状变质粉砂岩与浅灰绿色粉砂质绢云板岩、泥质粉砂质绢云板岩互层，板岩中产 *Schafhaeutlia mellingi* (Hauer)、*S. sphaerioides* (Böttger)、*Palaeodictyon* 等化石　234.52m

72. 灰色薄层状变质含长岩屑石英杂砂岩，夹浅灰、深灰色薄层状砂质绢云板岩、粉砂质绢云板岩，向上板岩增加　87.43m

71. 浅灰、灰色变质细—中粒含长岩屑石英杂砂岩夹灰色粉砂质绢云板岩，砂岩中偶含泥砾、含黄铁矿，岩石具水平层理，局部具波状层理　130.00m

70. 浅灰—灰色薄层状变质中—细粒含长岩屑石英杂砂岩夹灰黑色粉砂质绢云板岩，偶夹厚小于 1m 的蚀变玄武岩　26.07m

69. 浅灰绿—深灰绿色蚀变玄武岩　31.86m

68. 深灰绿色薄层状变质泥质粉砂岩与粉砂质板岩构成韵律层　6.62m

67. 灰色变质细粒含长岩屑石英杂砂岩与灰黑色变质绢云石英粉砂岩不等厚互层，夹 1～3m 不等的灰绿色蚀变玄武岩，粉砂岩中产化石：*Cassianella nyanangensis*、*Arcosaarina olato*　64.26m

66. 浅灰色变质泥质粉砂岩与灰黑色绢云板岩互层　16.06m

65. 浅灰绿—灰绿色强蚀变玄武岩　10.71m

64. 深灰色薄层状含炭质粉砂质绢云板岩与灰色变质细粒含长岩屑石英杂砂岩互层，岩中发育水平层理　30.90m

63. 灰色薄—中层状含长岩屑石英杂砂岩与灰黑色薄层状粉砂质绢云板岩互层，板岩中获遗迹化石：*Nereitesichno* sp.　42.57m

62. 深灰—灰黑色粉砂质绢云板岩夹灰色薄层状变质细粒含长岩屑石英杂砂岩　37.53m

61. 灰色薄层状变质细粒含长岩屑石英杂砂岩与深灰色粉砂质绢云板岩构成韵律层对，偶夹蚀变玄武岩夹层　120.62m

══════ 断层 ══════

60. 灰色薄层状变质细粒含长岩屑石英杂砂岩与灰黑色粉砂质绢云板岩互层，产遗迹化石，夹厚 1～3m 的蚀变玄武岩　187.58m

59. 灰色中层状变质细粒含长岩屑石英杂砂岩，夹 1～2m 的蚀变玄武岩　28.13m

58. 灰色变质含泥砾长石岩屑石英杂砂岩，中层与薄层互层产出，泥砾大小 2～5mm，最大 2cm，被压扁呈透镜状，含量约 1%，夹多层厚 1～3m 的蚀变玄武岩　39.99m

57. 灰色中厚层状变质细粒含长岩屑石英杂砂岩，夹少量灰绿色蚀变玄武岩　79.77m

56. 灰色变质细粒含长岩屑石英杂砂岩、浅灰绿色蚀变玄武岩不等厚互层　36.92m

55. 灰—深灰色中层状变质细粒含长岩屑石英杂砂岩　51.97m

54. 浅灰绿色蚀变玄武岩夹灰色变质细粒含长岩屑石英杂砂岩、深灰色粉砂质绢云板岩　115.63m

53. 灰色变质细粒含长岩屑石英杂砂岩、深灰色粉砂质绢云板岩，夹 3 层厚 1～3m 的蚀变玄武岩　133.75m

52. 灰色变质细粒含长岩屑石英杂砂岩与深灰色粉砂质绢云板岩互层　32.47m

断层

51. 灰色变质细粒含长岩屑石英杂砂岩与深灰色粉砂质绢云板岩互层，向上砂岩粒度变细为变质粉砂岩，岩中获植物化石：*Clathropteris* sp.、*Taeniopteris leclerei* Zeill、*Equisetites* sp.	203.48m
50. 浅灰绿色全蚀变玄武岩	7.32m
49. 浅灰、深灰色变质含长岩屑石英杂砂岩与粉砂质绢云板岩互层	118.16m
48. 灰、深灰色含长岩屑石英杂砂岩与粉砂质绢云板岩互层，夹1层厚2m蚀变玄武岩和1层厚1m全蚀变安山岩	95.11m
47. 灰色薄层状变质细粒含长岩屑石英杂砂岩与浅灰—深灰色板状绢云石英粉砂岩互层	96.14m
46. 浅灰、灰色薄层状变质细—中粒含长岩屑石英杂砂岩与深灰色粉砂质绢云板岩不等厚互层	85.35m
45. 灰、深灰色变质细—中粒含长岩屑石英杂砂岩与粉砂质绢云板岩不等厚互层	107.19m
44. 灰色中层状变质中—细粒含长岩屑石英杂砂岩，偶夹厚1m左右的蚀变玄武岩、粉砂质绢云板岩	191.58m
43. 灰色—深灰色粉砂质绢云板岩夹变质中—细粒含长岩屑石英杂砂岩	14.9m
42. 深灰—浅灰色变质中—细粒含长岩屑石英杂砂岩，其间顺层贯入有灰绿色辉长辉绿岩	125.53m
41. 浅灰—灰色变质细粒含长岩屑石英杂砂岩与灰黑色粉砂质绢云板岩不等厚互层	59.65m
40. 灰黑色粉砂质绢云板岩与灰色变质细粒含长岩屑石英杂砂岩互层，砂岩底部具槽模、沟模	279.38m
39. 浅灰绿色蚀变杏仁状玄武岩	7.71m
38. 灰色变质中—细粒含长岩屑石英杂砂岩与斑点状含粉砂质绢云板岩互层，偶夹变质含砾岩屑石英杂砂岩和蚀变玄武岩	320.47m
37. 浅灰绿色蚀变玄武岩与灰黑色粉砂质板岩互层	25.70m
36. 深灰色粉砂质板岩夹变质含长岩屑石英杂砂岩	47.26m
35. 深灰—灰黑色泥质—粉砂质—硅质板岩夹薄层状变质含长岩屑石英杂砂岩	128.88m
34. 灰色变质黄铁矿化含长岩屑石英砂岩	8.32m
33. 灰色变质含泥砾含长岩屑石英杂砂岩，砾径0.2～1cm，含量小于1%	69.16m
32. 灰色变质细粒含长岩屑石英杂砂岩	56.91m
31. 深灰色变质含泥砾含长岩屑石英杂砂岩，底部砾径最大可达1cm，上部砾径2～5mm	64.82m
30. 灰—深灰色变质细粒含长岩屑石英杂砂岩，夹2层含泥质粉砂岩砾石的变质细粒含长岩屑石英杂砂岩	52.54m
29. 灰色变质细粒含长岩屑石英杂砂岩夹变质绢云石英粉砂岩，底部夹1～2m厚的蚀变杏仁状玄武岩和厚1m的全绢云母化—碳酸盐化安山玄武岩	73.50m
28. 浅灰—深灰色变质含泥砾黄铁矿化含长岩屑石英杂砂岩	44.88m
27. 灰色变质细粒含岩屑长石石英杂砂岩夹薄板状粉砂质板岩	98.27m
26. 灰、黄灰色变质细粒含长岩屑长石石英杂砂岩、变质细粒含长岩屑石英杂砂岩	419.23m

断层

25. 深灰—灰色泥质板岩	72.10m
24. 深灰色粉砂质板岩、含炭质粉砂质绢云板岩	45.71m
23. 灰色中—薄层状变质细粒岩屑长石石英杂砂岩与粉砂质板岩互层	27.65m

22. 灰、灰黄色、深灰色变质细粒岩屑长石石英杂砂岩与粉砂质板岩、含炭质、砂质绢云板岩构成互层层对，偶夹灰绿色玄武岩　428.91m

═══ 断层 ═══

21. 灰、深灰色细粒含岩屑长石石英杂砂岩与粉砂质板岩不等厚互层　126.19m

20. 深灰—灰色变质细粒长石石英杂砂岩与粉砂质板岩不等厚互层　24.27m

═══ 断层 ═══

19. 灰黑色薄层状粉砂质板岩与变质细粒长石石英杂砂岩互层，含遗迹化石　107.47m

18. 灰色变质细粒含岩屑长石-石英杂砂岩，夹1层厚约30cm的碳酸盐化绢云母化玄武岩　9.98m

17. 灰黑色含炭质绢云板岩　38.00m

16. 蚀变杏仁状玄武岩　2.96m

15. 灰黑色含炭质绢云板岩、夹砂质条带　29.66m

14. 浅灰、灰色粉砂质绢云板岩，夹2m厚的片理化绿泥石化碳酸盐—硅化玄武岩　10.94m

13. 浅灰色薄层状变质细粒长石-石英杂砂岩与粉砂质绢云板岩互层，砂岩底部发育槽模　59.33m

═══ 断层 ═══

下伏地层：江雄组一段（T_3jx^1）

章村组为本项目新建地层单位（表2-6），由深灰色、灰黑色粉砂质绢云板岩与灰色中薄层状变质细粒含长岩屑石英砂岩不等厚互层，上部见少量泥粉晶灰岩。中见有灰绿色蚀变玄武岩、玄武质火山角砾岩、安山玄武岩夹层（图版Ⅲ-3）和灰色块状泥砾岩、含泥砾砂岩；为深海平原—斜坡相沉积，上部见有浅海盆地沉积。产双壳化石：*Cassianella nyanangensis*，*Schafhaeutlita mellingi*，*S. sphaerioides*；腕足类：*Arcosaarina olato*；牙形石：*Hungarella subtera*，*H. skbelliptica*，*Priondina excavata*，*Neogondolella* sp.，*N. polygnathiformis*；植物化石：*Clathropteris* sp.，*Taeniopteris leclerei*；遗迹化石：*Nereitesichno* sp.等，时代为晚三叠世，未见顶，与下伏江雄组为整合接触，厚度大于5897m。

表2-6　晚三叠世章村组新建地层单位简表

<table>
<tr><td rowspan="2">建组位置</td><td rowspan="2">原来归属</td><td colspan="3">建组依据</td></tr>
<tr><td>岩性</td><td>古生物</td><td>接触关系</td></tr>
<tr><td>西藏自治区朗县章村北
起点坐标东经93°04′06″
北纬28°43′33″
终点坐标东经93°02′01″
北纬28°52′54″</td><td rowspan="3">晚三叠世郎杰学群</td><td rowspan="3">灰色中层状含长岩屑石英砂岩夹粉砂质绢云板岩，其中见有玄武岩、安山岩与之互层。为浅海-斜坡-盆地沉积</td><td rowspan="3">双壳：Cassianella nyangensis，Schafhaeutlia mengllingi；
腕足：Arcosarina ovata；
牙形石：Neogondoella sp.
N. polygnathiformis，N. prioniodina
植物：Clathropteris meisciodes，Taeniopteris leclerei</td><td rowspan="3">底部同晚三叠世江雄组整合接触，未见顶</td></tr>
<tr><td>层型剖面</td></tr>
<tr><td>朗县拉多晚三叠世章村组剖面</td></tr>
</table>

3. 晚三叠世郎杰学群的岩相分析

郎杰学群为测区内分布最广的地层，岩相较为复杂，包括浊积扇、深海平原和浅水盆地沉积等。

江雄组以深海平原和浊积扇沉积为特征，从下向上由8个退积型序列和1个进积型序列组成（图2-10）；其中以第4个序列最为特征，由退积型扇体和深海平原组成，分述如下。

浊积扇沉积：见于该序列下部，厚68.9m；由灰色厚层状中—细粒岩屑石英砂岩—中层状粗粉砂

地层	柱状图	剖面	层号	厚度(m)	沉积环境	海平面升降曲线	岩性描述及化石
二段(T_3jx^2)		曲松剖面	18—17	25.63	扇中	⑨	灰色中层变质细粒岩屑石英杂砂岩、粉砂岩、绢云板岩组成，0.8~1.2m，厚度比为3:2:1，发育平行层理—波状交错层理—水平层理，具槽模构造，为bad—cd段组合
			16—13	120.64	深海平源—扇缘	⑧	深灰色绢云板岩，薄层状粉砂岩，具水平层理，含黄铁矿晶体，为de段组合，含部分深海平原沉积
			12—10	157.58	扇缘—扇中		灰色中层变质细粒岩屑石英杂砂岩、粉砂岩、绢云板岩组成，发育平行层理—波状交错层理、水平层理，具槽模构造，为bad-cd段组合
			9—8	108.52	扇缘	⑦	灰色变质粉砂岩、绢云板岩呈薄板状互层，具水平层理、波状交错层理
			7—5	152.61	扇中		灰色中层变质细粒岩屑长石石英杂砂岩—中薄层变质粉砂岩组成，0.7~1.1m，发育平行层理—波状交错层理，具槽模构造，为bad—bc段组合
			4	29.05	扇缘	⑥	灰色中薄层粉砂岩，粉砂质绢云板岩组成，为de—f段组合
			3—1	100.99	扇中		灰色厚层状变质细粒长石石英杂砂岩—中薄层粉砂岩，绢云板岩组成，发育槽模构造，为bcd段组合
			138	38.4	扇顶	⑤	灰色块状—薄层状含砾中细粒岩屑石英砂岩—薄层状粘土岩，发育正粒序层理—水平层理，具槽模构造，为ae段组合
		玉门剖面	137—135	184.4	扇中—扇缘		灰色中层细粒岩屑石英砂岩—粗粉砂岩—粉砂质粘土岩组成，向上粘土岩不发育；见波状交错层理—水平层理，为cde-cd-bc段组合
			134	90.6	深海平源	④	深灰色中薄层具水平层理粉砂质粘土岩—粘土岩；含少量远洋蚀积岩
			133—132	68.9	扇缘		灰色厚层中—细粒岩屑石英砂岩—粗粒砂岩—粉砂岩，向上见少量粘土岩；发育平行层理—波状交错—水平层理，为bcd—cde段
			131—130	81.4	扇缘	③	灰色中薄层粉砂岩、泥质粉砂岩，多发育水平层理，夹少量薄层状细粒岩屑砂岩
			129—128	180.7	扇缘—扇中		灰色中层细粒含岩屑石英砂岩—粉砂岩—粘土岩组成，发育平行层理—波状交错层理—水平层理，为bcd—cde段组合
			127—126	191.3	深海平源	②	灰色、深灰色薄层状粉砂岩—水云母粘土岩；具水平层理；含少量远源浊积岩
			125—124	179.1	扇缘—扇中		深灰色中层细粒含白云质岩屑石英砂岩—石英粉砂岩—水云母粘土岩组成；发育平行层理—波状交错层理—水平层理，为bcd—cde段组合
一段(T_3jx^1)		拉多剖面	12—6	467.47	深海平源—扇缘	①	深灰色粉砂质绢云板岩，变质粉砂岩，下部见有少量薄层状细粒含长石英杂砂岩夹层
			5—1	365.23	扇缘—扇中		灰色中层状变质中细粒含长岩屑石英杂砂岩与灰黑色粉砂质板岩不等厚互层

图 2-10　晚三叠世江雄组沉积序列示意图

岩—粘土岩组成；多发育平行层理—微波状交错层理—水平层理，底具槽模构造。下部仅发育前两部分，厚度比为 1∶1，每个层序厚 1.5m；为鲍马层序 bcd 段组合；上部由三者组成，仅发育波状交错层理和水平层理，厚度比为 1∶1∶2，每个层序厚 1.2～1.3m；为鲍马层序 cde 段组合；其中粒度分析统计平均值 Mz＝2.18，标准偏差 $\delta_1=0.83$，偏度 SK＝0.312，峰态 KG＝0.89，在粒度参数离散图中处于浊积岩区（图 2-11）。曲线由两个总体组成，其中悬浮总体 B 含量近 55%，粒径区间宽，主要分布在 $2\phi\sim4.5\phi$ 中间，斜率仅 35°，分选较差。据福克（1964）粒度判别公式 $Y_{河流与浊流}=0.7875Mz-0.4030\delta_1^2+6.322SK_1+5.2927KG$，$Y=7.682<9.8433$，为浊流沉积（图 2-12）。从下向上，砂岩含量减少，粘土岩含量增多，层厚变薄，显示了海水加深的退积型扇体特征。

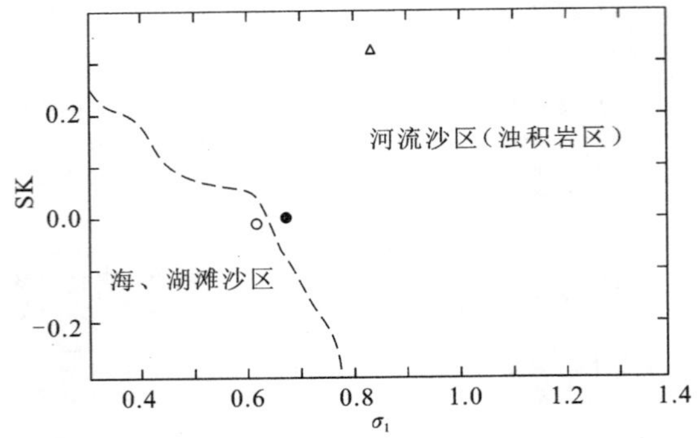

图 2-11　雅鲁藏布江地层分区晚三叠世粒度参数离散图

○章村组；●玉门混杂岩；△江雄组二段

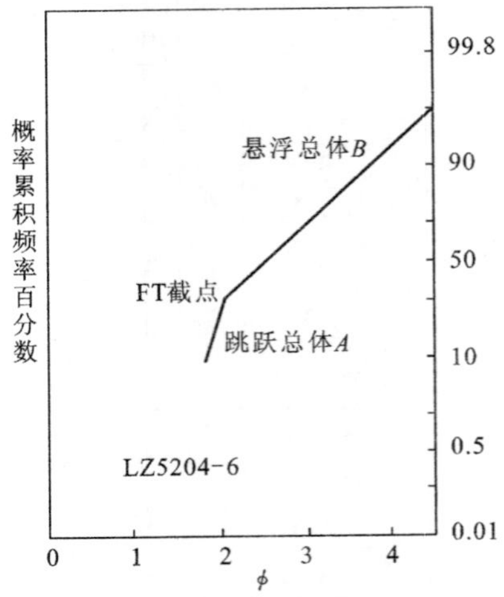

图 2-12　晚三叠世郎杰学群江雄组二段概率统计粒度曲线图

深海平原：见于该序列上部，厚 90.6m。由深灰色中层状具水平层理粉砂质粘土岩—粘土岩组成；在其他序列中尚可见少量薄层状具波状交错层理细粒岩屑砂岩，可能为远源浊积岩。

章村组的环境较为复杂，含介形虫的浅水盆地，含植物碎片和遗迹化石斜坡浊积扇以及具薄壳双壳的深海平原均有出露。其中以浊积扇和浅海盆地为特征，下部见少量次深海平原沉积，从下向上，由 9 个进积型序列组成（图 2-13），其中以第 4 个序列发育较为完整；由浅海盆地—浊积扇—次深海平原组成，分述如下。

深海平原：见于该序列下部，厚 530.02m，深灰色薄层状泥岩、硅质板岩，多发育水平层纹，富含黄铁矿，中见有玄武岩和细粒岩屑含长石英杂砂岩夹层，反映了在深水环境下盆地频繁振荡的特点。

浊积扇沉积：见于该序列中部，厚 479.46m，灰色中层状中—细粒含长岩屑石英杂砂岩—粉砂质组云板岩组成，多发育平行层理—微波状交错层理—水平层理。下部多为鲍马层序 cde—de 段组合，具扇缘沉积特点（图版Ⅲ-1、Ⅲ-2）；上部则以大量平行层理的发育为特点，其中见深水相遗迹化石（图版Ⅲ-4、Ⅲ-5）和植物化石，反映了扇中 bcd 段的组合；从下向上，砂岩含量增多，厚度加大，从扇缘—扇中转变，反映了海盆抬升的特点。

浅海盆地混合沉积：见于该序列下部，厚 107.19m；由灰色中层状变质含岩屑石英砂岩和粉砂质组云板岩组成；其中见有玄武岩和安山岩夹层。上部见有少量粉晶灰岩。其中含岩屑石英砂岩粒度分析统计平均值 Mz＝2.82，标准偏差 $\delta_1=0.62$，偏度 SK＝0.005，峰态 KG＝1.08。在粒度参数离散图中处于海、湖滩沙区。曲线由两个总体组成，其中跳跃总体 A 接近 90%，主要分布于 $2\phi\sim3.25\phi$ 中间，斜率 60°，分选中等。据福克（1964）粒度判别公式 $Y_{海滩与浅海}=15.653Mz+65.7091\delta_1^2+18.1071SK+18.5043KG$ 计算，$Y=89.311>65.365$，为浅海环境（图 2-14）。产双壳、菊石和牙形石化石。发育平行层理，顶面见波痕，为浅水混合沉积。

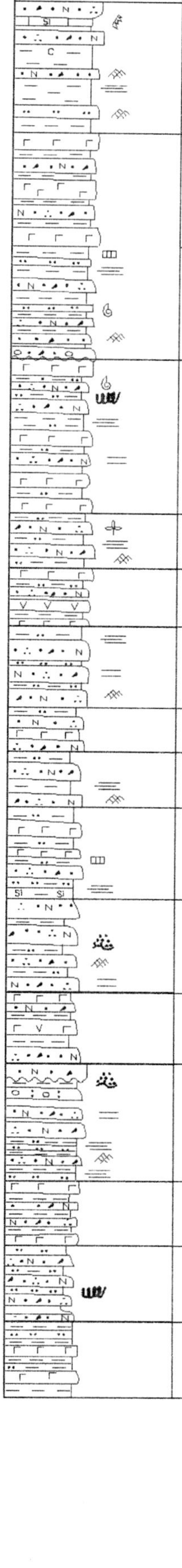

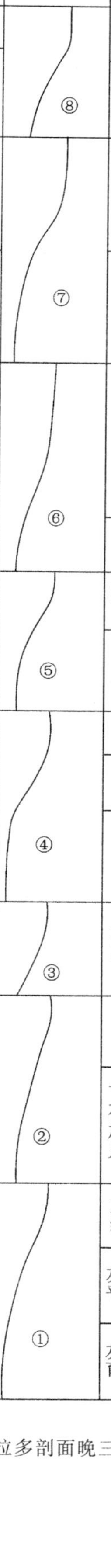

柱状图	层号	厚度(m)	沉积环境	海平面升降曲线	岩性描述及化石
	90	33.63	浅海盆地		深灰色中层含长岩屑石英杂砂岩，含炭质粉砂质绢云板岩，含少量硅质粉晶灰岩，产牙形石，多发育平行层理
	89—84	216.25	扇缘	⑧	灰黑色炭质粉砂质绢云板岩，发育水平层理，见少量薄层状变质细粒岩屑砂岩；为鲍马层序cde—de段组合
	83—76	659.61	浅海盆地		灰色薄层状变质岩屑石英砂岩与石英粉砂岩，粉砂岩呈厚层状产出，其中见大量蚀变玄武岩
	75—71	627	扇中—扇缘	⑦	浅灰色变质中细粒含长岩屑杂砂岩夹灰黑色粉砂质绢云板岩；砂岩中见少量泥砾，岩石具波状交错层理—水平层理，砂岩底部具槽模构造，为cd—cde段组合
	70—52	1093.41	浅海盆地		灰色中厚层变质细粒含长岩屑石英砂岩，泥质粉砂岩及粘板岩，发育水平层理及平行层理，有大量玄武岩夹层；产双壳化石和遗迹化石，其中含部分浊积岩
	51	203.48	扇缘	⑥	灰色变质细粒含长岩屑石英杂砂岩与粉砂质板岩互层；发育平行层理—波状交错层理，底具槽模构造；产植物化石，为bcd段组合
	50—48	220.59	浅海盆地		浅灰色中层状含岩屑石英砂岩与粉砂质绢云板岩互层；中见有玄武岩和安山岩夹层
	47—45	288.68	扇中—扇缘	⑤	灰色中薄层含长岩屑石英杂砂岩与灰色粉砂质绢云板岩互层，发育平行—波状交错层理，为bcd段组合
	44	107.19	次深海盆地		灰色中层变质中细含长岩屑石英砂岩；中见少量玄武岩和粉砂质板岩
	43—40	479.46	扇中—扇缘		灰色变质中—细粒含长岩屑石英杂砂岩—粉砂质绢云板岩互层，发育平行层理—微波状交错层理，为cde—bcd段组合
	39—35	530.02	浅海盆地	④	深灰色泥岩、硅质板岩，多发育水平层纹，富含黄铁矿；中见有玄武岩和细粒岩屑含长石英杂砂岩夹层
	34—30	251.75	扇顶—扇中	③	灰色变质含长岩屑石英杂砂岩，含泥砾含长岩屑石英杂砂岩；发育平行层理—正粒序层理，为bcd—abk段组合
	29	73.50	浅海盆地		灰色变质细粒岩屑石英砂岩夹少量粉砂质板岩；多平行层理，见玄武岩和安山玄武岩夹层
	28—23	707.84	扇顶—扇缘	②	下部为深灰色粉砂质板岩、绢云板岩夹少量薄层状细粒岩屑长石石英杂砂岩，发育水平层理，为de段组合；中部砂岩含量增加，见微波状交错层理和平行层理，为bcd— cde段组合，顶部见泥砾岩，具正粒序层理，为abc段组合
	22	428.91	浅海盆地		灰色、灰黄色变质中厚层细粒长石石英砂岩与粉砂质板岩、绢云板岩互层，夹灰绿色玄武岩，砂岩中多发育平行层理
	21—19	257.93	扇中		灰色中层状含岩屑石英杂砂岩与粉砂质板岩不等厚互层，发育平行—波状交错层理，产遗迹化石，为鲍马层序bcd段组合
	18—14	91.54	次深海盆地	①	灰黑色含炭质绢云板岩、粉砂质绢云板岩，具砂质条带，多发育水平层理，见玄武岩夹层

图 2-13　朗县拉多剖面晚三叠世章村组沉积序列图

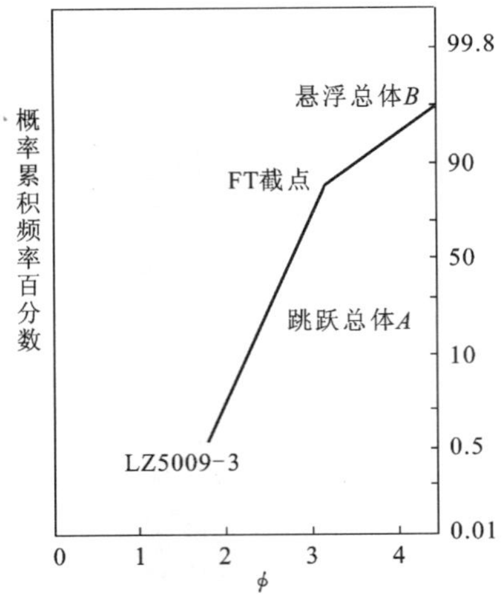

图 2-14　晚三叠世郎杰学群章村组概率统计粒度曲线图

4. 晚三叠世郎杰学群的生物地层和年代地层

区内化石丰富，门类繁多，有双壳、菊石、牙形石和介形虫、植物化石和遗迹化石等，其中尤以双壳类、菊石类最为发育，根据所获化石和部分前人资料，可建立下述化石带(表 2-7)。

表 2-7　晚三叠世章村组化石组合对比表

地层＼生物		双壳类	牙形石	植物	腕足	介形石	遗迹化石
章村组	诺利阶		*Neogondoella* - *Prioniodia* 组合带			? *Hungarella subelliptica* ? *H. Subtera*	
		Cassianella - *Schafhaeutlia* 组合带			*Arcosarinaovata*		*Nereites idhno* sp.
				Clathropteris - *Taeiopteris* 组合带			*Palaodictyon ichno* sp.

(1) 双壳类。

Burmesia - *Unionitea* 组合带

常见于江雄组，重要分子有：*Burmia* sp.，*Unionita* sp.，*Monotis salinaria*，伴生分子有：*Halobia* cf. *austrica*，*H.* cf. *tyopitum*，*H. plicosa* 等；其中前三种属种常见于云南晚三叠世诺利期 *Burmesia lirata* - *Myophoria* 组合，为其重要组合分子，故组合时代为诺利期。

Cassianella nyanangensis - *Schafhaeutlia mengllingi* 组合带

常见于章村组中下部，属种较为单一，以 *Cassianella nyanangensis*，*Schafhaeutlia mengllingi*，*S. sphaerioides* 高丰度产出为特征，伴生产出腕足 *Arcosarina ovata*；其中 *Cassianella nyanangensis* 为晚三叠世诺利期的重要分子。

(2) 牙形石。

Neogondoella polygnathiformis - *Prioniodina excavata* 组合带

常见于章村组顶部硅质粉晶灰岩中，重要分子有：*Neogondoella* sp.，*N. polygnathiformis*，*Hungarella subtera*，*H. subelliptica* 等；覆于双壳类 *Cassianella nyanangensis* - *Schafhatutlia mengllingi* 组合带之上；为云南上三叠统三合洞组中的重要分子，时代为晚三叠世诺利期。

(3) 植物化石。

Clathropteris meisciodes - *Taeniopteris leclerei* 组合带

常见于章村组下部浊积扇中，化石保存较差，常见分子有：*Clathropteris meisciodes*，*Taeniopteris leclerei*，*Equisetites* sp.，多为华南植物群 TD 组合带中的化石，时代为晚三叠世诺利期。

此外，在章村组中尚有腕足类 *Arcosarina ovata*，介形类？*Hungarella subelliptica*，？*H. subtera* 以及复理石相遗迹化石：*Nereitesichno* sp.，*Palaeodictyonichno* sp. 等，时代多为晚三叠世。

5. 晚三叠世郎杰学群的层序地层

通过对测区晚三叠世岩石地层单位的划分，背景沉积与特殊地质体的调查，对层序界面性质和由层序界面限定的层序进行初步划分，为一个正层序（Ⅲ级层序），包括海侵体系域和高水位体系域，未见底，界面性质不清（图 2-15）。

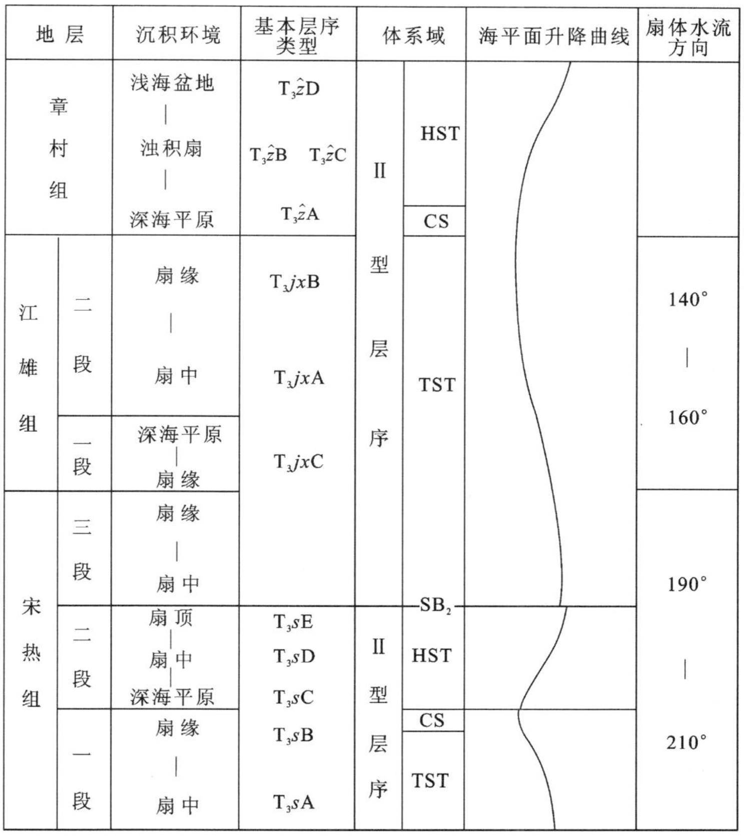

图 2-15　雅鲁藏布江地层分区上三叠统层序地层体系域划分图

海侵体系域（TST）：由江雄组组成，其中以 T_3jxA、T_3jxB 和 T_3jxC 最具代表性（图 2-16）。

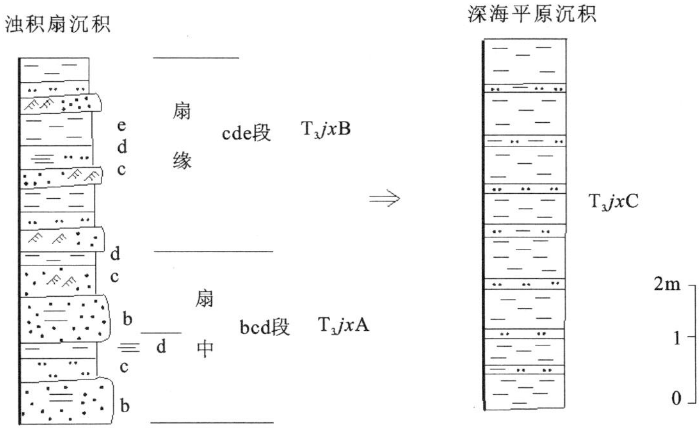

图 2-16　晚三叠世江雄组退积型沉积层序示意图

T_3jxA：由灰色薄层状中—细粒岩屑石英砂岩—中层状粉砂岩组成，发育平行层理—微波状交错层理，底具槽模构造，厚度比为 1∶1，每个层序厚 1.5m；为鲍马层序 bcd 段组合。从下向上，粘土岩含量增大，上述两种层序构成了一个完整的退积型浊积扇体。

T_3jxB：由灰色中厚层状细粒岩屑石英砂岩—中层状粉砂岩—粘土岩组成，发育波状交错层理—水平层理，厚度比为 1∶1∶2，每个层序厚 1.3～1.1m；从下向上，粘土岩含量增大，上述两种层序构成了一个完整的退积型浊积扇体。

T_3jxC：常见于浊积扇之上，由深灰色中层状具水平层理粉砂质粘土岩—粘土岩组成，呈韵律性互层状产出；为弱退积—加积型层序，具深海平原沉积特点，上述 3 种基本层序，完整构成了从扇中—扇缘—深海平原的演化，显示了海盆持续上升的海侵体系域特点。

高水位体系域（HST）：仅见于章村组中，包含 $T_3\hat{z}A$、$T_3\hat{z}B$、$T_3\hat{z}C$ 和 $T_3\hat{z}D$ 4 种基本层序（图 2-17）。

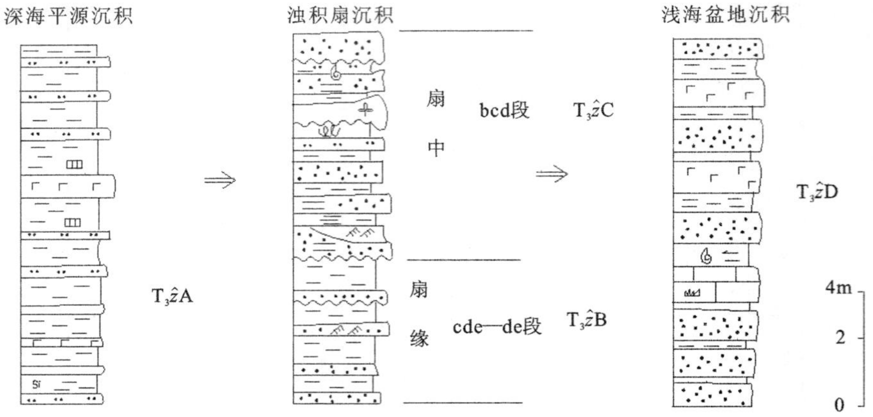

图 2-17　晚三叠世章村组进积型沉积层序示意图

$T_3\hat{z}A$：由深灰色薄层状泥岩，少量硅质板岩组成，多发育水平层纹，富含黄铁矿。为垂向加积—弱进积型层序，具深海平原沉积特点；中见有玄武岩和薄层状细粒含长石英杂砂岩夹层，产薄壳双壳。

$T_3\hat{z}B$：由灰色中层状细粒含长岩屑石英杂砂岩—砂质绢云板岩组成，发育微波状交错层理—水平层理，厚度比为 1∶1～2∶1，每个层序厚 0.6～0.9m，为鲍马层序 cde 段组合。

$T_3\hat{z}C$：岩性组合同前，多发育平行层理—微波状交错层理，较前砂岩含量增多；产植物化石和复理石相遗迹化石；为鲍马层序 bcd 段组合；两种层序类型构成了从 cde—bcd 段组合的转变，具进积层序特点。

$T_3\hat{z}D$：由灰色中层状变质含长岩屑石英砂岩和粉砂质绢云板岩相间产出，发育平行层理和水平层理，砂岩顶部具波痕，厚度比为 1∶1～2∶1，每个层序厚 0.8～1.0m 不等，其中见深灰色杏仁状玄武岩和安山岩夹层；在层序上部时常含牙形石粉晶灰岩；为浅海盆地混合沉积，层序体现弱进积＋加积的特点。

上述 4 种基本层序，从下向上，由深海平原—扇缘—扇中—浅海混合沉积，显示了一个持续的海退过程，具高水位体系域的沉积特点。

6. 晚三叠世郎杰学群的岩石化学特征

郎杰学群岩石化学特征，包括岩石的常量元素、微量元素及稀土元素特征，现将其分述如下。

（1）常量元素特征。

砂岩的常量元素地球化学特征，在一定程度上可反映物源区性质和古代沉积盆地的构造背景（Bhatia，1983）。郎杰学群各组的砂岩岩石化学成分（表 2-8）的平均值，与 Bhatia（1983）活动大陆边缘典型砂岩类型相近似。在其砂岩主要氧化物构造环境判别图解（图 2-18）中，均主要落入活动大陆边缘区内。而在图 2-19、图 2-20、图 2-21 中，亦集中落在活动大陆边缘区内。在图 2-22 中则均落在优地槽区内。

表 2-8　郎杰学群砂岩化学成分及特征参数表（$\times 10^{-2}$）

样品 / 氧化物	ZR5008-43	ZR5110-9	5※	6※	8※	9※	10※	13※	14※	1300-7※※	1301-5※※	1309-1※※	1315-5※※	1317-1※※	$\overline{X}$
SiO_2	80.43	80.20	70.24	73.68	72.68	66.53	74.74	75.94	81.92	73.64	75.11	76.18	72.63	71.71	74.69
TiO_2	0.75	0.59	0.57	0.55	0.63	0.54	0.62	0.47	0.60	0.39	0.43	0.24	0.27	0.26	0.49
Al_2O_3	8.31	8.96	10.49	12.57	14.05	11.68	12.15	11.93	9.16	12.66	9.45	12.10	13.16	12.16	11.35
Fe_2O_3	1.01	1.08	2.87	0.06	0.04	3.09	0.63	1.23	1.04	0.36	2.51	2.78	1.06	0.83	1.33
FeO	1.01	1.71	2.65	8.09	4.39	1.74	3.78	2.76	2.39	2.79	0.79	1.39	4.34	3.89	2.98
MnO	0.092	0.064	0.21	0.05	0.03	0.19	0.05	0.02	0.07	0.05	0.19	0.11	0.05	0.04	0.09
MgO	0.56	0.65	0.62	0.98	0.83	0.30	0.79	0.80	0.61	1.62	0.92	1.06	1.40	1.37	0.89
CaO	1.41	0.84	3.40	0.35	0.16	4.91	0.43	0.23	0.29	0.95	3.05	0.70	0.33	0.55	1.26
Na_2O	2.93	2.50	2.67	2.78	2.49	3.37	2.49	2.62	2.23	2.33	2.18	2.33	2.64	2.70	2.59
K_2O	0.74	1.23	1.15	1.71	1.87	1.55	1.50	1.46	0.94	2.16	1.56	1.94	1.77	1.56	1.51
P_2O_5	0.18	0.19	0.10	0.13	0.21	0.14	0.14	0.10	0.11	0.11	0.12	0.12	0.06	0.15	0.13
烧失量	1.92	2.032													
总　量	99.342	100.046	94.97	100.95	97.38	94.04	97.32	97.56	99.36	97.06	96.31	98.95	97.71	95.22	97.587
Fe_2O_3+MgO	1.60	1.76	3.49	1.04	0.85	3.39	1.42	4.03	1.65	1.98	3.57	3.88	2.51	2.31	2.39
Al_2O_3/SiO_2	0.1034	0.1117	0.15	0.17	0.19	0.18	0.16	0.16	0.11	0.1720	0.1258	0.1585	0.1812	0.1696	0.15
K_2O/Na_2O	0.2542	0.4902	0.43	0.62	0.75	0.46	0.60	0.56	0.42	0.9277	0.7168	0.8340	0.6703	0.5775	0.59
Al_2O_3/Na_2O+CaO	1.9187	2.6804	1.73	4.02	5.43	1.41	4.16	4.19	3.63	3.867	1.8066	3.9968	4.4309	3.7339	3.3575
SiO_2/Al_2O_3	9.679	8.951	6.45	5.88	5.26	5.56	6.25	6.25	9.09	5.817	7.948	6.230	5.519	5.897	6.7701
K_2O/Na_2O+CaO	0.77	0.60	0.19	0.55	0.68	0.19	0.51	0.51	0.37	0.659	0.298	0.640	0.596	0.48	0.5031

注：※据 1:5万琼果幅、曲德贡幅，2002；※※据 1:20 万加查幅，1995。

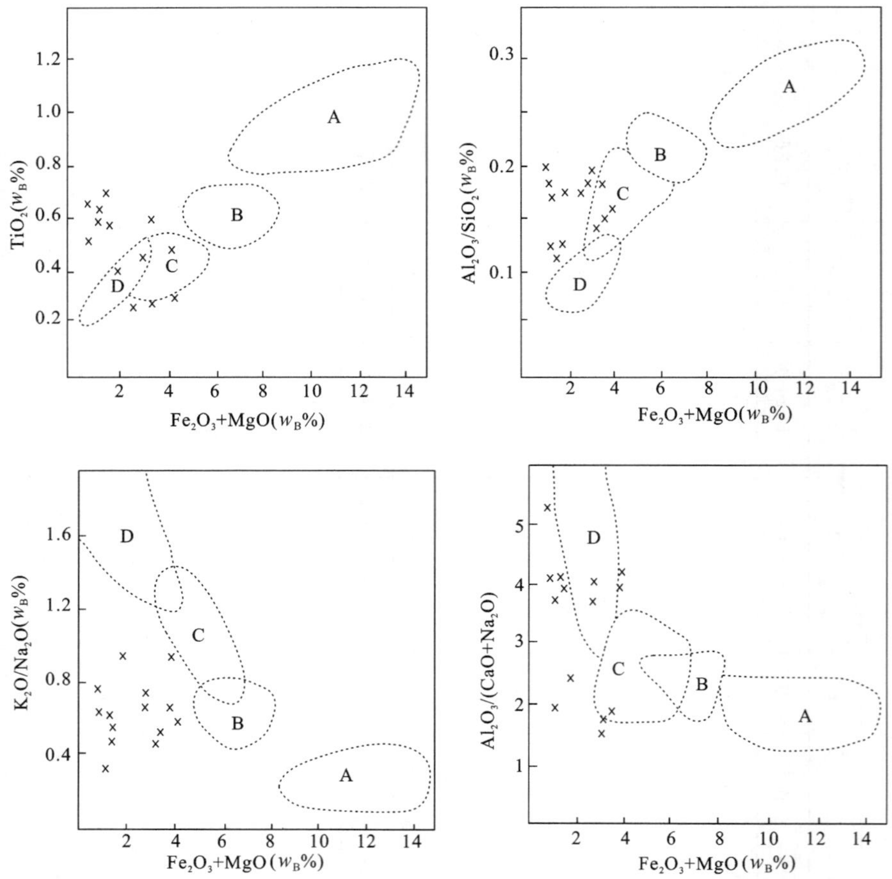

图 2-18　郎杰学群砂岩主要氧化物构造环境判别图解

（据 Bhatia，1983）

A. 大洋岛弧；B. 大陆岛弧；C. 活动大陆边缘；D. 被动大陆边缘

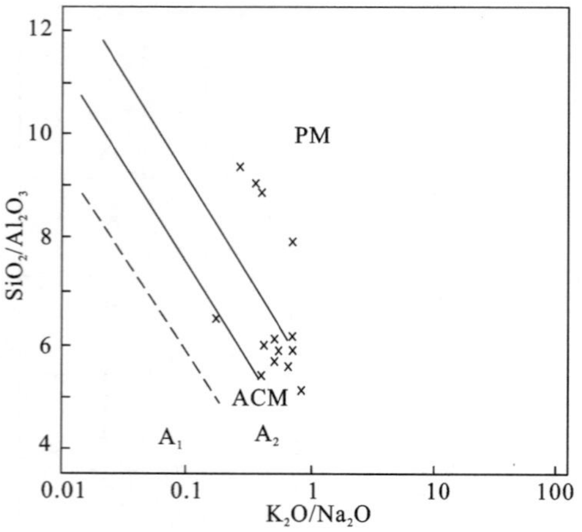

图 2-19　郎杰学群砂岩 SiO_2/Al_2O_3 与 K_2O/Na_2O 构造背景判别图

（据 Maynard 等，1982）

PM. 被动大陆边缘；ACM. 活动大陆边缘

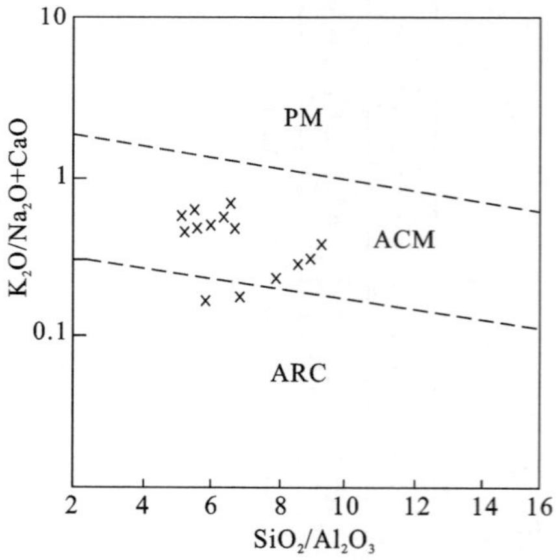

图 2-20　郎杰学群砂岩 $K_2O/(Na_2O+CaO)$-SiO_2/Al_2O_3 判别图

（据方国庆，1993）

PM. 被动大陆边缘；ACM. 活动大陆边缘；ARC. 大洋岛弧

（2）微量元素特征。

测区郎杰学群的微量元素含量见表 2-9，从表中可以看出，微量元素在砂岩中相对较富，与涂和费（1962）相较，Sr、U、Co、Hf、Sc、Th、As、Zn 偏高，其他元素则较为接近。与 M. R. Bhatia 和 K. A. W. Crook（1986）的活动大陆边缘砂岩的微量元素含量相近似。在 Bhatia（1983）La - Th 判别图解（图 2-23）、La - Th - Sc 判别图解（图 2-24）、Th - Co - Zr/10 判别图解（图 2-25）和 Th - Sc - Zr/10 判别图解（图 2-26）等，砂岩的投点均多接近或较集中地落在大陆岛弧区内。

表 2-9　郎杰学群砂岩微量元素特征表($\times 10^{-6}$)

样品＼元素	Rb	Sr	U	Ba	Cr	Co	Yb	Hf	Zr	Y	La	Ce	Th	Sc	Ti	Ni	Cu	Pb	Zn	Cs	W	As	Sb	Sn
ZR5008-43						6.3			423	17.63	28.82	56.09	7.5	6.6	2456	11.9								
ZR1110-9						9.0			300	18.42	27.13	55.14	7.9	7.0	1887	18.9								
5※	52.4	140	2.6	250	31.6	7.6	2.49	5.6	180		31.2	56.7	5.7	11			28.2	6.0	66.7	4.7	1.61	13.4	2.37	2.5
6※	80.9	64	3.1	470	34.7	11.4	1.96	5.3	220		31.7	55.6	8.0	10			36.8	12.0	72.0	4.8	1.26	7.0	1.09	10
8※	26.5	56	2.4	190	29.8	7.3	2.23	10	270		29.5	52.4	5.1	8.4			18.6	14.0	81.4	2.2	0.88	5.3	0.62	0.3
9※	79.8	94	3.3	300	36.0	5.5	2.26	8.0	245		32.0	55.3	6.8	9.2			4.8	1.0	41.3	5.2	2.1	34.8	0.56	1.5
10※	82.6	92	2.7	365	50.1	10.0	2.21	9.0	270		33.3	60.4	9.1	12			19.8	11.0	89.9	5.7	1.26	5.7	0.5	2.0
13※	66.9	58	2.7	280	34.9	6.8	2.61	15	445		44.4	82.0	9.1	7.3			15.1	4.0	68.1	4.2	0.82	7.4	0.57	1.2
14※	49.4	59	2.7	260	34.5	8.2	2.45	6.5	220		47.2	81.7	6.8	7.0			14.2	11.0	90.8	3.6	0.75	4.9	0.65	1.5
$\overline{X}$	62.6	80.4	2.79	302	35.9	8.01	2.32	8.49	286	18.0	33.9	61.70	7.33	8.72	2172	15.4	19.6	8.43	72.9	4.34	1.24	11.2	0.17	2.71
涂和费(1962)	60	20	0.45		35	0.3		3.9	220				1.7	1				7	15	3.6	0.75	1	1	

注：※据 1∶5万琼果幅、曲德贡幅资料，2002。

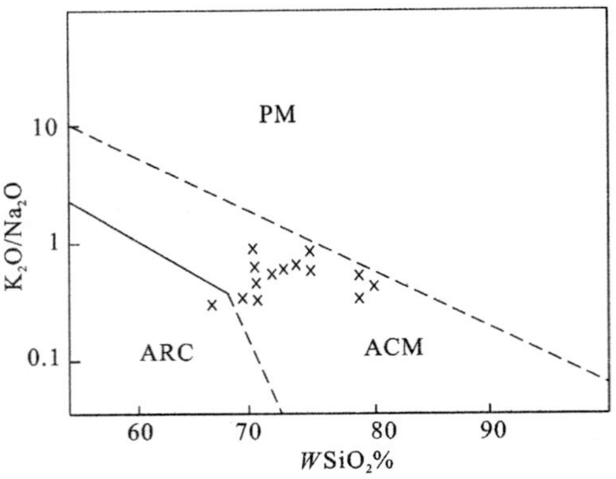

图 2-21　郎杰学群砂岩 K_2O/Na_2O - W SiO_2%图解

（据 Rose 等，1986）

PM. 被动大陆边缘；ACM. 活动大陆边缘；ARC. 大洋岛弧

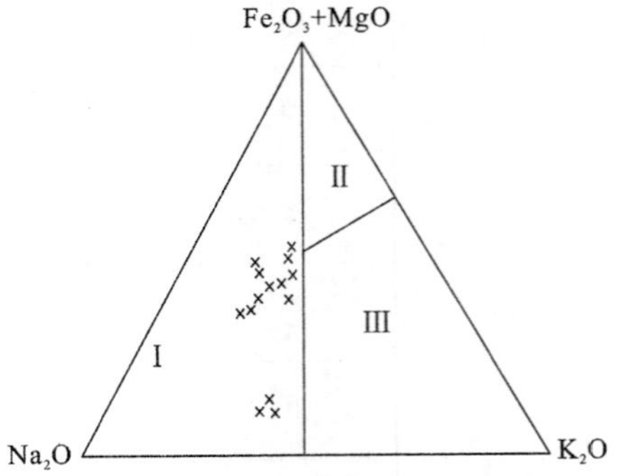

图 2-22　郎杰学群砂岩 Fe_2O_3 + MgO - Na_2O - K_2O 图解

（据 Blatt 等，1972）

Ⅰ. 优地槽；Ⅱ. 准地槽；Ⅲ. 断裂地槽

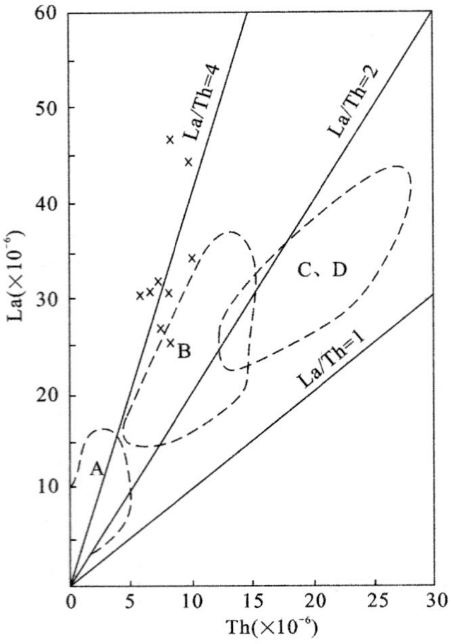

图 2-23　郎杰学群砂岩构造环境 La - Th 判别图解

（据 Bhatia，1981）

A. 大洋岛弧；B. 大陆岛弧；C. 活动陆缘；D. 被动陆缘

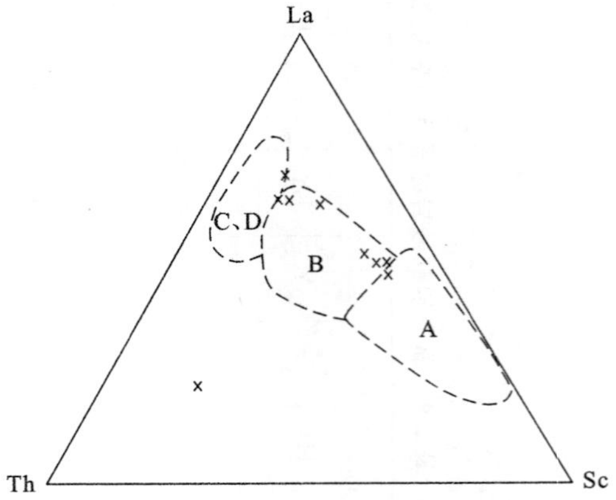

图 2-24　郎杰学群砂岩构造环境 La - Th - Sc 判别图解

（据 Bhatia，1981）

A. 大洋岛弧；B. 大陆岛弧；C. 活动陆缘；D. 被动陆缘

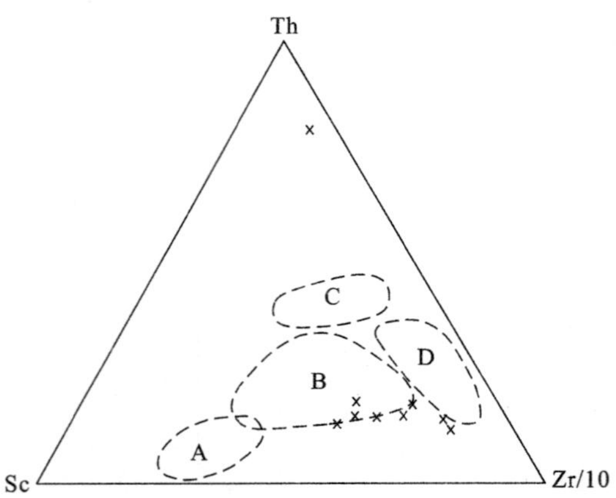

图 2-25　郎杰学群砂岩构造环境 Th - Sc - Zr/10 判别图解

（据 Bhatia，1981）

A. 大洋岛弧；B. 大陆岛弧；C. 活动陆缘；D. 被动陆缘

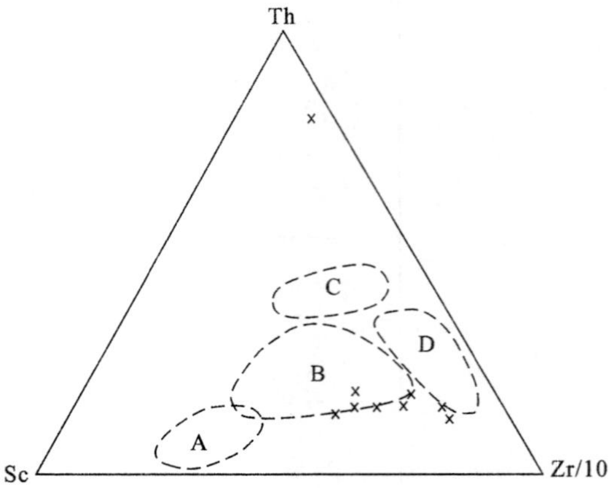

图 2-26　郎杰学群砂岩构造环境 Th - Sc - Zr/10 判别图解

（据 Bhatia，1981）

A. 大洋岛弧；B. 大陆岛弧；C. 活动陆缘；D. 被动陆缘

(3) 稀土元素特征。

郎杰学群砂岩的稀土元素含量,其$\sum$REE为132.72×10^{-6}~196.16×10^{-6},LREE/HREE为7.58~10.79,$(La/Yb)_N$8.45~12.99,δEu平均值为0.63。其稀土配分型式为右倾轻稀土富集型,重稀土平坦型,具铕弱负异常,类似于Bhatia,1985年活动大陆边缘砂岩的稀土特征(图2-27)。

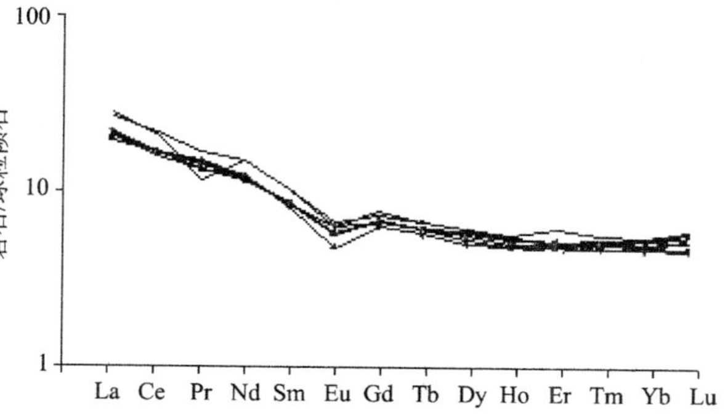

图2-27 郎杰学群砂岩稀土元素配分曲线图

(据Boynton,1985)

综上所述晚三叠世郎杰学群砂岩的常量元素地球化学特征、微量元素地球化学特征和稀土元素地球化学特征,均与活动大陆边缘环境相近似,故晚三叠世郎杰学群可能为活动大陆边斜坡浊积扇沉积。

(二) 晚三叠世玉门混杂岩(T_3Y)

玉门混杂岩主要分布测区中部,东西向延伸展布,面积约674km²,位于朗贡断裂与邛多江—卡拉—玉门断裂之间,在西部一带呈线状构造显示。为本项目根据隆子县玉门—邛多江一带新发现的超基性—基性岩混杂岩,新建的构造地层单位(表2-10)。建组剖面为隆子县玉门剖面。此外,在邻区尚有隆子县三安曲林卡拉辅助剖面。

表2-10 晚三叠世玉门混杂岩新建地层单位简表

建组位置	原来归属	建组依据		
		岩性	古生物	接触关系
西藏自治区隆子县玉门乡 起点坐标东经93°04′26″ 北纬28°37′53″ 终点坐标东经93°02′06″ 北纬28°40′53″	晚三叠世郎杰学群	深灰色薄层状粘土岩粘土质硅质岩,粉砂岩和少量细粒岩屑砂岩组成,其中见大量辉橄岩,辉长辉绿岩,枕状玄武岩构造块体	双壳:*Monotis solinaria*, *M. haueri*, *Posidonia guangyuanensis*;放射虫:*Copunchosphoaera* sp., *Bertraccilium* sp. *Pseudostylo-sphaera* sp.	南部同被动大陆晚三叠世涅如组呈断层接触,北部同活动大陆边缘郎杰学群章村组呈断层接触
层型剖面				
隆子县玉门晚三叠世玉门混杂岩剖面				

1. 隆子县玉门晚三叠世玉门混杂岩实测剖面(图2-28)

剖面位于隆子县玉门乡北,起点坐标:东经93°04′26″、北纬28°37′53″,终点坐标:东经93°02′06″、北纬28°40′53″。剖面主要顺新修国防公路测制,露头良好,基岩露头达90%以上,地质现象清楚。

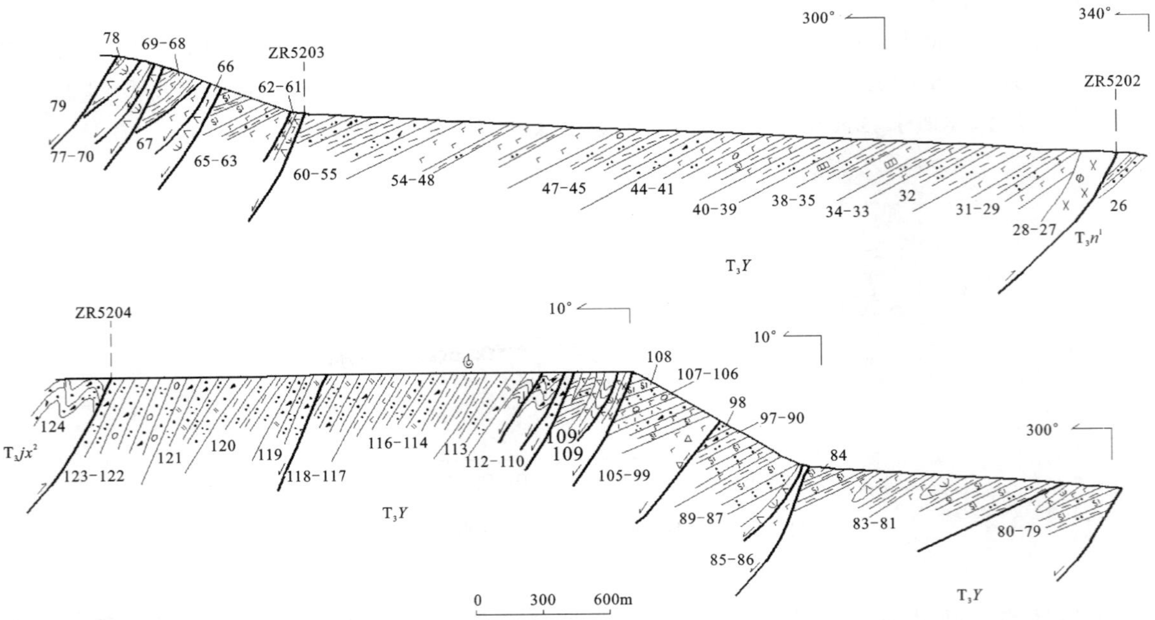

图 2-28　隆子县玉门晚三叠世玉门混杂岩(T_3Y)实测剖面

上覆地层:晚三叠世郎杰学群章村组($T_3\hat{z}$)

══════ 断层 ══════

晚三叠世玉门混杂岩(T_3Y)　　　　**>5208m**

123. 灰色块状具正粒层理不等粒岩屑石英砂岩—深灰色薄层状泥岩,砂岩底部具槽模构造,砂泥比为3∶1,每个层序厚2.1~2.2m,为鲍马层序ae段组合,反映了海盆抬升,河道急剧下切的特点　　>68.8m

122. 灰色块状含泥屑、泥砾不等粒岩屑石英砂岩—灰色中层状石英粉砂岩,厚度比为3∶1,每个层序厚2m左右,发育粒序层理—平行层理—波状交错层理,砂岩底部见槽模构造,为鲍马层序abc段组合　　190.6m

121. 浅灰色厚—块状细粒含白云质岩屑石英砂岩—灰色中层状石英粉砂岩,每个层序厚1.5m左右,发育平行层理—波状交错层理—水平层理,底部见槽模构造,为鲍马层序bcd段组合,其中见灰绿色中等蚀变中细粒辉绿岩岩脉,围岩具角岩化　　223.4m

120. 灰色中层状石英粉砂岩—深灰色中薄层粉砂质泥岩,厚度比为2∶1~1∶1,每个层序厚0.5~0.7m,多发育水平层理,为鲍马层序de段组合;其中见有少量灰色辉绿岩平行层面侵入,顺走向尖灭　　132.3m

119. 灰色厚层细粒含白云质岩屑砂岩—深灰色中层状石英粉砂岩,厚度比为2∶1,每个层序厚1.4~1.5m;发育平行层理—波状交错层理—水平层理,底具槽模构造,为鲍马层序bcd段组合　　169.6m

118. 灰色厚层细粒含白云质岩屑石英砂岩—深灰色薄层石英粉砂岩,少量粘土岩,厚度比为3∶2∶1,每个层序厚2m,发育微波状交错层理—水平层理,为鲍马层序cde—cd段组合　　63.1m

117. 灰色中层细粒含白云质岩屑石英砂岩—深灰色薄层状粉砂岩—粘土岩,厚度比7∶2∶2~3∶2∶1,每个层序厚3~4m;多发育微波状交错层理—水平层理,底部见槽模构造,为鲍马层序cde段组合　　96.0m

116. 灰、深灰色中层细粒含白云质岩屑石英砂岩、深灰色薄层状粉砂质粘土岩、浅灰色含高岭土碳酸盐化杏仁状玄武岩,厚度比为1∶5∶1;每个韵律厚3~4m　　84.6m

115. 灰色中层细粒含白云质岩屑石英砂岩、薄层状石英粉砂岩、深灰色中层状粘土岩，发育微波状交错层理—水平层理，厚度比为1:2:4，厚0.8～1m，砂岩底部见槽模构造，为鲍马层序cde—de组合　62.0m

114. 下部为灰色薄层状粉砂质粘土岩及粘土岩，每个层序约0.4～0.5m，多发育水平层理，夹少量灰色中层状细粒岩屑石英砂岩，发育槽模构造；上部块状粘土岩，为鲍马层序cde—def段；产双壳化石：*Posidonia* cf. *wengenensis*　192.1m

113. 灰色中厚—中厚层状细粒含白云质岩屑石英砂岩—条纹状泥质粉砂岩—灰色厚层状粘土岩组成，发育微波状交错层理—水平层理。砂岩底部见槽模，辉绿岩平行层理侵入，产遗迹化石：*Nereits* sp.，为鲍马层序cde段组合　>127.0m

═══════ 断层 ═══════

112. 灰色中厚层细粒含白云质岩屑石英砂岩—条纹状泥质粉砂岩组成，每个层序厚1.2～1.3m，发育微波交错层理—水平层理，为鲍马层序bcd段组合，辉绿岩平行于层理侵入，多揉皱　>26.8m

═══════ 断层 ═══════

111. 灰色厚层状粉砂质泥岩—灰色中层状细粒含白云质岩屑石英砂岩；发育微波状交错层理—水平层理，为鲍马层序cde段组合，见1.2m左右的辉绿岩顺层侵入，具冷凝边　>28.2m

═══════ 断层 ═══════

110. 灰色块状粘土岩—灰色中层状细粒含白云质岩屑石英砂岩，厚度比为2:1，其中见有两层厚约1.2～1.5m的基性岩呈岩墙状　>21.4m

═══════ 断层 ═══════

109. 灰色中层状凝灰质硅质岩—细砂质粉砂岩，其中多发育小型正断裂，见大量中等—强蚀变单辉橄榄岩，中—强蚀变玄武岩构造块体　>78.7m

═══════ 断层 ═══════

108. 灰色中厚层状具粒序层理黄铁矿化蚀变沉凝灰岩—含黄铁矿凝灰质泥质硅质岩，厚度比为5:1，灰绿色中等蚀变细粒辉绿岩顺层侵入　>58.5m

107. 灰色块状—厚层状黄铁矿化沉火山角砾岩—灰黑色块状粉砂质粘土岩，角砾为玄武岩、凝灰岩、硅质岩和少量砂岩，砾径1～3cm及0.3～0.5cm，胶结物为凝灰质和砂泥质　46.6m

106. 灰黑色块状粘土岩—粉砂质粘土岩，夹3层厚约1.5m的灰色微黄铁矿化沉火山角砾岩　31.1m

105. 灰色中基性火山岩　49.6m

104. 浅灰、浅灰绿色中层细粒含岩屑石英砂岩—石英粉砂岩—灰色粘土，厚度比为3:2:1，每个层序厚1～1.3m，底见槽模构造　50.1m

103. 灰黑色块状粘土岩—硅质岩　42.8m

102. 下部灰绿色泥石化硅化火山灰凝灰岩夹凝灰质硅质岩及灰绿色硅质岩，每个互层厚约8～10cm；上部灰色具枕状构造强—中等蚀变杏仁状玄武岩　33.6m

101. 深灰色块状泥岩，夹少量灰色细粒岩屑石英砂岩　23.7m

100. 灰、深灰色中等—强蚀变玄武岩　11.9m

99. 灰色微片理化碎裂蚀变含黄铁矿玄武质火山质火山角砾岩，火山角砾在0.5～1cm间，玄武岩角砾呈次棱角状，含量约70%　>43.0m

═══════ 断层 ═══════

98. 灰、浅灰色中层状中细粒含钙质岩屑石英砂岩—灰色薄层石英粉砂岩，每个层序厚 0.8～1cm，发育平行—微波状交错层理，底见重荷模；为鲍马层序 bcd—cde 组合 ＞68.4m

97. 深灰、灰色块状粘土岩，其中有灰色薄层状凝灰质硅质岩夹层，见有 2m 宽的中等蚀变细粒辉绿岩顺层侵入 42.1m

96. 灰色具枕状构造强蚀变杏仁状玄武岩 16.7m

95. 灰色中薄层状凝灰质硅质岩 8.3m

94. 灰、深灰色块状粘土岩，夹少量灰色、灰绿色中层凝灰质硅质岩 20.8m

93. 灰、深灰色块状粘土岩，夹少量灰色、灰绿色中层凝灰质硅质岩 31.5m

92. 灰色中等—强蚀变玄武岩 19.0m

91. 灰、深灰色块状粘土岩 19.0m

90. 灰色碎裂岩化中等—强蚀变玄武岩 38.1m

89. 深灰色块状粘土岩，夹灰绿色中层中粗粒岩屑石英砂岩 53.2m

88. 灰绿色渌泥石化硅化火山灰球凝灰岩夹凝灰质硅质岩—浅灰绿色薄层状沉凝灰岩；每个韵律厚 0.8m 左右，厚度比为 1∶3，顶部见少量灰、深灰色中等蚀变玄武岩 52.6m

87. 绿灰、浅灰色中薄层沉凝灰岩 ＞8.7m

═════════ 断层 ═════════

86. 下部灰、深灰色强—中等钠黝帘石化玄武岩，上部深灰色含碳酸盐蛇纹石化超基性岩构造块体 ＞34.1m

═════════ 断层 ═════════

85. 深灰色块状水云母粘土岩夹浅色中薄层状硅质粘土岩，见浅灰绿色中等钠黝帘石化粒玄岩 ＞73.0m

═════════ 断层 ═════════

84. 灰、深灰色块状粘土岩，灰色薄层状石英粉砂岩—薄层泥岩；底部见有少量灰色中层状细粒岩屑石英砂岩—石英粉砂岩 ＞36.8m

83. 灰黑色中等蛇纹石化单辉橄榄岩，灰色强—中等钠黝帘石化玄武岩和灰黑色块状硅质岩构造块体混杂 5.1m

82. 深灰色块状粘土岩，夹灰色中层状细粒岩屑石英砂岩—石英粉砂岩，每个夹层厚约 1.5～1.8m，底部见槽模构造 ＞63.1m

81. 灰、深灰色块状粘土岩，灰色中薄层状硅质粘土岩，夹少量灰色薄层状石英粉砂岩，底部和中部见有深灰色强蛇纹石化—滑石化单辉橄榄岩和灰色中等硅化白云石化杏仁状玄武岩构造块体 ＞93.2m

═════════ 断层 ═════════

80. 下部灰、灰绿色中等钠黝帘石化粒玄岩；上部灰色、深灰色块状粘土岩—浅灰色中薄层硅质泥岩，见有深灰色强蛇纹石化—滑石化单辉橄榄岩和灰色中等硅化杏仁状玄武岩构造块体 ＞38.9m

79. 灰、浅灰色中薄层碎裂粘土质硅质岩—块状粘土岩，夹少量灰色碎裂中等钠黝帘石化致密状玄武岩 ＞119.5m

═════════ 断层 ═════════

78. 灰色中等钠黝帘石化辉长辉绿岩及橄榄岩构造块体 ＞4.3m

断层

77. 灰黑色中等—强透闪石化蛇纹石化单辉橄榄岩，灰色中等钠黝帘石化玄武岩构造块体产出　>50.6m

断层

76. 浅灰绿色中薄层状蚀变沉凝灰岩—深灰色块状粘土岩　>15.1m

75. 灰色致密状弱黝帘石化玄武岩—灰色弱钠黝帘石化杏仁状玄武岩　>83m

74. 灰色中等钠黝帘石化辉绿岩，与橄榄岩间为侵入关系　>3.8m

73. 深灰色、灰黑色强蛇纹石化单辉橄榄岩构造块体，其中见有灰色碎裂岩化中等—强钠黝帘石化杏仁玄武岩构造块体　>48.2m

断层

72. 下部灰黑色块状粘土岩—硅质粘土岩，上部以蚀变沉凝灰岩为主　>17.6m

71. 灰、深灰色碎裂岩化绿泥石化硅化玄武岩　>4.2m

断层

70. 灰黑色碎裂化强蛇纹石化单辉橄榄岩构造岩块　>20.1m

断层

69. 浅灰色中—薄层含粘土质微生物硅质岩—灰黑色中层状硅质粘土岩，底部见少量灰绿色中等绿泥石化碳酸盐化含杏仁状玄武岩　52.3m

68. 灰色中薄层状含粘土质硅质岩—水云母粘土岩　>28.8m

断层

67. 灰黑、浅灰绿色中等钠黝帘石化粒玄岩，碎裂岩化橄榄岩构造块体　>38.4m

断层

66. 灰黑色中等蛇纹石化单辉橄榄岩构造块体　>9.6m

断层

65. 灰绿色碳酸盐化玄武岩—灰色中薄层粘土质生物硅质岩、含钙质水云母粘土岩，厚度比为1∶3，每个韵律厚 5～6m　>78.7m

64. 灰绿、深灰色玄武岩—深灰色薄层粉砂质泥岩；厚度比为 2∶1　80.3m

63. 深灰、灰绿色致密状玄武岩　>48.9m

断层

62. 灰、浅灰绿色弱绿泥帘石化辉绿岩、构造块体　>5.4m

61. 灰黑色块状强蛇纹石化单斜橄榄岩构造块体　>12.2m

断层

60. 深灰色块状粘土岩，见有少量具水平层理的粉砂质条带，间距在 0.1～0.2cm 间，为欠补偿垂向加积　>36.2m

59. 灰色薄层状具水平层理石英粉砂岩与深灰色薄板状粉砂质粘土岩，厚 0.6～0.7m，为鲍马层序 de 段组合　30.8m

58. 深灰色中层状细粒岩屑石英砂岩—深灰色薄板状粉砂质粘土岩，砂泥比为 1∶5，发育微波状交错层理—水平层理，每个层序厚 1.5～1.8m，为鲍马层序 cde 段组合　45.1m

57. 深灰色中薄层石英粉砂岩与灰色薄板状粉砂质粘土岩近等厚互层，发育水平层理，每个层序厚约 0.5m，为鲍马层序 de 段组合　45.1m

56. 灰色中层状细粒岩屑石英砂岩—深灰色薄板状砂质粘土岩，砂泥比为 1:3～1:4，每个层序厚 2～3m，发育微波状交错层理—水平层理，为鲍马层序 cde 段组合　45.7m

55. 深灰色薄板状粉砂质粘土岩与灰色薄层状沉凝灰岩呈不等厚互层，从下向上，由 1:2～2:1转换　130.0m

54. 深灰色、灰绿色绿泥石化钠黝帘石化致密状玄武岩与灰黑色沉积凝灰岩呈不等厚互层，厚度比为 10:1，每个韵律厚 3～4m　34.6m

53. 深灰、灰绿色绿泥石化钠黝帘石化致密状玄武岩　61.0m

52. 灰色杏仁状玄武岩—浅灰色薄层状沉凝灰岩—灰色薄板状粉砂质粘土岩组成的韵律，厚度比为 5:1:2，每个韵律厚约 8m　33.6m

51. 灰、浅灰色杏仁状玄武岩，含星点状黄铁矿　28.9m

50. 灰色杏仁状玄武岩—浅灰色薄层状沉凝灰岩—灰色薄板状粉砂质粘土岩组成韵律，三者厚度比为 5:1:2，每个韵律厚 7～8m　48.6m

49. 灰、浅灰色杏仁状玄武岩，含星点状黄铁矿　46.8m

48. 深灰色薄板状粉砂质粘土岩与浅灰色强—中等钠黝帘石化玄武岩近等厚互层，每个互层厚约 4m　84.5m

47. 深灰色薄板状粉砂质粘土岩，见铁泥质结核，大小在 3～4cm 间，为欠补偿的次深海沉积　84.2m

46. 深灰色薄板状粉砂质粘土岩，中见有少量灰色薄层状石英粉砂岩，厚度比为 4:1～5:1，每个层序厚 0.7～0.8m，为鲍马层序 de 段组合　82.3m

45. 灰、深灰色中层状具微波状交错层理—水平层理的细粒岩屑石英砂岩—灰色薄层状具石英粉砂岩—深灰色薄板状粉砂质粘土岩；砂岩底部见槽模构造，三者厚度比为 1:2:4，为鲍马层序 cde 段组合　64.1m

44. 深灰、灰绿色致密状玄武岩　55.5m

43. 灰、浅灰色块状强绿泥石化碳酸盐化杏仁状玄武岩—灰黑色致密状玄武岩—浅灰色薄层状沉凝灰岩—深灰色薄板状粉砂质粘土岩；厚度比为 2:4:1:8，每个喷发—沉积韵律厚约 18～19m　100.5m

42. 灰色块状强绿泥石化碳酸盐化杏仁状玄武岩—灰黑色致密状玄武岩组成　77.6m

41. 灰、浅灰色块状强绿泥石化碳酸盐化杏仁状玄武岩—灰、浅灰色薄层状沉积凝灰岩—灰黑色块状硅化泥岩组成，厚 3～4m，厚度比为 10:1:5　58.5m

40. 深灰色薄板状粉砂质粘土岩，发育水平层理，上部夹少量薄层状石英砂岩　82.6m

39. 深灰色薄板状粉砂质粘土岩与灰色薄层状具水平层理沉凝灰岩近等厚互层，每个互层在0.7～0.8m　54.9m

38. 深灰、灰绿色粗玄岩，含星点状黄铁矿　27.3m

37. 深灰色薄板状粉砂质粘土岩与灰色薄层状具水平层理沉凝灰岩，每个层序厚 2.5m　83.9m

36. 灰绿色粗玄岩与灰色薄板状粉砂质粘土岩近等厚互层，每个互层厚约 3～5m　81.1m

35. 灰绿色粗玄岩，含星点状黄铁矿　50.4m

34. 深灰色薄板状粉砂质粘土岩夹灰色薄层状石英粉砂岩，厚度比 2:1，每个互层厚约 0.5m，发育水平层理，为鲍马层序 de 段组合　49.6m

33. 灰黑色致密状玄武岩—灰色中层状沉凝灰岩—深灰色薄板状粉砂质粘土岩互层，每个互层厚 1.5～2m，厚度比 3:1；常 5～6 个互层与粉砂质粘土岩组成一个韵律，厚 15～20m　66.4m

32. 深灰色薄板状粉砂质粘土岩与灰色薄层状具水平层理石英粉砂岩互层，每个互层厚 0.5～0.7m，为鲍马层序 de 段组合。见 2.3m 的浅灰色辉绿岩顺层侵入，围岩具角岩化　128.1m

31. 深灰色块状玄武岩—浅灰色中层状沉凝灰岩互层，每个互层厚 1.5～2m，厚度比为 2∶1　47.1m

30. 灰色、深灰色薄块状板状粉砂质粘土岩与灰色中薄层沉凝灰岩互层，每个互层在 2.5m 左右，厚度比为 5∶1～4∶1　80.3m

29. 灰、深灰色块状玄武岩与深灰色片理化沉凝灰岩互层，每个互层在 1.5～2m，厚度比为 3∶1　59.1m

28. 灰、深灰色帘石化弱钠黝帘石化细粒辉绿岩，中有少量灰黑色粉砂质泥岩捕虏体　>53.9m

27. 灰、深灰色弱钠黝帘石化细粒辉绿岩构造块体，含少量星点状黄铁矿　>64.4m

═══════ 断层 ═══════

下伏地层：晚三叠世涅如组

2. 隆子县三安曲林卡拉晚三叠世玉门混杂岩剖面(图 2-29)

剖面位于隆子县三安曲林乡北，起点坐标：东经 92°55′59″、北纬 28°41′10″，终点坐标东经：92°56′23″、北纬 28°38′28″，剖面主要顺国防公路测制，露头中等—好，基岩出露达 80%以上，地质现象清楚。

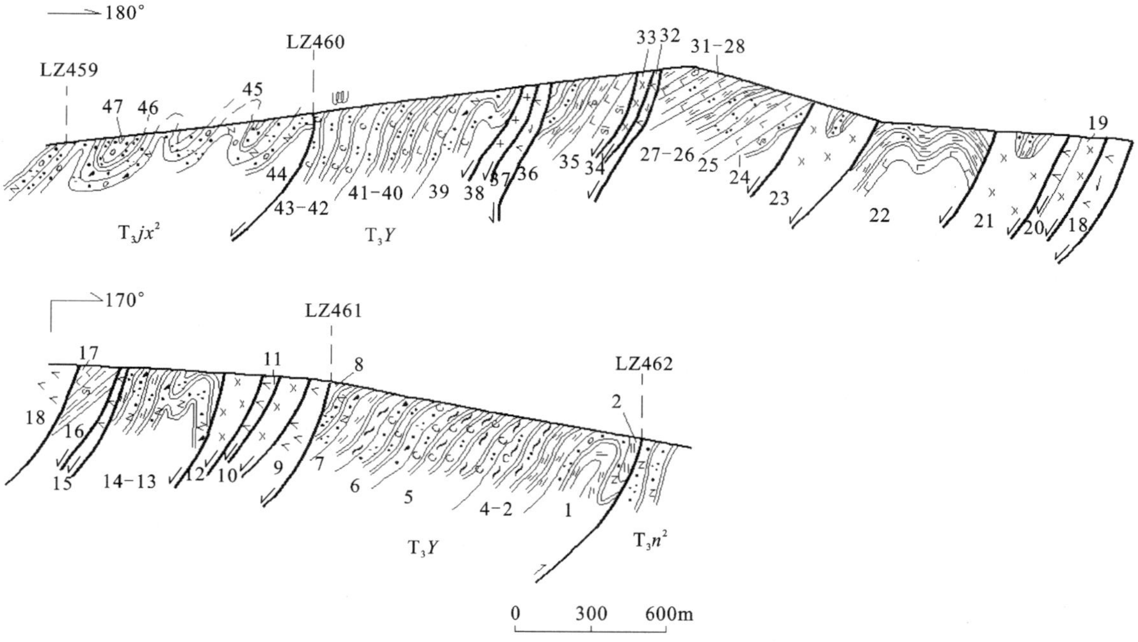

图 2-29　隆子县卡拉晚三叠世玉门混杂岩(T_3Y)实测剖面

上覆地层：晚三叠世郎杰学群江雄组

═══════ 断层 ═══════

晚三叠世玉门混杂岩(T_3Y)　　(未见顶)　　>4228.3m

43. 灰色含粉砂质炭质板岩，夹灰色薄层板状粉砂岩，具水平层理，产遗迹化石：*Nereites* sp.，*Paleodietyon* sp.　>152.9m

42. 灰色含粉砂质炭质板岩，其中夹有厚约 10m 的灰色块状不等粒含钙质岩屑长石石英杂砂岩块体　100.14m

41. 灰色粉砂质板岩与灰色含粉砂质炭质板岩互层，每个互层厚 0.2m；夹灰色薄层状细粒岩屑长石石英杂砂岩，产遗迹化石：*Nereites* sp.，*Paleodietyon* sp.　283.48m

40. 灰色粉砂质板岩与灰色含粉砂质炭质板岩近等厚互层，每个互层厚 0.2～0.3m；夹 1～2m 厚的灰色全蚀变玄武岩数层，产双壳类化石：*Monotis tenuicostata*，*Posidonia guangyuanensis*，*P. subrugosa*　46.51m

39. 灰色中厚层轻变质不等粒岩屑长石石英杂砂岩与灰色炭质绢云粉砂质板岩呈不等厚互层，厚度比为 3∶1～4∶1，厚 0.7～1m　>78.37m

═══ 断层 ═══

38. 浅灰绿色强碳酸盐化绢云母化钠长石化二辉辉橄岩构造块体　>64.96m

═══ 断层 ═══

37. 深灰绿色蚀变橄榄岩构造块体　>29.98m

═══ 断层 ═══

36. 灰色褐铁矿化绢云板岩，偶夹薄层状粉砂岩　>273.91m

35. 浅灰色蚀变玄武岩　77.40m

34. 浅灰色薄层状硅质泥岩　>15.01m

═══ 断层 ═══

33. 浅灰绿色蚀变橄榄绿岩构造块体　>61.96m

═══ 断层 ═══

32. 深灰绿色全绿泥石化、滑石化橄榄岩构造块体　>11.99m

═══ 断层 ═══

31. 灰色粉砂质绢云板岩，中见少量灰色薄层变质细粒岩屑长石石英杂砂岩　>108.88m

30. 浅灰紫色蚀变杏仁状玄武岩　38.27m

29. 灰色、粉砂质绢云板岩夹灰色薄层状细粒岩屑长石石英杂砂岩，厚度比为 5∶1，夹有 3 层厚 1～3m 的蚀变粗玄岩　65.53m

28. 浅灰白色蚀变粗玄岩　116.34m

27. 灰色褐铁矿化粉砂质绢云板岩，底部见有少量灰绿色强蚀变橄榄粗玄岩构造块体　32.69m

26. 灰色含粉砂质钙质凝灰质板岩夹灰色薄层状含云粉砂岩，厚度比为 4∶1，每个互层厚 0.2～0.4m，中见少量灰色中层变质岩屑长石石英杂砂岩　56.34m

25. 浅灰绿色碎裂蚀变基性岩　>37.82m

24. 灰色褐铁矿化粉砂质绢云板岩，板理近直立　>39.53m

═══ 断层 ═══

23. 浅灰绿色全蚀变辉长岩构造块体，中见有灰色褐铁矿粉砂质板岩捕虏体　>279.29m

═══ 断层 ═══

22. 灰色、深灰色绢云板岩夹灰绿色绿泥石化蚀变玄武岩，中部见少量含绿泥石亮—粉晶灰岩透镜体，每个韵律厚 20～40m，玄武岩厚 3～5m　>200.85m

═══ 断层 ═══

21. 灰绿色、浅灰绿色蚀变二辉橄绿岩构造块体　>298.71m

═══ 断层 ═══

20. 深灰绿色蛇纹石化橄榄岩构造块体　>33.98m

═══ 断层 ═══

19. 灰绿色蚀变二辉辉岩构造块体　>125.92m

═══ 断层 ═══

18. 深灰绿色蚀变滑石化、蛇纹石化橄榄岩构造块体　宽>103.9m

═══ 断层 ═══

17. 浅灰色碳酸盐化蚀变玄武岩 ＞72.37m

16. 灰色薄层硅质泥岩 ＞61.59m

═══════ 断层 ═══════

15. 深灰绿色绿泥石化、蛇纹石化、滑石化橄榄岩构造块体 宽＞23.99m

═══════ 断层 ═══════

14. 灰色厚层状变质含泥屑、泥砾细粒岩屑长石石英杂砂岩—灰色粉砂质绢云板岩，厚度比为4∶1～5∶1；发育正粒序—平行层理—水平层理，底具侵蚀界面 ＞40.67m

13. 灰色中层状变质细粒岩屑长石石英杂砂岩—深灰色粉砂质绢云板岩，厚度比为3∶1，每个层序厚0.5～0.6m；砂岩中发育平行层理 ＞127.33m

═══════ 断层 ═══════

12. 灰绿色蚀变辉绿岩构造块体 宽＞165.09m

═══════ 断层 ═══════

11. 深灰绿色、蛇纹石化绿泥石化橄榄岩构造块体 宽＞17.9m

═══════ 断层 ═══════

10. 灰绿色蚀变辉绿岩构造块体 宽＞170.35m

═══════ 断层 ═══════

9. 深灰绿色绿泥石化蛇纹石化橄榄岩构造块体 宽＞59.64m

═══════ 断层 ═══════

8. 灰色中层变质细粒岩屑长石石英杂砂岩夹灰色绢云板岩，每个韵律厚0.5～0.6m，厚度比为3∶1 ＞79.35m

7. 灰色绢云板岩夹灰色含粉砂质含钙质炭质绿泥石板岩，每个韵律厚0.2～0.3m，厚度比为2∶1；多发育水平层理，产丰富的双壳化石：*Monotis salainiria*，*M. digona*，*M. haueri* 73.25m

6. 灰色中薄层—中厚层细粒含炭质岩屑长石石英砂岩夹灰色含粉砂质炭质板岩，厚度比为2∶1～5∶1，每个互层厚0.2～1m，从下向上砂岩含量增多 153.74m

5. 灰色含粉砂质绿泥石炭质板岩与灰色含粉砂质含钙质炭质绿泥石板岩近等厚互层，每个互层厚0.2～0.3m，水平层理发育，中部夹少量薄层含炭质岩屑长石石英砂岩 231.6m

4. 灰色含粉砂质含钙质炭质绿泥石板岩与灰色薄层变质细粒含炭质岩屑长石石英砂岩互层，厚度比为2∶1～1∶1，每个互层厚约0.2m 72.48m

3. 灰色绢云板岩，夹灰绿色蚀变玄武岩，单个韵律厚3～5m，厚度比为3∶1～5∶1 24.73m

2. 灰色绢云板岩与灰色含粉砂质绿泥石炭质板岩呈薄板状近等厚互层，每个互层厚0.2～0.3m 73.11m

1. 灰色、深灰色绢云板岩，夹灰色薄层状含泥屑细粒岩屑长石石英砂岩，砂岩中发育正粒序—平行层理 ＞46.62m

（未见底）

═══════ 断层 ═══════

下伏地层：晚三叠世涅如组

3. 混杂岩特征

底部同被动大陆边缘涅如组间为断层接触，上部同郎杰学群江雄组构造接触，叠置厚度大于5208.8m。主体岩性由深灰色粘土岩、含生物硅质泥岩、硅质岩和少量玄武岩组成。底部和中部多见深灰色蛇纹石化辉橄岩、辉长辉绿岩和枕状玄武岩构造块体，顶部见少量火山角砾岩和细粒岩屑砂岩岩块，可划分为基质和构造块体两部分。

(1) 基质(海盆—盆地斜坡相)。

灰色、深灰色薄层状粘土岩、粘土质硅质岩(图版Ⅳ-4)、粉砂岩和少量玄武岩；见薄层状细粒岩屑石英砂岩，多发育水平层理，为一种欠补偿的次深海盆沉积。其中包括部分远洋浊积岩，细粒岩屑石英砂岩粒度分析统计平均值 Mz=1.48，标准偏差 δ_1=0.69，偏度 SK=0.16，峰态 KG=0.92。在粒度参数离散图中位于浊积岩区(图 2-30)。曲线由两个总体组成，跳跃总体 *A* 和悬浮总体 *B* 之间为渐变关系，FT 截点不甚清晰，含量近乎相等，斜率从 48°～35°，反映了分选较差的特点。据福克(1964)粒度判别公式 $Y_{河流与浊流}=0.7875Mz-0.4030\delta_1^2+6.322SK_1+5.2927KG$ 计算，Y=6.853<65.365，为浅海浊流沉积。硅质岩中见环状生物骨屑，送样鉴定未获成果。薄片经王玉净(南京古生物研究所)鉴定，认为环状生物体为微体生物，门类不清。上部粉砂岩中获薄壳双壳：*Halobia subyunnanensis*，*H.* sp.；*Posidonia* cf. *wengenensis*，*Monotis tenuicostata*；*M. salaniniria*；*M. digona*；*M. haueri*；*Posidonia guangyuanensis*；*P. subrugosa*；时代为晚三叠世。此外，获复理石相遗迹化石：*Nerites* sp. 和 *Paleodictyon* sp. 等。

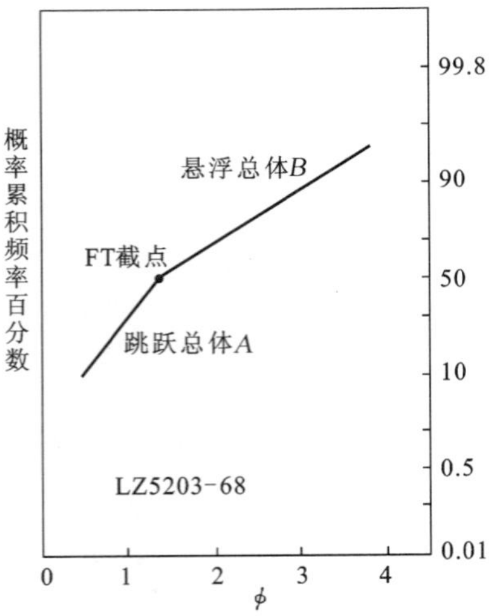

图 2-30　晚三叠世玉门混杂岩概率统计粒度曲线图

(2) 构造块体。

构造块体岩性较为复杂，包括蛇纹石化辉橄岩岩片、辉长辉绿岩岩片、枕状玄武岩岩片、蚀变玄武质火山角砾岩岩片等。

蛇纹石化辉橄岩岩片，常见于混杂岩中下部，以大小数米—数百米的块体与深海盆地细碎屑呈构造接触(图版Ⅹ-5)，普遍具碎裂岩化特征。

辉长辉绿岩岩片，呈构造岩片侵位于蛇纹石化辉橄岩岩片之上，常与之共同构成同一构造块体，大小不一，与围岩间为断层接触。

枕状玄武岩岩片，常见于辉长辉绿岩之上，具枕状构造，枕状体大小在 0.2～0.3m 间，呈椭圆状、球状，少量扁平状、肾豆状。边部见 1～2m 的冷凝边，发育放射状节理(图版Ⅹ-1)。

蚀变玄武质火山角砾岩岩片，仅见于混杂岩上部，含量较少，与深水相复理石基质为断层接触。灰、灰绿色火山角砾状结构，半定向—定向构造；岩石由 d>(2～8)mm 的火山角砾和少量沉积碎屑物，以及胶结物组成。火山角砾大小在 0.5～1cm 间，呈次棱角状，含量在 70%左右。角砾成分为灰色玄武岩，胶结物为基性岩浆和细小角砾。含大量星点状和细脉状黄铁矿，岩石受动力挤压明显，角砾压碎拉长，呈半定向—定向构造，片理化强烈。

在西部三安曲林卡拉剖面上，同玉门剖面相比辉长岩增多，超基性岩类和枕状玄武岩—硅质岩减少，无火山碎屑岩残片。

综上所述，混杂岩的基质岩性较为单一，由深灰、灰色薄层状粘土岩、粘土质硅质岩、粉砂岩和少量玄武岩组成。在卡拉山口一带，多为粉砂质炭质板岩。发育水平层理，为次深海盆沉积，其中见有少量薄层状岩屑长石石英砂岩，具槽模构造，为远源浊积岩。而构造块体复杂，包括超基性岩、辉长辉绿岩，玄武岩类和火山碎屑岩等。其中超基性岩类化学成分为 $\sum$REE24.83×10^{-6}～83.63×10^{-6}，LREE/HREE 1.4～2.74，δEu 0.92～1.11，稀土配分曲线弱富集—中等富集，与我国秦巴造山带中的松树岩体相似。辉长辉绿岩中 $\sum$REE 为 90.2×10^{-6}，$\sum$Ce/$\sum$Y 1.81，δEu 1.05，轻稀土富集型，边缘裂陷盆地相似。玄武岩化学成分为 $\sum$REE72.30×10^{-6}～255.36×10^{-6}，$\sum$Ce/$\sum$Y 1.14，δEu 1.04～1.14，属轻稀土富集型。从以上岩石地球化学特征认为玉门混杂岩火山岩形成的构造环境可能为陆间裂谷，但从原始序列恢复由超基性—辉长岩—枕状玄武岩—深海平原的组合来看，具有初始洋盆的色彩。

4. 混杂岩时代讨论

在混杂岩的基质深海平原沉积中获双壳类：*Monotis tenuicostata*，*M. salaniniria*，*M. digona*，*M. haueri*；*Posidonia guangyuanensis*，*P. subrugosa*，*P.* cf. *wengenensis*，*Halobia subyunnanensis* 等，可建立 *Monotis salinaria* -*M. haueri* 组合带，其时代为晚三叠世诺利期。此外在泽当一带硅质岩获放射虫：*Copnucho sphoaera* sp.，*Betraccilum* sp.，*Pseudostylosphaera* sp. 等，与 Rb－Sr 同位素年龄为 215.57±20.68Ma 的枕状玄武岩共生（1∶20 万泽当幅，1994）。表明在玉门一带雅鲁藏布江洋盆中三叠世晚期开始拉张，晚三叠世末期扩张为初始洋盆，进而形成 J—K 罗布莎蛇绿岩继续扩张带。

二、康马—隆子地层分区

本区仅出露涅如组（T_3n），分布于测区中部，北以邛多江—卡拉—玉门断裂为界，南以曲折木—觉拉断裂为界，面积约 594km^2，未见底，厚度大于 3387.2m。测有隆子县玉门上三叠统涅如组实测剖面控制，此外，在邻区隆子县幅尚有打拉晚三叠世涅如组实测剖面和隆子县三安曲林乡卡拉晚三叠世涅如组实测剖面。

1. 隆子县玉门晚三叠世涅如组实测剖面（图 2-31）

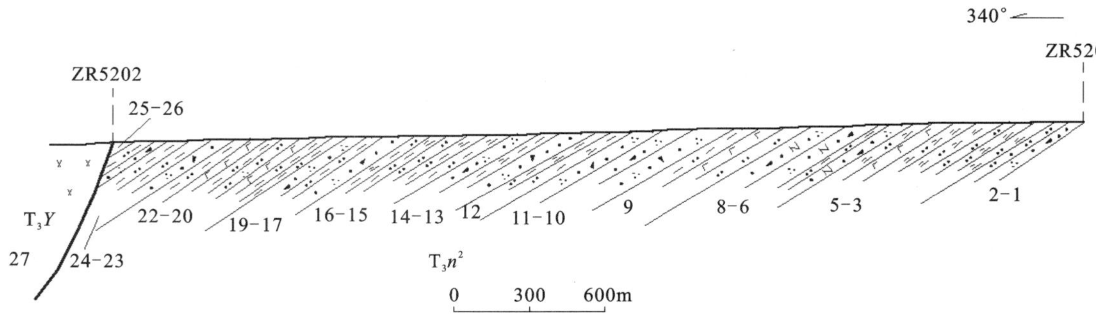

图 2-31 西藏自治区玉门晚三叠世涅如组二段（T_3n^2）实测地层剖面

上覆地层：晚三叠世玉门混杂岩（T_3Y）

═══════ 断层 ═══════

晚三叠世涅如组二段（T_3n^2） （未见顶）

26. 深灰色薄层状粉砂质粘土岩，具砂质条带，另有少量灰色薄层状石英粉砂岩，多发育水平层理	>104.7m
25. 灰、深灰色厚层状细粒岩屑石英砂岩—灰色中层状石英粉砂岩—深灰色粉砂质粘土岩，层理以水平层理发育为主，厚度比为 1∶2∶5；每个层序在 2.2～2.5m	36.1m
24. 深灰色薄层状粉砂质粘土岩，见有少量灰色薄层状石英粉砂岩，多发育水平层理	125.5m
23. 灰色厚层细粒岩屑石英砂岩—灰色中层状石英粉砂岩—深灰色粉砂质粘土岩，厚度比为 3∶1∶1，每个层序厚 1.5m 左右；多发育波状交错层理—水平层理，砂岩底部见槽模构造	69.9m
22. 深灰色薄层状粉砂质粘土岩—灰色中层状含细粉砂水云母粘土岩与沉凝灰岩、灰色中等钠黝帘石化杏仁状玄武岩互层，每个韵律厚 20～25m，厚度比近 1∶1∶2	117.2m
21. 灰色、深灰色粉砂质粘土岩，见有少量灰色薄层状具水平层理石英粉砂岩	83.1m
20. 深灰色薄层状粉砂质粘土岩—灰色中层状含细粉砂水云母粘土岩与沉凝灰岩互层，夹有灰色中等钠黝帘石化杏仁状玄武岩；每个韵律厚 20m，厚度比为 5∶1∶2	155.6m

19. 灰色、深灰色中厚层弱黄铁矿化细粒岩屑石英砂岩—灰色薄层状粘土质粉砂岩，厚度比为4:1～5:1，每个层序厚1.5～1.7m　44.5m

18. 深灰色薄层状石英粉砂岩与深灰色细粉砂质水云母粘土岩近等厚互层，厚0.4～0.5m，发育水平层理　46.6m

17. 深灰色中厚层细粒岩屑石英砂岩—灰色薄层状粘土质粉砂岩，发育微波状—水平层理，厚度比为1:2，厚约1.5m左右，砂岩底部见槽模构造　83.5m

16. 深灰色薄层状石英粉砂岩与深灰色薄层状细粉砂质水云母粘土岩，厚0.3～0.4m；夹数层厚1m的灰色中厚层状细粒岩屑石英砂岩，发育微波状交错层理　115.7m

15. 灰色、深灰色薄层状细粉砂质水云母粘土岩，少量灰色薄层状石英粉砂岩，夹有数层深灰色块状泥岩　105.6m

14. 灰色、深灰色中厚层细粒岩屑石英砂岩—深灰色薄板状细粉砂质水云母粘土岩，厚度比为3:1，发育微波状交错层理—水平层理　151.8m

13. 灰色厚层细粒岩屑石英砂岩—深灰色薄板状细粉砂质水云母粘土岩—灰色中薄层粘土质生物硅质岩　88.0m

12. 灰色薄层状细粉砂质水云母粘土岩，夹少量薄层状石英粉砂岩，发育水平层理　90.0m

11. 灰色中厚层中细粒岩屑石英砂岩—灰色薄层细粒岩屑石英砂岩—灰色薄层状细粒砂质水云母粘土岩，发育波状交错层理—水平层理　58.1m

10. 灰色、深灰色厚—块状中细粒发育石英砂岩—灰色薄层状细粒岩屑石英砂岩，发育平行层理—波状交错层理，见宽3～5m顺层侵入的浅灰色全硅化高岭土化白云石化基性岩脉，围岩具角岩化　177.1m

9. 灰色薄板状细粉砂岩—细粉砂质水云母粘土岩与灰色、深灰色中等钠黝帘石化玄武岩互层，厚度比为2:1，每个互层约为10～18m不等，从下向上，厚度变薄　191.1m

8. 灰色、深灰色厚—块状中细粒长石石英砂岩—灰色含细粉砂质水云母粘板岩，每个层序厚1.7m，砂泥比为3:1，发育平行层理—微波状交错层理；砂岩底部有槽模构造，夹少量灰绿色中等钠黝帘石化玄武岩　136.0m

7. 灰色、深灰色厚—块状中—细粒长石石英砂岩—灰色含细粉砂质水云母粘板岩，每个层序厚1.5～2m，砂泥比5:1～6:1。发育平行层理—微波状交错层理—水平层理　88.5m

6. 灰色、深灰色中层状细粒长石石英砂岩—薄层状石英粉砂岩—灰色粉砂质粉板岩，厚度比为1:2:3；每个层序厚1.5～2m。发育微波状交错层理—水平层理，砂岩底部见槽模构造　72.1m

5. 灰色、深灰色含粉砂质绢云板岩，夹数层厚2.5m绿色钠帘石化玄武岩　100.3m

4. 灰色、深灰色含粉质绢云板岩，中见有水平砂质条带，间距在0.2～0.5m　111.9m

3. 灰色、深灰色含粉砂质绢云板岩与灰色中层状石英粉砂岩呈不等厚互层，从下向上，粉砂岩减少，厚度比为3:1～4:1，发育波状交错层理—水平层理　115.4m

2. 灰色、浅灰色中层状细砂质粉砂岩夹灰色含粉砂质水云母—绢云母板岩，厚度比为3:1，夹灰色硅化白云石化蚀变玄武岩　43.5m

1. 灰色、深灰色中层细粒含岩屑石英砂岩—深灰色粉砂质板岩组成的韵律层，厚度比2:1，每个层序厚0.7～1.2m。砂岩发育平行层理，底具冲刷痕，未见底　>29.0m

2. 隆子县打拉上三叠统涅如组实测剖面(图2-32)

剖面位于隆子县城西北打拉山口—俗坡检查站一带，起点坐标：东经92°13′08″、北纬28°37′28″，终点坐标：东经92°16′46″、北纬28°26′51″。剖面主要顺泽错公路测制，交通方便，露头中等，化石丰富，但受断裂破坏较强。

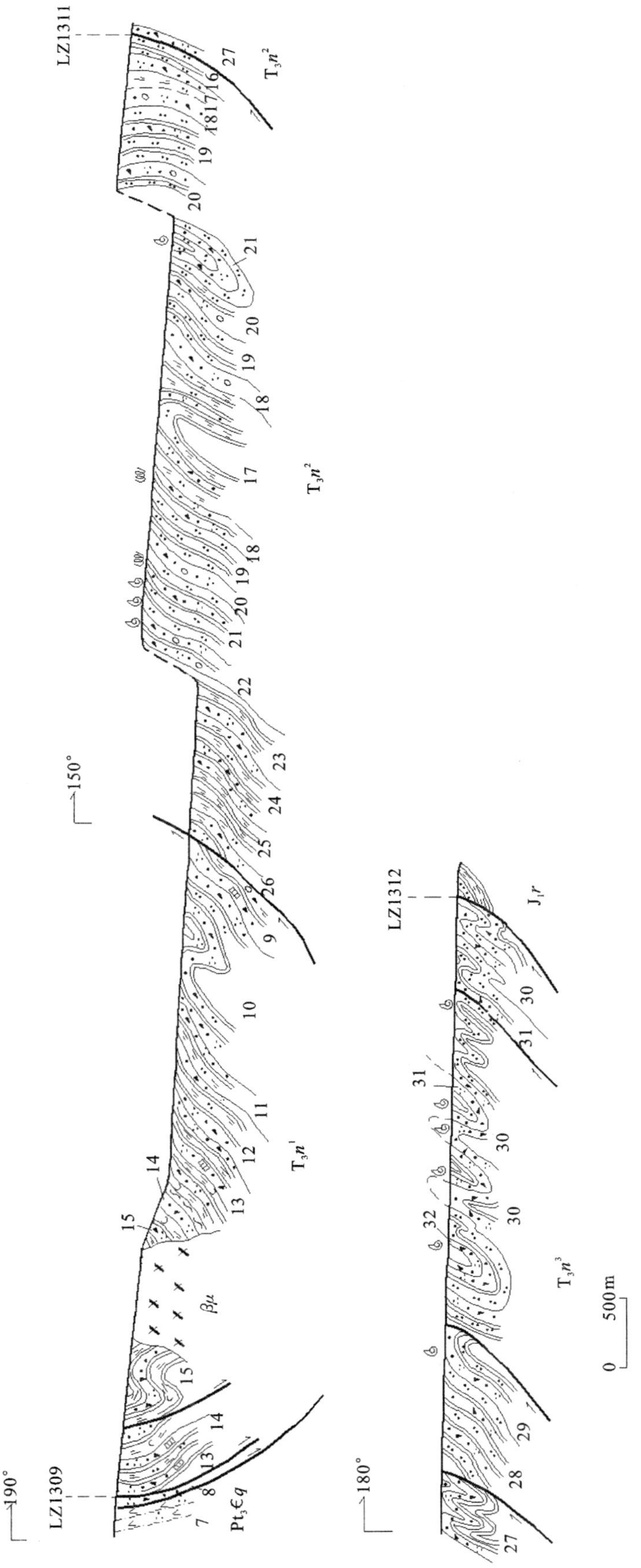

图2-32　西藏自治区隆子县打拉上三叠统涅如组实测剖面

上覆地层：早侏罗世日当组(J_1r)

断层

晚三叠世涅如组三段(T_3n^3)　　（未见顶）

32. 浅灰紫、紫红色块状—中层含泥质、泥砾中细粒岩屑长石砂岩—灰绿色、杂色粉砂质板岩呈互层，厚度比近 8∶1，每个层序近 2.0～2.2m，砂岩底部具侵蚀界面，板岩中具薄层泥晶灰岩，产菊石化石：*Guembelites philostrati* >83.98m

31. 灰色中层状细粒岩屑砂岩与灰色粉砂质板岩近等厚层，每个互层厚 0.6～0.7m。板岩中见有少量薄层状硅化泥晶灰岩，产双壳化石：*Halobia yandongensis*，*H. plicosa*，*H. norica*，*Schafhaeutlia laticostata*，*Cassianella* sp. 105.44m

30. 深灰色粉砂质板岩—灰色中—厚—块状变质细—中粒岩屑砂岩，泥砂比为 1∶2，每个层序厚 3～4m。向上砂岩含量增多，层厚增大，多发育轴面北倾的紧闭同斜褶皱，产双壳化石：*Halobia norica*，*H. yandongensis*，*H. plicosa*，*Posidinia subrugosa*，*Schafhaeutlia laticostata* 143.24m

29. 灰色、浅灰色厚—块状变质中细粒岩屑石英砂岩夹少量灰色粉砂质板岩(5∶1、厚 12～15m)与浅灰、浅灰绿色含钙粉砂质板岩组成的旋回，厚 35～50m 不等，厚度比为 1∶1～1∶2。砂岩底部含泥屑、泥砾，底具冲刷侵蚀界面，含钙板岩中见有硅质结核，发育同斜紧闭褶皱，产双壳化石：*Halobia parasicula*，*Hoernesia filosa*，*Posidonia guangyuanensis*，腹足类化石：*Sororcula yunnanensis* 47.52m

28. 浅灰色中层细粒岩屑石英砂岩与深灰色粉砂质板岩近等厚互层，每个互层厚 0.6～0.7m 112.24m

27. 灰色中厚层—厚层细粒岩屑石英砂岩与灰色含钙砂质板岩互层，厚度比近 3∶1～4∶1，每个互层厚 1.1～1.3m。其中发育轴面北倾的紧闭尖棱状同斜褶皱，40～50m 一个重复 >81.13m

断层

晚三叠世涅如组二段(T_3n^2)

26. 灰、浅灰色厚—块状细粒含云细粒岩屑砂岩—深灰色粉砂质绢云板岩互层，砂岩中发育平行层理，厚度比近 5∶1～6∶1，每个层序厚 1.7～2.0m，为近源浊积砂体 >209.38m

25. 深灰色粉砂质绢云板岩，夹少量灰色薄层状细粒岩屑砂岩 318.77m

24. 灰色块状—厚层状含云细粒岩屑砂岩—深灰色粉砂质绢云板岩。砂岩中发育平行层理，底具侵蚀界面。厚度比为 10∶1～6∶1，每个层序厚 1.7～1.8m 104.39m

23. 灰色中薄层状具平行层理含云细粒岩屑砂岩—深灰色具砂质条带粉砂质绢云板岩，厚度比近 4∶1，每个互层厚 0.6～0.7m 76.4m

22. 上部灰、浅灰色块状—厚层状含泥屑、泥砾中细粒岩屑砂岩，见少量粉砂质绢云板岩，每个层序厚 1.2～1.3m，厚度比为 10∶1，板岩中见薄层、透镜状泥灰岩，产双壳化石：*Halobia suporbecens*，*H. yandongensis*，为近源浊积砂体。下部深灰色粉砂质绢云板岩与灰色中薄层细粒变质细粒岩屑砂岩近等厚互层，砂岩具粒序层理—平行层理，含泥砾，具生物觅食构造，为盆地沉积 116.24m

21. 浅灰色中层—薄层变质细粒岩屑砂岩—深灰色薄层具水平纹层变质粉砂岩，厚度比为 4∶1～1∶1，每个层序厚 0.5～0.8m 不等，含薄层状、透镜状硅化泥灰岩，产菊石化石：*Stenarcestes* cf. *leiostracus*，*Arcestes* cf. *rothpletzi*，*A. regularis*；腹足类化石：*Natiria costata.*，*Euomphalus* sp.，*Patychilina cainalloi*，*Entolium quotidianum*；双壳类化石：*Schafhaeutlia sphaerioides*，*Myophoriopsis* sp.，*Manticula* sp.，*Halobia plicosa*，*H. paraplicosa*，*Indosinion danduense*，*Plagiostoma* sp. 267.71m

20. 深灰色块状—厚层状—中薄层具平行层理波状交错层理含泥砾细粒岩屑砂岩夹少量灰色粉砂质绢云板岩及薄层—透镜状硅化泥晶灰岩，每个层序厚 2.5～3m　93.78m

19. 深灰色粉砂质板岩，夹少量灰色中薄层状细粒岩屑砂岩　190.16m

18. 浅灰色块状—厚层状片理化变质含泥砾中—细粒岩屑长石石英砂岩，少量浅灰色中薄层状具水平层理粉砂岩，发育平行—波状交错层理，厚度比近 4∶1，每个互层厚 1.5～1.6m，为浊积扇砂体沉积　134.22m

17. 浅灰色粉砂质水—绢云母板岩与薄层状细粒岩屑砂岩近等厚互层，每个互层厚约 0.3～0.4m，夹灰色中层状含云细粒岩屑砂岩，为远源浊积岩—盆地相沉积　127.69m

16. 灰色中层状细粒岩屑砂岩与浅灰色粉砂质板岩不等厚互层，厚度比近 3∶1～4∶1，每个互层厚 0.7～1m　>78.84m

═══════ 断层 ═══════

晚三叠世涅如组一段（T_3n^1）

15. 灰色、深灰色中厚层含云母细粒岩屑石英砂岩夹深灰色含粉砂质绢云板岩，厚度比近 3∶1～6∶1，每个互层厚 0.9～1.5m　>223.38m

14. 灰色中层状变质绢云细粒长石石英砂岩与灰黑色炭质绢云板岩互层，每个互层厚 0.3～0.6m，厚度比为 1∶1～3∶1；其中见有灰色、浅灰色片理化变基性火山岩夹层，发育平卧褶皱，砂岩底部具槽模构造　452.04m

13. 灰色、浅灰色中层状变质细粒岩屑石英砂岩与灰黑色粉砂质绢云板岩近等厚互层，每个互层厚 0.7～0.8m，富含黄铁矿晶体　164.18m

12. 灰、浅灰色中层状片理化变质细粒岩屑砂岩夹少量深灰色粉砂质绢云板岩，厚度比近 4∶1，每个互层厚 0.8～0.9m　300.06m

11. 灰色、浅灰色中层状片理化变质细粒岩屑石英砂岩与深灰色粉砂质绢云板岩近等厚互层，每个互层厚约 0.6～0.7m　129.73m

10. 深灰色中薄层变质细粒岩屑石英砂岩，少量深灰色粉砂质板岩　171.56m

9. 灰色、深灰色中—薄层状含黄铁矿晶体变质中细粒岩屑石英砂岩—深灰色薄板状变质粉砂岩，厚度比近 4∶1∶2，每个层序厚 1.0～1.2m　>166.52m

8. 灰黑色厚层变质细粒岩屑砂岩与灰黑色绿泥绢云长石石英粉砂岩互层，揉皱发育，显示了上盘下降　>16.71m

（未见底）

═══════ 断层 ═══════

下伏地层：曲德贡岩组（$Pt_3\in q$）

3. 隆子县三安曲林乡卡拉晚三叠世涅如组实测剖面

剖面位于隆子县三安曲林—卡拉山口，起点坐标：东经 92°56′23″、北纬 28°38′28″，终点坐标东经：东经 92°53′07″、北纬 28°32′16″，剖面主要顺图防公路测制，露头良好。

上覆地层：晚三叠世玉门混杂岩（T_3Y）

═══════ 断层 ═══════

晚三叠世涅如组三段（T_3n^3）　（未见顶）　>2794.45m

42. 灰色厚层状含泥砾、泥屑细粒岩屑长石石英杂砂岩夹灰色粉砂质炭质板岩，厚度比为 4∶1～5∶1，每个层序厚 1.2～1.5m；砂岩底部见泥屑，发育正粒序—平行层理，板岩中见水平层理　>388.01m

41. 灰色、深灰色粉砂质绢云板岩与灰色粉砂质绢云炭质板岩呈薄板状互层，中部见有灰色中层状含泥砾、泥屑细粒岩屑长石石英杂砂岩，发育正粒序—平行层理　290.02m

40. 下部深灰色粉砂质绢云板岩，上部厚层状变质细粒岩屑长石石英杂砂岩夹深灰色粉砂绢云板岩，厚度比为 5∶1，单个互层厚 1.2m；发育平行层理，砂岩底部具槽模构造　>82.76m

═══════ 断层 ═══════

39. 灰色薄层状变质细粒含岩屑长石石英杂砂岩夹灰色粉砂质绢云板岩，厚度比为 2∶1，每个韵律厚 0.6m　>74.14m

38. 深灰色粉砂质绢云板岩与灰色粉砂质绢云炭质板岩呈薄板状互层，多发育水平层理　100.58m

37. 灰色含粉砂质绢云板岩，中见少量灰色薄层状变质细粒岩屑石英杂砂岩，含星点状黄铁矿，片理化强烈　92.3m

36. 灰色中厚层变质细粒岩屑石英杂砂岩夹灰色含粉砂质绢云炭质板岩，单个互层厚 0.8～1.5m，厚度比为 3∶1～6∶1　>260.61m

═══════ 断层 ═══════

35. 灰色细砂质水绢云母炭质板岩，中见少量灰色薄层状变质细粒岩屑石英杂砂岩，片量化强烈　>75.27m

34. 灰色中厚层状变质细粒岩屑长石石英杂砂岩夹灰色细砂质绢云炭质板岩，单个互层厚 0.8～1.0m，厚度比为 3∶1，片理化强烈　>120.56m

═══════ 断层 ═══════

33. 灰色中层细粒长石石英杂砂岩夹灰色细砂质水云母—绢云母炭质板岩，每个层厚 0.4～0.5m，厚度比为 2∶1～3∶1；普遍发育紧闭同斜褶皱，轴面南倾　>51.08m

32. 灰色细砂质水云母—绢云母炭质板岩与灰色薄层状变质粉砂岩呈不薄板状互层，每个互层厚 0.3m，厚度比为 2∶1～1∶1　54.98m

31. 灰色中层状中细粒长石石英杂砂岩夹深灰色水云母—绢云母炭质板岩，厚度比近 3∶1～4∶1　136.61m

30. 灰色厚层状中细粒长石石英杂砂岩夹深灰色细砂质水云母—绢云母炭质板岩，厚度比近 5∶1，每个互层厚 0.8～1.0m，其中发育紧闭褶皱，轴面南倾　>34.51m

29. 灰色粉砂质绢云板岩，中见少量灰色薄层状细粒岩屑长石石英杂砂岩互层　>170.81m

28. 灰色厚层状轻变质中细粒岩屑长石石英杂砂岩夹灰色粉砂质绢云板岩，厚度比近 4∶1～5∶1，每个互层厚 1.0～1.2m　359.11m

27. 灰色中—中厚层变质细粒含岩屑长石石英杂砂岩夹灰色含砂质绢云炭质板岩；从下向上，每个互层 0.5～2.5m，厚度比为 2∶1　300.69m

26. 灰色厚层状变质细粒含岩屑长石石英杂砂岩夹灰色含砂质绢云炭质板岩，厚度比为 4∶1～5∶1，每个互层厚 1.2～1.5m　43.14m

25. 灰色中层状变质细粒含岩屑长石石英杂砂岩夹灰色含砂质绢云炭质板岩，厚度比近 2∶1～3∶1，每个互层厚 0.6～0.8m　31.16m

24. 灰色含砂质绢云炭质板岩与灰色粉砂质板岩呈薄板状互层，每个互层厚 0.2～0.4m，其中有少量灰色薄层状细粒含岩屑长石石英杂砂岩夹层　>128.11m

═══════ 断层 ═══════

晚三叠世涅如组二段（T_3n^2）　>1506.06m

23. 灰色厚层变质含岩屑长石石英杂砂岩夹灰色含砂质绢云炭质板岩，厚度比近 5∶1～6∶1，每个互层厚 1.5～1.8m　>118.88m

22. 灰色中层状变质含岩屑长石石英杂砂岩，夹灰色含砂质绢云板岩，厚度比近 3∶1，每个互层厚 0.6～0.8m　119.71m

21. 灰色厚层变质含岩屑长石石英杂砂岩夹少量灰色炭质绢云板岩，厚度比近 5∶1～6∶1，每个层序厚 1.2～1.5m；多发育紧闭尖棱褶皱，轴面南倾　41.76m

20. 灰色中层状变质含岩屑长石石英杂砂岩夹灰色炭质绢云板岩，厚度比近 3∶1，每个互层厚 0.6m　>43.85m

═══════ 断层 ═══════

19. 灰色中层状变质含岩屑长石石英杂砂岩夹灰色含钙质炭质绢云板岩，厚度比 2:1～3:1，单个层序厚 0.4～0.5m >56.6m

18. 灰色厚层状变质含岩屑长石石英杂砂岩夹灰色含钙炭质绢云板岩，厚度比为 4:1，单个层序厚 1.2～1.5m；发育同斜褶皱，轴面南倾 75.13m

17. 灰色中层状变质细粒含钙岩屑长石石英杂砂岩夹灰色含钙炭质绢云板岩，厚度比为 4:1～5:1，每个层序厚 0.6m；次级褶曲及杆状构造发育 40.90m

16. 灰色含钙质绢云板岩，夹少量灰色薄层变质含钙岩屑长石石英杂砂岩，每个层序厚 0.2～0.3m；从下向上砂岩减少 >57.55m

═══════ 断层 ═══════

15. 灰色厚层变质细粒岩屑长石杂砂岩夹灰色炭质水云母—绢云母板岩，单个层序厚 2～2.5m，厚度比为 3:1～4:1，发育宽缓开阔褶皱 >25.74m

14. 灰色中薄层变质细粒岩屑长石石英砂岩夹灰色炭质水云母—绢云母板岩，单个层序厚 0.3～0.4m，厚度比为 2:1～3:1，广泛发育紧闭尖棱褶曲，轴面南倾 27.70m

13. 灰色厚—块状变质细粒岩屑长石石英杂砂岩，夹少量灰色硅质水云母—绢云母板岩，厚度比为 4:1～5:1，每个层序厚 1.8～2.2m；其中发育褶皱，总体轴面南倾 62.85m

12. 灰色硅质水云母—绢云母板岩，中见少量灰黄色薄层状变质细粒岩屑长石石英杂砂岩夹层 >46.33m

═══════ 断层 ═══════

11. 灰色炭质水云母—绢云母板岩夹灰、灰黄色薄层变质细粒岩屑长石石英杂砂岩，厚度比为 2:1，每个层序厚 0.3～0.4m，多发育紧闭尖棱褶曲，轴面近直立 >15.72m

10. 灰色中厚层变质中细粒含岩屑长石石英杂砂岩夹灰色炭质水云母—绢云母板岩，厚度比为 3:1，厚0.6～0.8m，其中夹有厚 3.5m 的块状砂体，发育紧闭尖棱褶皱 69.34m

9. 灰色炭质水云母—绢云母板岩夹灰、灰黄色薄层变质细粒岩屑长石石英杂砂岩，厚度比为 2:1，单个层序厚 0.3～0.4m；形成同斜褶皱，轴面南倾 170.59m

8. 灰色中厚层变质细粒岩屑长石石英杂砂岩夹灰色炭质水云母—绢云母板岩，厚度比为 3:1，每个层序厚 0.8m，含铁泥质斑点 81.42m

7. 灰色中薄层变质细粒岩屑长石石英杂砂岩夹灰色炭质水云母—绢云母板岩；厚度比为 2:1，每个层序厚 0.4m；含铁泥质斑点；发育紧闭尖棱褶曲，轴面南倾 >50.97m

═══════ 断层 ═══════

6. 灰色中厚层状变质细粒含岩屑长石石英杂砂岩夹灰色炭质绢云板岩，单个层序厚 0.8～1.0m，厚度比为 3:1～4:1，发育紧闭尖棱褶曲 >96.99m

5. 灰色厚—块状变质细粒含岩屑长石石英杂砂岩夹灰色炭质绢云板岩，单个层序厚 1.8～2.0m，厚度比为 5:1；绢云板岩中见铁泥质斑点，多发育紧闭同斜褶皱 31.33m

4. 灰色中厚层变质细粒含岩屑长石石英杂砂岩夹灰色炭质绢云板岩，单个层序厚 0.6～2.0m，厚度比为 3:1～5:1；绢云板岩中见铁泥质斑点 110.10m

3. 灰色含粉砂质硅质水绢云母粘板岩夹灰色薄层变质细粒含岩屑长石石英杂砂岩，厚度比为 2:1，单个层序厚 0.3m，广泛发育紧闭尖棱褶曲，轴面北倾 80.17m

2. 灰色厚层状变质细粒含岩屑长石石英杂砂岩夹灰色炭质绢云千枚岩，厚度比 4:1～5:1，每个层序厚 1.2～2.2m，发育紧闭尖棱褶曲，轴面近于直立，见有 2～3m 宽的含绢云母化绿泥石化碳酸盐化辉绿岩 >69.08m

═══════ 断层 ═══════

1. 灰色炭质绢云千枚岩夹灰色中薄层变质细粒含岩屑长石石英杂砂岩，厚度比为 2:1，单个层序厚 0.6m >17.27m

（未见底）

涅如组依据岩性及化石组合，自下而上划分 3 个岩性段。涅如组一段（T_3n^1）为深灰色中—中薄层变质细粒石英砂岩，夹少量粉砂质绢云板岩，多具平行层理—水平层理，砂岩底部具冲刷界面，具波痕，为陆棚相沉积，厚度大于 1624.2m。涅如组二段（T_3n^2）为深灰色块状—厚层状—中薄层具平行层理—波状交错层理含泥砾细粒岩屑砂岩夹粉砂质绢云板岩，具槽模构造，为鲍马层序 bcd 段组合，与之相伴产出的多为浅灰色中—薄层细粒岩屑砂岩—具水平纹层粉砂岩组成的 cde 段组合，产双壳化石、菊石和腹足化石，以斜坡相沉积为主。其中部见有厚约 318.8m 的粉砂质板岩，含少量灰色薄层状细粒岩屑砂岩夹层，为盆地相—远源浊积岩，厚度大于 1717.6m。涅如组三段（T_3n^3）为灰、浅灰色中厚层变质中细粒岩屑石英砂岩夹少量灰色粉砂质板岩，板岩中见薄层泥晶灰岩。砂岩中发育平行层理，具波痕构造，产双壳、菊石和腹足化石，为浅海陆棚相沉积。顶部见灰紫、紫红色块状含泥砾中细粒岩屑长石砂岩和灰紫、紫红色粉砂质板岩，发育波痕和冲刷痕，具平行层理和交错层理，具陆相沉积色彩，反映了造陆作用增强的特点，厚度大于 573.6m。

根据岩性组合，沉积构造和生物特征，涅如组主要由浅海陆棚相、陆棚斜坡相、次深海盆相和海陆交互相（图 2-33）。

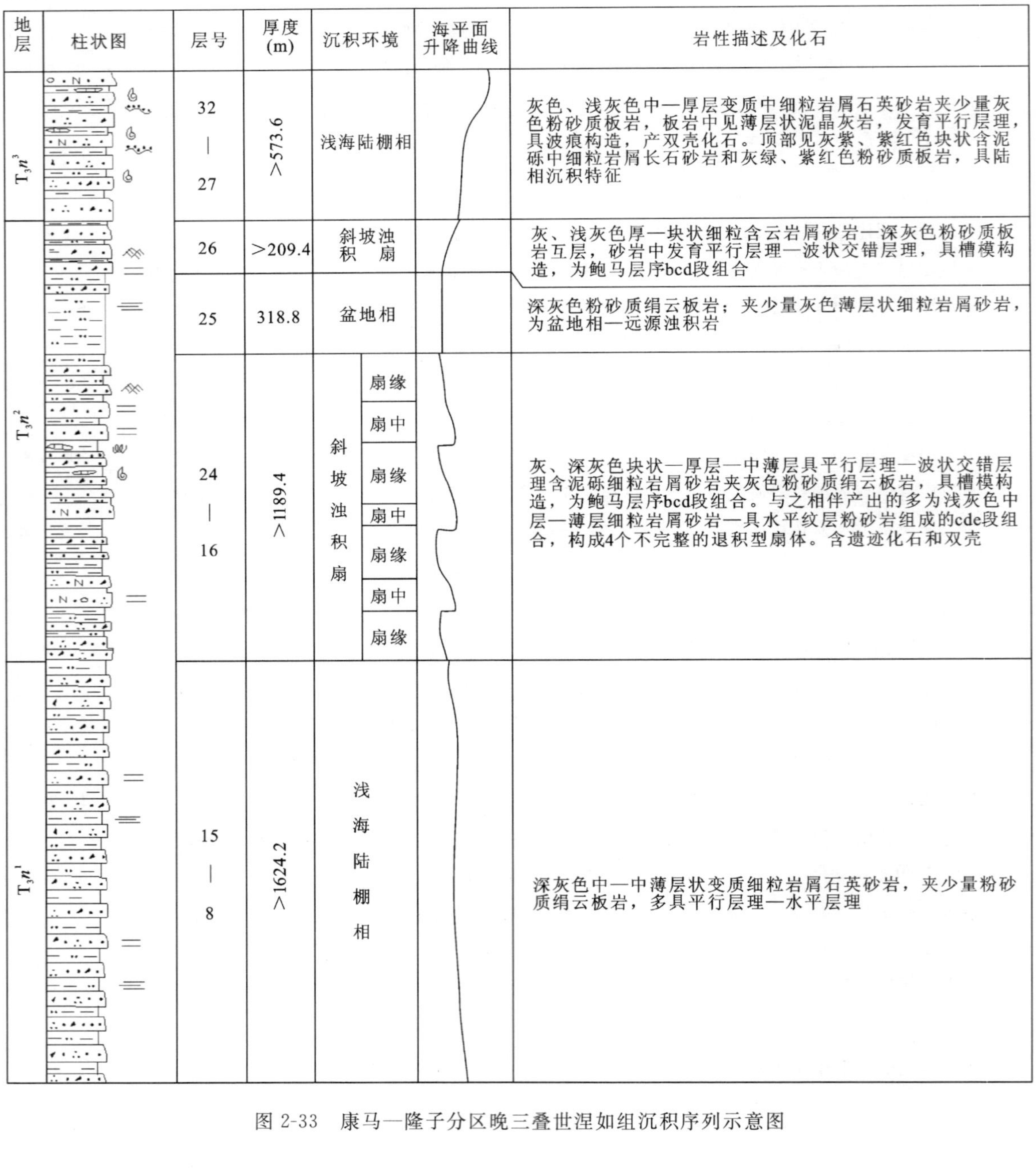

图 2-33　康马—隆子分区晚三叠世涅如组沉积序列示意图

海侵期浅海陆棚相，常见于涅如组一段，由浅灰色中—中薄层变质细粒岩屑石英砂岩—浅灰色粉砂质绢云板岩基本层序 T_3nA 组成，厚度比为 3∶1～4∶1，每个层序厚 0.8～0.9m，从下向上，板岩增多，海侵特征增强，为退积型层序(图 2-34)。

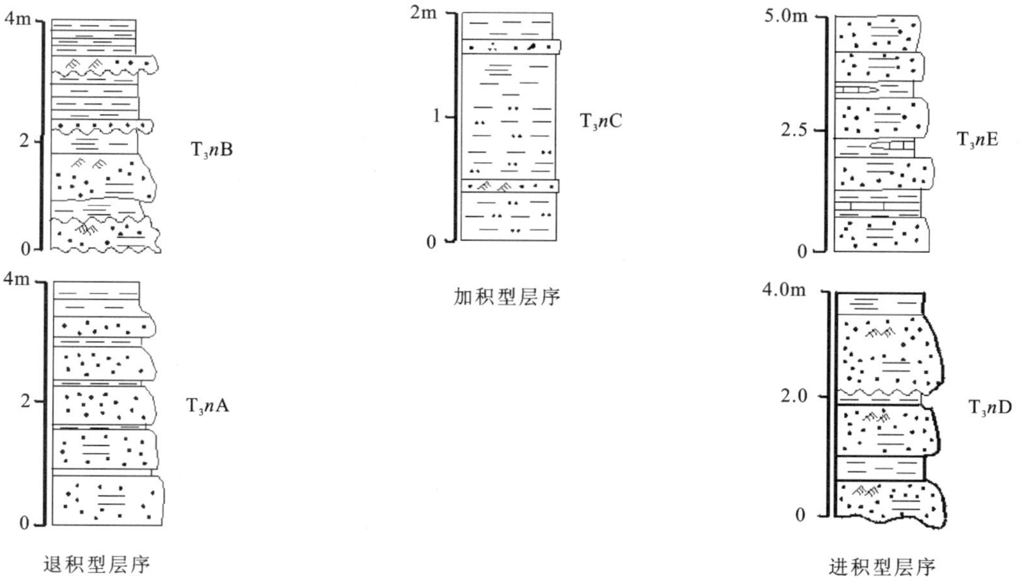

图 2-34　康马—隆子分区晚三叠世涅如组基本层序示意图

海侵期陆棚斜坡相，常见于涅如组二段中下部，由基本层序 T_3nB 灰、深灰色块状—厚层—中薄层具平行层理—波状交错层理，含泥砾细粒岩屑砂岩—灰色粉砂质绢云板岩组成。砂岩底部具槽模构造，产复理石相遗迹和双壳化石。从下向上，砂泥比为 2∶1～1∶3，每个层序厚 0.8～1.2m 不等。由鲍马层序 bcd 段向 cde 段组合构成，包括 4 个不完整的退积型扇体的斜坡相扇中—扇缘沉积。

高水位期次深盆地相，常见于涅如组二段上部，厚 318.8m。由基本层序 T_3nC 深灰色粉砂质绢云板岩组成。多发育水平层理，为低能垂向加积型层序。其中见有少量灰色薄层状细粒岩屑砂岩夹层，可能为远源浊积岩。

海退期陆棚相斜坡相，常见于涅如组二段顶部，由基本层序 T_3nD 灰、浅灰色厚—块状细粒含云岩屑砂岩—深灰色粉砂质板岩互层构成，砂岩中发育平行层理—波状交错层理，底具槽模构造，砂泥比为 2∶1～4∶1，每个层序厚 1.2～1.5m 不等。其中粒度分析统计平均值 Mz＝3.14，标准偏差 $\delta_1=0.78$，偏度 SK＝0.19，峰态 KG＝0.89。曲线由两个总体组成，其中悬浮总体含量大于 50%，粒径区间较宽，分布在 2.25ϕ～4.5ϕ 间，斜率仅 38°，分选较差(图 2-35)据福克(1964)粒度判别公式 $Y_{河流与浊流}=0.7875Mz-0.4030\delta_1^2+6.322SK+5.2927KG$ 计算，$Y=8.140<9.8433$，为浊流沉积。从下向上，砂岩含量增多，层厚增大，为鲍马层序 bcd 段组合，具进积型特点。

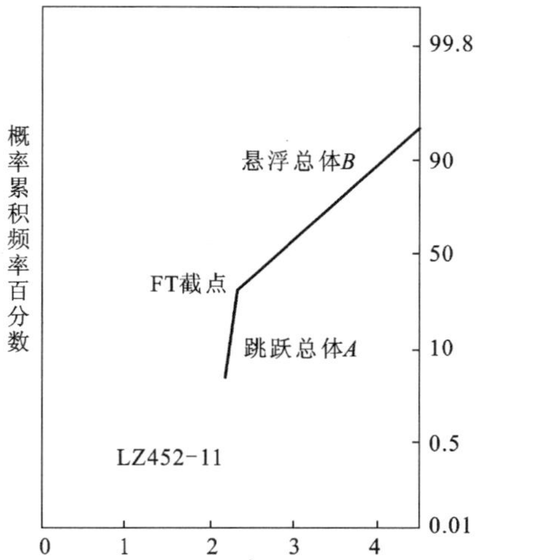

图 2-35　上三叠统涅如组二段概率统计粒度曲线图

海退期浅海陆棚相，常见于涅如组三段，由基本层序 T_3nE 组成，灰色、浅灰色中—厚层变质中细粒岩屑石英砂岩夹少量粉砂质板岩，板岩中产薄层状泥晶灰岩。砂岩中发育平行层理，顶部具波痕构造，其中粒度分析统计平均值 Mz＝3.26，标准偏差 $\delta_1=$

0.413，偏度 SK＝0.25，峰态 KG＝1.08。

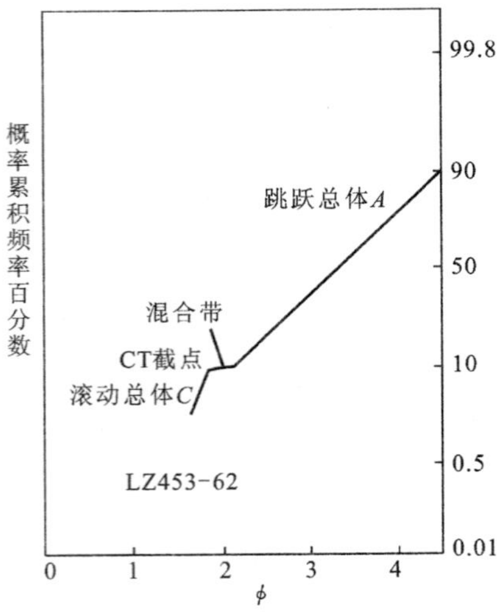

图 2-36　上三叠统涅如组三段概率统计粒度曲线图

粒度曲线由两个总体组成，滚动总体含量 7%，斜率 67°，集中分布于 2.2ϕ～2.5ϕ 之间，分选较好，跳跃总体 A 含量近 75%，斜率 48°，区间跨度较大，分布于 2.75ϕ～4.5ϕ 之间，CT 截点清晰，呈突变关系，其中存在一个混合带，含量近 3%（图 2-36）。据福克（1964）粒度判别公式 $Y_{海滩与浅海}=15.653Mz+65.709\delta_1^2+18.1071SK_1+18.5043KG=86.747>65.3650$，为浅海环境，灰岩中产双壳化石。顶部见灰紫、紫红色块状含泥砾中细粒岩屑长石砂岩和灰绿、紫红色粉砂质板岩相伴产出，发育槽状交错层理，陆相沉积特征明显加强。

综上所述，测区涅如组包括了一个较为完整的海进—海退的过程，由海侵体系域和高水位体系域组成，未见底，界面性质不清。

海侵体系域，包括涅如组一段和二段中下部，由基本层序 T_3nA—T_3nB 组成，从下向上由浅海陆棚相—陆棚斜坡相组成，反映水体不断变深的海侵过程。

饥饿段，位于涅如组二段中上部，由灰色粉砂质绢云板岩的垂向加积型层序 T_3nB 组成，为次深海盆地相沉积，中部为 cmf 界面。

高水位体系域，包括涅如组二段顶部和三段，由基本层序 T_3nD—T_3nE 组成，从下向上由陆棚斜坡相—陆棚相转变，顶部陆相沉积的特点明显。反映了一种水体逐渐变浅的海退过程。

涅如组化石丰富，门类繁多，包括菊石类、双壳类、腹足类、海百合、方锥石和遗迹化石等，其中尤以菊石类、双壳类、腹足类发育，可建立两个双壳组合，两个菊石组合带和一个腹足类组合。

双壳类：

Monotis haueri - *Monotis salinaria* 组合带：常见于涅如组一段，化石属种以 *Monotis* 属发育，包括 *Monotis digona*，*M. haueri*，*M. tenuicostata* 等，为晚三叠世诺利期的重要分子，常见于康马县涅如组剖面。

Halobia plicosa - *H. noria* 组合带：常见于涅如组二段，可延伸至一、三段，常覆于 *Monotis* 层之上。其重要分子有：*Halobia plicosa*，*H. noria*，*H. paracicula*，*H. superbescens*，*H. yunnanensis*，*H. yandongensis*，伴生分子有：*Entolium quotididianum*，*Myophoricardium tulongense*，*Nuculana yunnanensis*，*Posidouia yuangyuanensis* 等，化石以漂浮类为主，包括少量底栖类，为云南 *Halobia plicosa* - *Pergamidia eumenea* 带中的常见分子，时代为晚三叠世诺利期。

菊石类：

Arcestes rothplozi - *Stenarcestes leiotracus* 组合带：常见于涅如组二段，与双壳类 *Halobia plicosa* - *H. moria* 组合带伴生产出，重要分子有 *Arcestes rothpltzi*，*Stenarcestes leiotracus*，*Distichites concretus* 等，化石延伸时期较长，常见于晚三叠世。

Gumbelites philostrati 带：常见于涅如组三段，与双壳类 *Halobia plicosa* - *H. noria* 组合带伴生产出，化石种属较多，以 *Gumbelites philostrati*，*Plaeites perautus* 种属高丰度产出为特征，为珠峰地区 *Pimacoceras* - *Indijuvavites* 带中的常见分子，时代为晚三叠世诺利期。

第五节　白垩纪朗县混杂岩(KL)

白垩纪朗县混杂岩主要分布于测区北部，沿雅鲁藏布江两岸呈带状展布，东延至米林一带，出露面积约 1497km²。西延至加查、泽当一带，统称泽当蛇绿岩(1:20 万泽当幅，1994)、罗布莎蛇绿岩(1:20 万加查幅，1995)。朗县混杂岩为本项目新建构造-岩石地层单位。朗县混杂岩主要由原地白垩纪复理石基质和部分变形橄榄岩、变基性岩、变基性火山岩构造块体、大理岩块体、片岩、片麻岩构造残片等构成。其顶、底均为断层接触，叠置厚度大于 14 601m。层型剖面为朗县拉多剖面(表 2-11)和 1:25 万林芝县幅朗县朗村剖面。

表 2-11　白垩纪朗县混杂岩新建地层单位简表

建组位置	原来归属	建组依据		
		岩　性	古生物	接触关系
西藏自治区朗县—白露 起点坐标 东经 93°05′15″ 北纬 29°00′43″ 终点坐标 东经 93°02′01″ 北纬 28°52′54″	晚三叠世郎杰学群	含炭质粉砂质绢云板岩，变质石英粉砂岩，粉砂质绿泥千枚岩，其中见有蛇绿岩岩片、二叠纪碳酸盐岩岩片、元古代基底岩片等构造块体	基质中获孢粉：*Erlianpoilis* sp.，*Cedripites* sp.，*Brebimonosulcites* sp.，*Pinnspouenites elongus* 放射虫：*Poronaella* sp.，*Hsuum* sp.，*Crucclla* sp.，*Alievium* sp.	南部同章村褶冲束晚三叠世、江雄组断层接触，北部与冈底斯带大竹卡组(E_1K_1d)断层接触
层型剖面				
朗县拉多乡朗县混杂岩剖面，朗县朗村朗县混杂岩剖面				

1. 朗县拉多乡白垩纪朗县混杂岩实测剖面

剖面位于朗县拉多乡北，起点坐标：东经 93°05′15″、北纬 29°00′43″，终点坐标：东经 93°02′01″、北纬 28°52′54″。剖面主要顺乡间公路测制，露头良好，构造发育，基岩露头达 90%以上，地质现象清楚(图 2-37)。

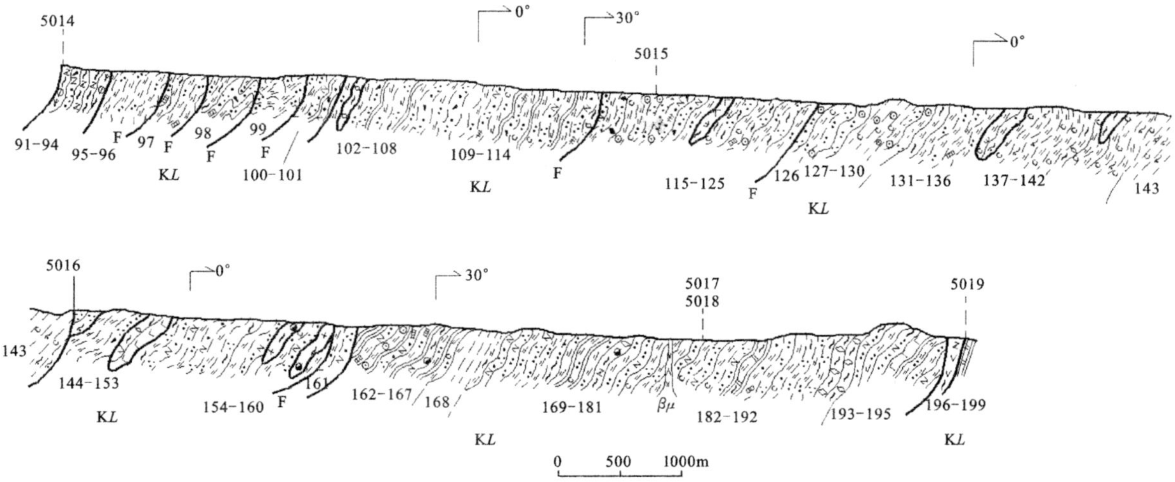

图 2-37　朗县拉多—白露白垩纪朗县混杂岩(KL)实测剖面图

朗县混杂岩(*KL*)　　(未见顶)

199. 灰白色大理岩构造块体　>13.19m

═══ 断层 ═══

198. 灰绿色绿泥钠长角闪片岩构造块体　>15.00m

═══ 断层 ═══

197. 灰绿色绿泥石滑石透闪石岩、含铬斜绿泥石岩构造块体　>50.00m

═══ 断层 ═══

196. 镁铁质超镁铁质构造角砾岩　30.00m

═══ 断层 ═══

195. 深灰、浅灰色粉砂质绢云千枚岩与浅灰、灰白色斜长白云母片岩不等厚互层　>66.71m
194. 深灰色粉砂质绢云千枚岩与浅灰色薄层状变质砂质粉砂岩不等厚互层，夹浅灰绿色变基性火山岩，下部有宽 10～20m 的角闪斜长伟晶岩脉　279.35m
193. 深灰色粉砂质绢云千枚岩与浅灰绿色变质条带状斜长绿泥粉砂岩不等厚互层　99.15m
192. 浅灰绿色绿泥方解片岩　33.63m
191. 深灰、浅灰色粉砂质绢云千枚岩与浅灰绿色绢云绿泥石英片岩不等厚互层　91.97m
190. 深灰、浅灰色粉砂质绢云千枚岩与变质长石石英砂岩互层，夹少量绢云绿泥片岩　80.93m
189. 深灰色—浅灰色粉砂质绢云千枚岩夹浅灰绿色绢云绿泥片岩　177.00m
188. 深灰色含炭质砂质绢云千枚岩与浅灰色变质长石石英细砂岩不等厚互层　58.07m
187. 深灰色含炭质砂质绢云千枚岩夹灰白色板状绢云石英粉砂岩，岩中含较多的黄铁矿　95.54m
186. 深灰色含炭质粉砂质绢云千枚岩夹灰色千枚状中细粒含长石英杂砂岩　59.66m
185. 灰色千枚状含长炭质绢云石英杂砂岩夹中层状浅灰绿色绿泥白云母大理岩　119.32m
184. 深灰色含炭质粉砂质绢云千枚岩与灰色变质长石石英粉砂岩不等厚互层，夹浅灰白色斜长白云母石英片岩　160.11m
183. 深灰色含炭质粉砂质绢云千枚岩与灰色变质长石石英粉砂岩不等厚互层　193.43m
182. 深灰色含炭质粉砂质绢云千枚岩与浅灰绿色白云母石英片岩互层　107.39m
181. 浅灰绿色白云母石英片岩、白云母片岩夹深灰色炭质白云母石英片岩，中部有灰绿色强蚀变辉绿玢岩岩脉　168.61m
180. 深灰色粉砂质绢云千枚岩与灰色薄层状变质长石石英粉砂岩不等厚互层，局部夹灰色孔洞状炭质白云母片岩和绢云绿泥片岩　196.21m
179. 浅灰绿色硅化碳酸盐化钠长绿帘绿泥石片岩　39.41m
178. 深灰色粉砂质绢云千枚岩与灰色白云母石英片岩构成韵律层对　107.80m
177. 深灰色含炭质粉砂质绢云千板岩，夹厚 2～3m 的浅灰绿色绢云绿泥片岩，板岩中含硅质团块　112.48m
176. 深灰色粉砂质绢云板岩与绢云板岩不等厚互层，夹浅灰绿色砂质方解绿泥片岩　56.26m
175. 深灰色含炭质绢云千枚岩夹薄层状变质长石石英粉砂岩　121.65m
174. 深灰色粉砂质绢云千枚岩夹浅灰绿色榍石粉砂质绿泥千枚岩　72.38m
173. 灰色变质长石石英粉砂岩与深灰色粉砂质绢云千枚岩不等厚互层，夹碳酸盐化白云母、绿泥片岩、含云母斜长变粒岩　293.02m
172. 灰色中层状变质长石石英细砂岩　10.96m
171. 灰色含黄铁矿变质长石石英粉砂岩与深灰色含黄铁矿粉砂质绢云千枚岩互层　20.70m

170. 深灰色粉砂质绢云千枚岩夹浅灰色二长浅粒岩 40.42m

169. 深灰色粉砂质绢云千枚岩与灰色变质长石石英粉砂岩不等厚互层，夹浅灰绿色石墨绿泥二云片岩 33.24m

168. 深灰色含黄铁矿炭质绢云千糜岩 181.11m

167. 深灰色粉砂质炭质绢云板岩与灰色变质长石石英粉砂岩不等厚互层 33.50m

166. 浅灰绿色绿泥白云母片岩与深灰色炭质粉砂质绢云板岩互层 69.35m

165. 深灰色粉砂质绢云千板岩夹浅灰色钠长斜黝帘石绿泥片岩 130.54m

164. 灰色薄层状变质长石石英细砂岩与深灰色粉砂质绢云板岩不等厚互层，含少量黄铁矿 158.26m

163. 深灰色含榴绢云板岩与浅灰色变质长石石英粉砂岩构成韵律层 109.01m

162. 深灰色揉皱状含炭质砂质绢云板岩 >161.33m

断层

161. 灰色-中层状变质长石石英细砂岩与深灰色含炭质砂质绢云千枚岩不等厚互层，偶夹变基性火山岩 >200.76m

断层

160. 灰色变质长石石英粉砂岩与深灰色绢云千枚岩不等厚互层，夹浅灰绿色斜黝帘透闪绿泥片岩 >32.46m

断层

159. 浅灰绿色斜黝帘透闪绿泥片岩 >33.36m

断层

158. 深灰色粉砂质绢云千枚岩与灰色变质长石石英粉砂岩不等厚互层 >177.84m

157. 深灰色粉砂质绢云千枚岩与浅灰绿色绢云绿泥石英片岩不等厚互层 111.89m

156. 深灰色粉砂质绢云千枚岩与灰色薄层状变质长石石英细砂岩构成韵律层对 99.58m

155. 灰色变质长石石英细砂岩与深灰色粉砂质绢云千枚岩不等厚互层，夹浅灰绿色绢云绿泥石英片岩 224.76m

154. 浅灰、浅灰绿色变质含长石石英细砂岩夹灰黑色绢云千枚岩 >29.99m

断层

153. 深灰色绢云千枚岩夹浅灰绿色钠长绿泥白云蛇纹片岩 >21.00m

断层

152. 深灰色绢云母千枚岩与灰色薄层状绢云母岩屑石英粉砂岩构成韵律层对，夹浅灰绿色绢云母绿泥石英片岩 >65.59m

151. 浅灰、浅灰绿色蚀变玄武岩(硅化碳酸盐化钠长绿帘绿泥石片岩) 23.23m

150. 深灰色绢云千枚岩与灰色薄层状变质岩屑石英粉砂岩构成韵律层，夹浅灰绿色含硬绿泥石炭质千枚岩 77.31m

149. 灰色变质细粒长石石英砂岩、深灰色粉砂质绢云千枚岩夹浅灰绿色方解绿泥片岩 52.32m

148. 灰色薄层状变质细粒岩屑石英砂岩与深灰色粉砂质绢云千枚岩互层，夹浅灰绿色绢云绿泥石英片岩 55.77m

147. 灰色薄层状绢云母岩屑石英粉砂岩与深灰色绢云千枚岩构成韵律层 171.02m

146. 深灰色绢云千枚岩，偶夹绢云母岩屑石英粉砂岩 159.67m

145. 深灰色粉砂质绢云千枚岩夹浅灰绿色硬绿泥石绢云石英片岩 108.47m

144. 浅灰绿色硬绿泥石黑云母石英片岩夹深灰色粉砂质绢云母千枚岩 >120.22m

═══════ 断层 ═══════

143. 灰、灰黑色含硬绿泥石炭质绢云千糜岩，发育石英脉并被挤压拉长呈透镜体 >264.68m

═══════ 断层 ═══════

142. 深灰色含硬绿泥石炭质绢云母千枚岩夹粉砂质绢云母千枚岩 >120.79m

141. 深灰色含炭质绢云千枚岩，夹少量浅灰绿色绿泥片岩 195.04m

140. 深灰色含炭质绢云千枚岩、灰色变质石英粉砂岩组成韵律层，夹浅灰绿色斑点状方解白云母绿泥片岩 51.06m

139. 深灰色揉皱状含炭质绢云千枚岩 94.18m

138. 深灰色硬绿泥石绢云千枚岩 125.11m

137. 深灰色含炭质绢云千枚岩 >55.85m

═══════ 断层 ═══════

136. 灰色硬绿泥石白云母石英片岩、灰绿色绿泥白云母石英片岩互层夹含炭质蛇纹石绢云千枚岩 >83.91m

135. 深灰色含硬绿泥石炭质绢云千枚岩 39.46m

134. 深灰色粉砂质绢云千枚岩 154.30m

133. 深灰色含石英团块粉砂质绢云千枚岩 82.69m

132. 浅灰绿色绢云母绿泥石英片岩与深灰色粉砂质绢云千枚岩不等厚互层 15.32m

131. 深灰色含榴绢云千枚岩夹浅灰绿色绿泥白云母片岩 81.68m

130. 深灰色粉砂质绢云千枚岩 35.69m

129. 深灰色含石榴二云石英片岩夹灰绿色绿泥绢云石英片岩 125.10m

128. 深灰色含炭质石榴石绢云千糜岩夹浅灰绿色含石榴二云石英片岩 158.78m

127. 深灰色含榴二云石英片岩与变质绢云岩屑石英粉砂岩构成韵律层 81.04m

126. 深灰色含石榴砂质绢云千枚岩 >42.77m

═══════ 断层 ═══════

125. 深灰色炭质粉砂质绢云千枚岩夹浅灰绿色变质细砂岩 >152.58m

124. 深灰色粉砂质绢云千枚岩夹浅灰绿色绢云绿泥石英片岩 100.58m

123. 灰色薄板状变质细粒岩屑石英粉砂岩与深灰色条纹—条带状含炭质砂质绢云千枚岩互层，偶夹灰绿色绿泥石英片岩，含少量黄铁矿、石榴石 117.64m

122. 深灰色含炭质绢云千枚岩夹浅灰绿色绢云绿泥石英片岩 >116.00m

═══════ 断层 ═══════

121. 深灰色含炭质绿泥绢云千枚岩、薄层状变质岩屑石英粉砂岩不等厚互层夹灰绿色绿泥石英片岩、硬绿泥石蛇纹石滑石片岩 >145.34m

═══════ 断层 ═══════

120. 深灰、灰色变质细粒含长石石英杂砂岩夹粉砂质绢云千枚岩 >105.91m

119. 深灰、银灰色千枚状变质细粒含长石石英杂砂岩 149.91m

118. 深灰、铅灰色粉砂质绢云千枚岩与同色变质岩屑石英粉砂岩不等厚互层，岩中含黄铁矿 82.21m

117. 深灰—银灰色含榴炭质粉砂质绢云千枚岩夹含黄铁矿绢云绿泥石英片岩 125.44m

116. 浅灰绿色片状石英绿泥白云石岩 19.16m

115. 深灰色含炭质绢云千枚岩夹灰、浅灰绿色变质细粒含长石石英杂砂岩 194.25m

断层

114. 浅灰绿色石英方解绿泥片岩夹炭质绢云千枚岩 21.82m

113. 灰色板状细粒含长石石英杂砂岩与深灰色含炭质砂质绢云板岩互层 43.47m

112. 灰、深灰色千枚状细粒含长石石英杂砂岩与含炭质粉砂质绢云千枚岩互层 116.16m

111. 灰、深灰色千枚状细粒含长石石英杂砂岩与含炭质粉砂质绢云千枚岩互层，夹灰绿色含砂质绿泥石钙质板岩 72.86m

110. 浅灰、深灰色千枚状细粒含长石石英杂砂岩与灰黑色炭质绢云千枚岩夹变质泥质粉砂岩条带构成的韵律层 120.54m

109. 灰色千枚状细粒含长石石英砂岩与深灰色炭质粉砂质绢云板岩构成韵律层，砂岩中含黄铁矿 125.09m

108. 灰色千枚状细粒含长石石英杂砂岩与深灰色粉砂质千枚岩不等厚互层 537.74m

107. 灰色变质细粒岩屑石英砂岩与深灰色绢云千枚岩不等厚互层 220.60m

106. 灰色千枚状细粒含长石石英杂砂岩夹灰黑色粉砂质绢云千枚岩 44.83m

105. 深灰、铅灰色含黄铁矿砂质绢云千枚岩 133.70m

104. 灰黑色粉砂质绢云千枚岩夹浅灰绿色绢云绿泥石英片岩 120.56m

103. 灰黑色粉砂质绢云千枚岩与浅灰色变质岩屑石英粉砂岩不等厚互层 ＞92.55m

断层

102. 深灰、灰黑色粉砂质绢云千枚岩，夹浅灰绿色石英绿泥片岩，岩石中有较多的石英脉及其挤压石香肠构造发育，岩中含有黄铁矿 ＞204.79m

断层

101. 灰黑色粉砂质绢云千枚岩与灰色薄层状含长岩屑石英砂岩互层，发育揉皱，岩石破碎 ＞51.86m

100. 灰黑色含黄铁矿粉砂质绢云千枚岩，偶夹变质岩屑石英粉砂岩 ＞133.10m

断层

99. 深灰、灰黑色粉砂质绢云千枚岩，偶夹灰色薄层状变质细粒含长岩屑石英砂岩，揉皱发育 ＞23.78m

断层

98. 灰色变质细粒含长岩屑石英杂砂岩与深灰色粉砂质绢云千枚岩不等厚互层夹浅灰绿色绿泥白云母片岩，发育揉皱和窗棂构造 ＞282.84m

断层

97. 深灰、灰黑色含黄铁矿粉砂质绢云千枚岩夹浅灰绿色绿泥白云母片岩，发育揉皱、透镜状石英脉 ＞319.24m

断层

96. 浅灰色砂质绢云千枚岩、含砂质团块绢云千枚岩，岩石中含＞1%的黄铁矿，上部夹有绿泥片岩构造块体 ＞86.00m

95. 灰黑色粉砂质绢云千枚岩，岩石劈理发育，有较多石英脉穿插 ＞110.35m

断层

94. 灰黑色粉砂质绢云千枚岩、含粉砂绢云千枚岩、灰绿色钠长绿泥帘石阳起石岩构成韵律层 ＞239.78m

93. 灰绿色钠长绿泥帘石阳起石(片)岩 60.41m

92. 浅灰绿色钠长绿泥片岩夹少量深灰色粉砂质绢云千枚岩 87.02m

91. 灰色变质细粒含长岩屑石英杂砂岩与深灰色粉砂质绢云母板岩不等厚互层，中发育层间断层和揉皱及石英脉，黄铁矿化普遍发育 ＞92.44m

2. 朗县朗村构造混杂岩实测剖面(图 2-38)

剖面位于朗县朗村,山南养路段南 0.5km—帮布卡。起点坐标:东经 93°4′15″、北纬 29°4′8″。自上而下拟层序描述如下。

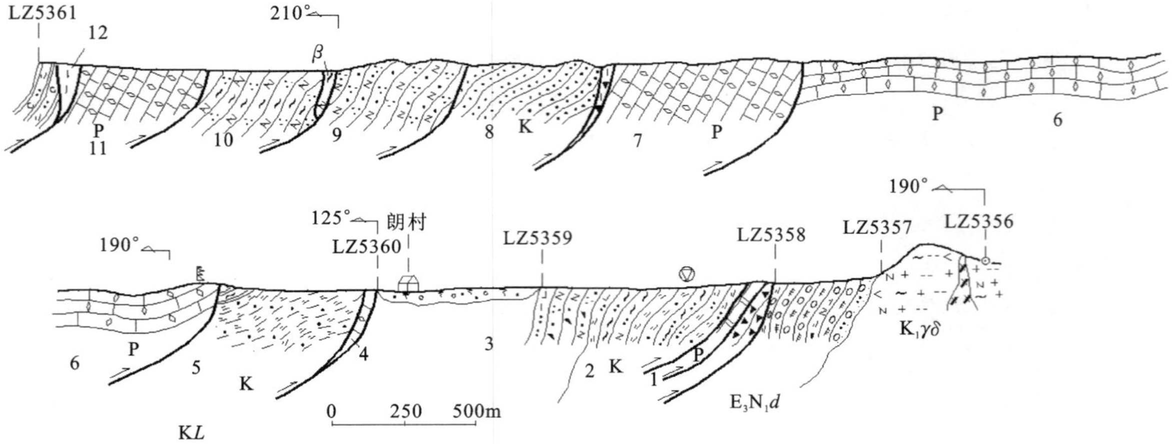

图 2-38　朗县朗村朗县白垩纪混杂岩(KL)实测剖面

12. 上部灰绿、绿色弱纤闪石化单辉辉石岩、绿帘角闪岩、透闪、绿泥石化单辉辉石岩、强纤闪石透闪石化单辉辉石岩,沿走向尖灭再现,下部为灰绿色钠长绿帘角闪片岩,北与大理岩断层接触。边部具片理化、碎裂岩化及硅化。为一构造岩片,出露不全　>45m

═══════ 断层 ═══════

11. 灰、浅灰色中—厚层中细晶结晶灰岩,为一构造岩片　> 221.9m

═══════ 断层 ═══════

10. 灰绿、灰黄色绿泥钠长石英片岩,夹绿、灰绿色碳酸盐化绿帘钠长绿泥片岩构造块体,挤压变形和小型片褶发育,为一构造岩片　>170.28m

═══════ 断层 ═══════

9. 灰、灰绿、灰黄色变质细—中粒长石石英砂岩,发育同斜褶皱　>274.01m

═══════ 断层 ═══════

8. 灰、灰黄色变质砂岩,黄灰、灰绿色中细粒变质砂岩,夹灰、灰绿色绿帘绿泥石英角岩,岩石中常见以 S_1 面理形成的同斜褶皱,顶、底部为挤压破碎带　>239.09m

═══════ 断层 ═══════

7. 灰、灰白色条纹状结晶灰岩,岩石中发育牵引小褶皱　>338.56m

═══════ 断层 ═══════

6. 灰、灰白色中—厚层结晶灰岩。为一构造岩片,灰岩中产牙形刺:? *Diplognathodus augustus* Igo ,*D. lanceolatus* Igo,*Gen.* et sp. indet. A. ,时代为 P_{1-2}　>327.59m

═══════ 断层 ═══════

5. 灰、深灰色钙质板岩、泥质板岩、灰黄色砂质绢云千枚岩、粉砂质绢云千枚岩,夹片理化—炭化含砂质泥质结晶灰岩、深灰、灰色结晶灰岩或细晶灰岩透镜体　>342.37m

═══════ 断层 ═══════

4. 深灰、灰色含砂结晶灰岩。为一构造岩片　>9.55m

══════ 断层 ══════

3. 灰、灰绿色变质长石石英杂砂岩、含钙质粉砂质绢云板岩，夹绿泥板岩、泥板岩　>341.64m

══════ 断层 ══════

2. 灰色钙质粉砂质绢云板岩、千枚岩，绿泥板岩、绿泥千枚岩，夹变质长石石英杂砂岩。在绢云千枚岩中获孢粉：*Pinuspollenites elongus*，*P. labdacus* cf. *maximus*，*Cedripites* sp.，*Piceites* sp.，*Iceaepollenites gigantean*，*Poldocarpidites* cf. *amplus*，*Paleoconiferus* sp.，*Erlianpollis* sp.，*Brevimorosulcites* sp.，*Riporopollenites* sp.　>371.59m

══════ 断层 ══════

1. 灰色中—厚层大理岩，夹灰色板状石英粉砂岩，为一构造岩片　>43.44m

══════ 断层 ══════

下伏地层：大竹卡组（E_3N_1d）

（一）混杂岩的岩石特征

测区内混杂岩可以划分为基质和块体两部分，其中基质包括了含炭质粉砂质绢云板岩、变质绢云石英粉砂岩、粉砂质绿泥千枚岩、中细粒含长石石英杂砂岩、绢云绿泥石英片岩。而块体更为复杂，有蛇绿岩岩片、二叠纪碳酸盐岩岩片及结晶基底残片。

1. 复理石基质

（1）含炭质粉砂质绢云板岩：变余粉砂质泥质结构，定向构造。由鳞片状变晶水云母—绢云母组成（65%～70%），含少量微粒状炭质（7%～10%），另可见少量石英和白云母。原岩为含炭质粉砂质泥岩，经轻度变质，泥质组分大部分变质成具定向排列的显微鳞片状绢云母，残余少量水云母粘土及炭泥质，并被聚积成条纹相间分布其中。

（2）粉砂质绿泥千枚岩：鳞片变晶结构，千枚状构造。由定向排列的细长鳞片状绿泥石（70%±）构成，其间分布有塑性变形、压扁拉长的石英（15%～20%）与之相间排列，推测原岩为玄武质凝灰岩及凝灰质泥岩。

（3）变质绢云石英粉砂岩：变余泥质粉砂结构，鳞片变晶结构，块状构造。原岩为泥质粉砂岩，粉砂粒度在0.03～0.06mm之间，含量在47%～60%之间，另有鳞片变晶绢云母—水云母（35%～50%）组成，另有少量电气石、白云母及锆英石细碎屑物。

（4）变质中细粒含长石石英杂砂岩：变余细粒砂状结构，块状构造。碎屑物由粒状石英（40%～50%），长石（7%～10%）组成，见大量硅质岩岩屑（10%～15%）和泥质岩（7%～10%），杂基含量较多，以硅质和泥质为主（13%～20%），基底式胶结。

（5）绿泥白云母石英片岩：片状变晶结构，定向—半定向构造。岩石主要由中、细粒石英变晶（40%～50%）及片状白云母（20%～30%）、绿泥石（15%～20%）和粒状方解石（10%～15%）构成。其中片状矿物具定向排列，石英相间分布其中。推测原岩为含火山质长石岩屑石英砂岩。

2. 块体

根据岩性差异、岩石特征及时代，划分为三种岩片：蛇绿岩岩片、二叠纪碳酸盐岩岩片和结晶基底残片。

（1）蛇绿岩岩片：包括镁铁质—超镁铁质构造角砾岩、绿泥石白云蛇纹片岩、硬绿泥石蛇纹石滑石片岩、绿帘阳起片岩、钠长绿帘绿泥石片岩和变质辉长（辉绿）岩等。呈数米—数十米大小不一的块体分布于基质中。具条带状结构，与围岩呈断层接触(图版Ⅻ-6)。其中变质辉长岩具条带状结构，由浅色粒状长石和深色辉石互层产出，具堆晶岩特征。

(2) 二叠纪碳酸盐岩岩片：主要分布于混杂带北端，为深、深灰色薄—中厚层状结晶灰岩、条纹条带状结晶灰岩、大理岩及条纹状大理岩(图版Ⅻ-5)。局部见糜棱岩化，含介壳化石碎片和牙形石；其中牙形石有 *Diplognathodus augustus*，*D. lanceolatus*，时代为早—中二叠世。

(3) 结晶基底残片：主要分布于混杂岩北端，呈大小不等的构造岩块产出，岩性较为复杂，有绿泥钠长角闪片岩、石榴十字石片岩、二云石英片岩、蓝晶石片岩、黑云斜长片麻岩、黑云变粒岩、浅粒岩等，变质达高绿片岩相—低角闪岩相。在绿泥钠长角闪片岩中获$^{40}Ar-^{39}Ar$坪年龄 995.94Ma，时代为中—新元古代，可能为念青唐古拉岩群弧基底混入的残块。

综上所述，基质以薄板状泥质和粉砂质沉积夹少量长石岩屑砂岩为主。砂岩中成分成熟度较低，以含大量岩屑为特征。其中长石岩屑砂岩粒度分析统计平均值 Mz＝2.27～2.76，标准偏差 $\delta_1=0.82\sim0.77$，偏度 SK＝－0.15～0.047，峰态 KG＝0.85～1.10。曲线特点基本上由一条平缓直线组成(图 2-39)，粒度区间宽，悬浮总体占绝大多数，斜率较小(27°～29°)，分选差，表示介质宽度大，粗细粒颗粒呈悬浮状态搬运。根据福克(1964)粒度参数判别公式 $Y_{河流与浊流}=0.7875Mz-0.4030\delta_1^2+6.322SK_1+5.2927KG$ 计算，Y＝6.96～7.783，在粒度参数离散图中均落于浊流沉积区(图 2-40)。发育底模构造，具鲍马层序 cde-de 段组合，显示了复理石砂岩特征。而蛇绿岩残片中超基性岩类化学成分 Al_2O_3 总体偏贫(0.71～1.43)，含 Cr_2O_3(0.36～1.08)较高，∑REE3.14×10^{-6}～22.5×10^{-6}，LREE/HREE 0.85～1.54，δEu0.72～1.54，稀土配分曲线为轻稀土弱亏损平坦型；与金沙江带堆晶铁质岩和橄榄岩相似。而基性岩类 SiO_2 46.5～52.67，TiO_2 0.71～1.63、Na_2O+K_2O 3.10～6.30，标准矿物组合 Q、Or、Ab、An、Di、Hy，属正常型。岩石碱度指数(δ)0.94～1.63，属亚碱性系列。从火山岩的岩石化学成分来看，具低钾中钛的深海拉斑玄武岩特征。在 TiO_2～P_2O_5 相关图均投影在洋脊玄武岩区，在 Zr-Zr/Y 图解则多数落入大洋玄武岩区和岛弧玄武岩区。微量元素 Rb/Sr、Y/Nb、Zr/Y、Ba/Sr 比值近于洋壳。稀土元素丰度∑REE22.25×10^{-6}～62.54×10^{-6}、δEu0.97～1.14，稀土元素配分型为轻稀土弱亏损平坦型，与现代洋脊玄武岩的特征相似。从上述岩石化学、地球化学特征认为，朗县白垩纪混杂岩火山岩的形成的构造环境，可能为扩张的洋盆或边缘。

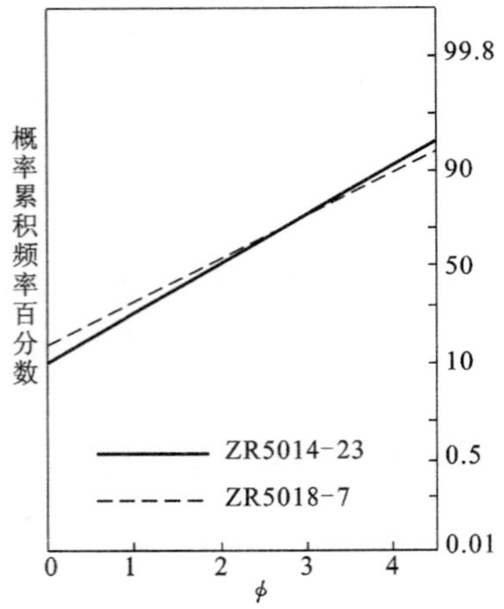

图 2-39 白垩纪朗县混杂岩概率统计粒度曲线图

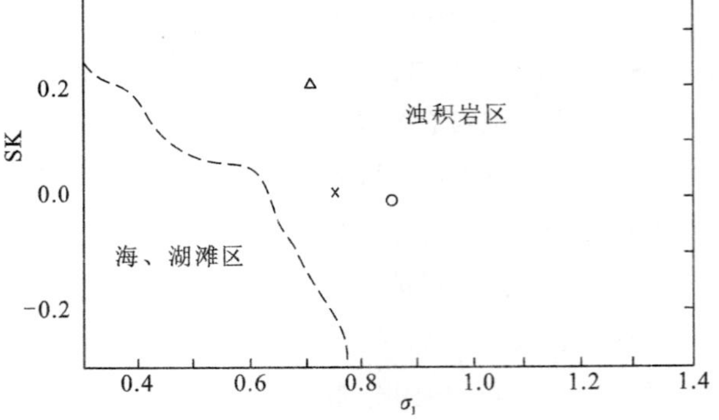

图 2-40 朗县混杂岩粒度参数离散图

△. ZR5015—13；×. ZR5015—2；○. ZR5018—7

对混杂岩的基质和构造块体的分析认为基质原始序列为：超基性岩(下部见含铬铁矿堆晶岩)—堆晶辉长岩—枕状玄武岩—深海浊积岩，具“三位一体”特征，与日喀则及罗布莎蛇纹岩、蛇绿岩相似，受后期构造影响，表现蛇绿混杂岩的特点。

（二）朗县混杂岩的地球化学特征

砂岩的部分微量元素和稀土元素具有相对稳定性，即浅变质和成岩作用对原岩部分微量元素和稀土元素的改造作用相对较弱。利用这一特性，在有效误差范围内，结合常量元素特征可以用于物源区分析和沉积环境解释，它们可以较好地反映物源区和沉积背景的地球化学特征。

1. 常量元素

砂岩的常量元素地球化学特征，在一定程度上可以反映物源区性质和古代沉积盆地的构造背景（Bhatia，1983）。Bhatia 根据古代不同构造部位大量砂岩的岩石化学数据归纳和总结的大洋岛弧、大陆岛弧、活动大陆边缘、被动大陆边缘 4 种典型的砂岩类型的平均化学成分，以及具判别意义的几种化学参数（表 2-12）。其中 Fe 和 Ti 由于迁移能力低，在海水中停留的时间短而具判别意义；Mg 在海水中停留时间较长，但因浊流沉积的大陆边缘型砂岩在埋藏期间，由于其渗透性较差而保持大体不变，从而也具有判别意义，Al_2O_3/SiO_2 比值，代表砂岩中石英的富集程度；K_2O/Na_2O 比值是岩石中钾长石和云母对斜长石含量比的比值；$Al_2O_3/(Na_2O+CaO)$ 比值则是最不活泼组分与最活泼组分之比。

表 2-12 不同构造背景砂岩岩石化学特征参数表（$\times10^{-2}$）

氧化物	被动边缘	走滑断裂	大陆边缘岩浆弧	弧后盆地	弧前盆地	大洋岛弧	大陆岛弧	活动大陆边缘	被动大陆边缘
SiO_2	77.9	67.8	69.5	68.8	61.5	58.83	70.69	73.86	81.95
TiO_2						1.06	0.64	0.46	0.49
Al_2O_3	9.8	15.6	14.1	14.4	15.2	17.11	14.04	12.89	8.41
Fe_2O_3						1.95	1.43	1.30	1.32
FeO						5.52	3.05	1.58	1.76
MnO						0.15	0.10	0.10	0.05
MgO	1.3	2.3	1.9	2.4	3.8	3.65	1.97	1.23	1.39
CaO	4.2	3.6	4.4	4.4	6.7	5.83	2.68	2.48	1.89
Na_2O	1.9	3.9	3.6	3.6	3.8	4.10	3.12	2.77	1.07
K_2O	2.0	2.9	2.6	2.0	1.4	1.60	1.89	2.90	1.71
P_2O_5						0.26	0.16	0.09	0.12
Fe_2O_3+MgO	4.2	6.0	5.8	6.9	11.5	11.73	6.79	4.63	2.89
Al_2O_3/SiO_2	0.12	0.23	0.2	0.2	0.25	0.29	0.20	0.18	0.10
K_2O/Na_2O	1.05	0.74	0.72	0.56	0.37	0.39	0.61	0.99	1.60
$Al_2O_3/(Na_2O+CaO)$	1.63	2.03	1.76	1.80	1.45	1.72	2.42	2.56	4.15
资料来源	据 Maynard(1982)					据 Bhatia(1983)			

据区内弱应变域中的部分杂砂岩常量元素化学成分（表 2-13），其各种特征参数，变化范围较大，表明物源区构造环境和母岩组合较为复杂。Fe_2O_3+MgO（$\times10^{-2}$）变化范围为 2.00～5.23，平均 3.99。

表 2-13　朗县混杂带碎屑岩岩石化学特征表（$\times10^{-2}$）

元素＼样品	ZR5301－25	ZR5014－32	ZR5303－20	$\bar{X}$
SiO_2	75.97	73.72	56.57	68.75
TiO_2	0.61	0.69	0.93	0.74
Al_2O_3	8.25	11.49	19.02	12.92
Fe_2O_3	3.95	1.11	2.24	2.43
FeO	3.09	2.23	3.74	3.02
MnO	0.32	0.077	0.14	0.179
MgO	1.11	0.82	2.34	1.42
CaO	1.12	1.84	6.59	3.18
Na_2O	1.24	2.62	3.84	2.57
K_2O	0.96	1.50	1.17	1.21
P_2O_5	0.27	0.16	0.23	0.22
烧失量	2.88	3.221	3.22	3.107
总量	99.77	99.478	100.03	99.746
Fe_2O_3+MgO	5.23	2.00	4.74	3.99
Al_2O_3/SiO_2	0.1086	0.1559	0.3363	0.2003
K_2O/Na_2O	0.7734	0.5735	0.3048	0.5506
Al_2O_3/Na_2O+CaO	3.4877	2.5788	1.8247	2.6304
SiO_2/Al_2O_3	9.208	6.416	2.974	6.1993
K_2O/Na_2O+CaO	0.63	0.72	0.86	0.7367

在 Bhatia（1983）砂岩主要氧化物构造环境判别图解中（图 2-41）多数落入或接近大陆岛弧区。

在 Maynard（1982）$SiO_2/Al_2O_3-K_2O/Na_2O$ 构造背景判别图解中（图 2-42），1 件接近被动大陆边缘环境，2 件为活动大陆边缘环境。

在方国庆（1993）$K_2O/(Na_2O+CaO)-SiO_2/Al_2O_3$ 判别图解中（图 2-43）全部落入活动大陆边缘区。

在 Rose 等（1986）$K_2O/Na_2O-WSiO_2\%$图解中（图 2-44）1 件落入大洋岛弧区，另外 2 件落入活动大陆边缘区。

在 Blatt 等（1972）$Fe_2O_3+MgO-Na_2O-K_2O$ 图解中（图 2-45）全部落入优地槽区。

综合各种化学成分与 Bhatia、Maynard 平均参数值比较，朗县混杂岩是一种物源区母岩组分相对复杂，是活动大陆边缘构造环境下的产物。

2. 微量元素

微量元素地球化学特征，也是分析母岩类型和判别物源区构造环境的有效手段之一。一般情况，微量元素在各类沉积岩中的含量呈有规律性的变化。在沉积作用过程中，元素以不同的形式发生迁移，其中呈溶液状态搬运的元素在化学岩或生物岩中聚集，呈胶体形式搬运的元素易为粘土所吸附，最大值出现在泥质岩中。而呈碎屑矿物搬运的最大值则多集中在砂岩和粉砂岩中。随着陆源区构造活动的减弱和化学风化作用的增强，各类岩石和矿物遭受破坏和分解的程度也逐渐增强，元素（除 Si 外）在砂岩中的含量变贫，而在泥质岩和硅酸盐岩中则有所聚集。陆源区化学风化作用愈强烈，元素向泥质岩—碳酸盐中聚集的趋势就愈强。

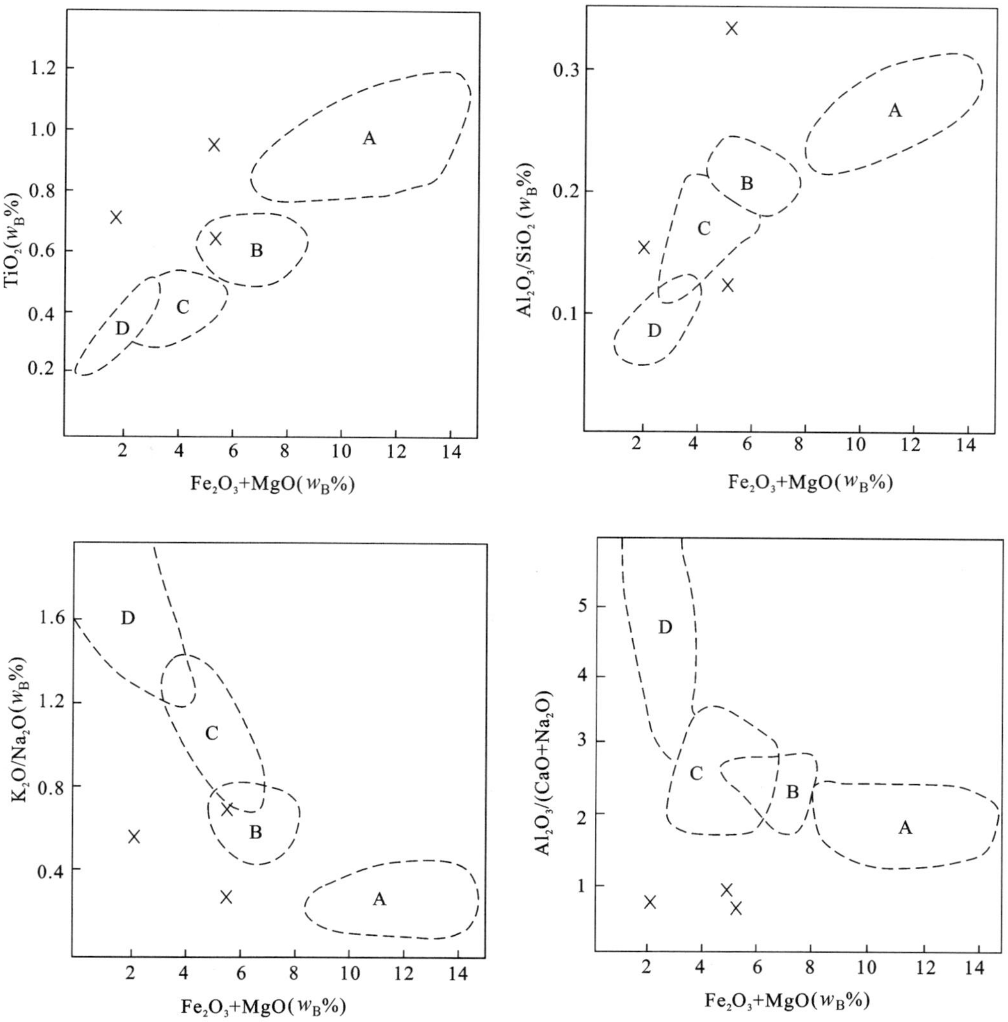

图 2-41　朗县混杂岩砂岩主要氧化物构造环境判别图解

(据 Bhatia，1983)

A. 大洋岛弧；B. 大陆岛弧；C. 活动大陆边缘；D. 被动大陆边缘

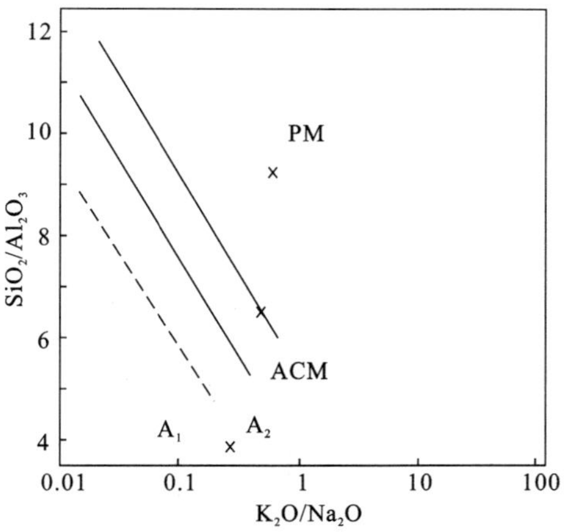

图 2-42　朗县混杂岩砂岩 SiO_2/Al_2O_3 与 K_2O/Na_2O 构造背景判别图

(据 Maynard 等，1982)

PM. 被动大陆边缘；ACM. 活动大陆边缘

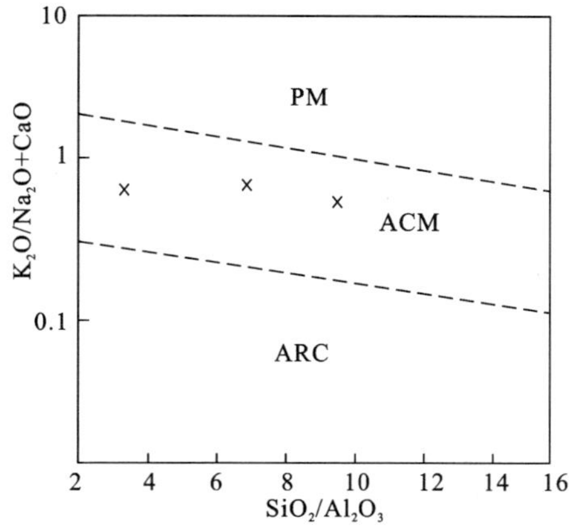

图 2-43　朗县混杂岩砂岩 $K_2O/(Na_2O+CaO)-SiO_2/Al_2O_3$ 判别图

(据方国庆，1993)

PM. 被动大陆边缘；ACM. 活动大陆边缘；ARC. 大洋岛弧

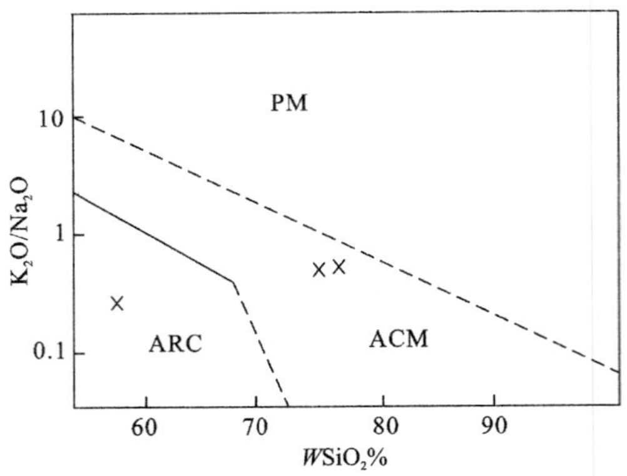

图 2-44 朗县混杂岩砂岩 $K_2O/Na_2O - WSiO_2\%$ 图解

(据 Rose 等，1986)

PM. 被动大陆边缘；ACM. 活动大陆边缘；ARC. 大洋岛弧

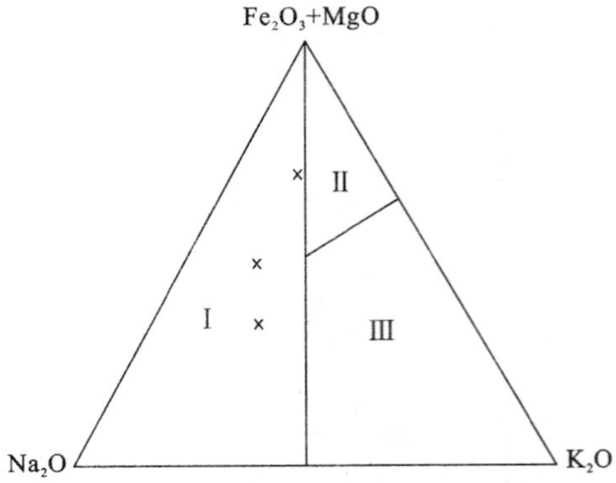

图 2-45 朗县混杂岩砂岩(Fe_2O_3＋MgO)－$Na_2O - K_2O$ 图解

(据 Blatt 等，1972)

Ⅰ. 优地槽；Ⅱ. 准地槽；Ⅲ. 断裂地槽

测区朗县混杂岩砂岩微量元素含量见表 2-14，与涂和费(1962)相比，Sc、Th、Co 偏高，与不同构景砂岩微量元素特征参数比较(据 M. R. Bhatia，K. A. W. Crook，1986)，为大陆岛弧构造环境。

表 2-14 朗县混杂带碎屑岩微量元素特征表($\times10^{-6}$)

样品 \ 元素	Sc	Zr	Th	Co	Ni	Ti	Zr/Th	La/Y	La/Th	La/Sc	Th/Sc	Ti/Zr	TiO_2 %
ZR5301－25	8.1	379	9.7	8.4	16.3	3 023	39.07	1.42	3.23	3.87	1.20	7.98	0.61
ZR5014－32	10.6	356	8.1	8.2	19.5	1 726	43.95	1.38	3.68	2.82	0.76	4.85	0.69
ZR5303－20	15.7	82	1.0	17.4	29.1	3 074	82.00	0.75	7.08	0.45	0.06	37.49	0.93
$\overline{X}$	11.5	272	6.3	11.3	21.6	2 608	21.67	0.71	4.66	2.38	0.67	16.77	0.74

在 Bhatia(1983)La－Th 判别图解中(图 2-46)投点多落入 La/Sc＝4 界线附近，1 件落入大洋岛弧区，2 件落入大陆岛弧区。

在 Bhatia(1983)La－Th－Sc 判别图解中(图 2-47)，1 件落入大洋岛弧区，2 件落入大陆岛弧区。

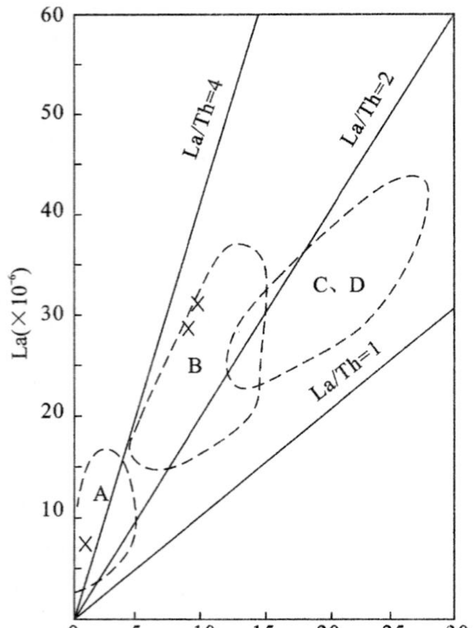

图 2-46 朗县混杂岩砂岩构造环境 La－Th 判别图解

(据 Bhatia，1981)

A. 大洋岛弧；B. 大陆岛弧；C. 活动陆缘；D. 被动陆缘

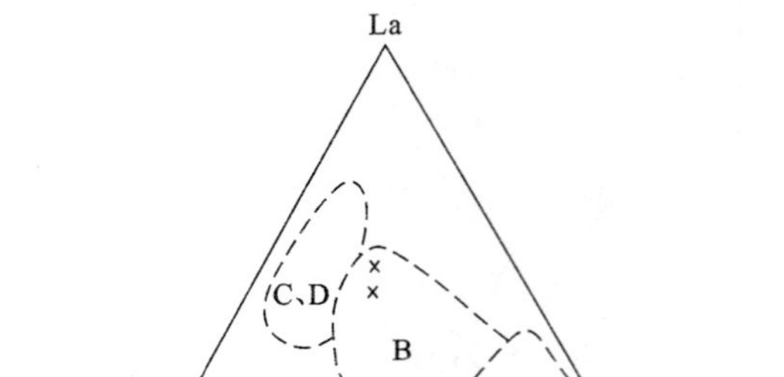

图 2-47 朗县混杂岩砂岩构造环境 La－Th－Sc 判别图解

(据 Bhatia，1981)

A. 大洋岛弧；B. 大陆岛弧；C. 活动陆缘；D. 被动陆缘

在 Th－Co－Zr/10(图 2-48)和 Th－Sc－Zr/10 判别图解中(图 2-49),投点基本相同,1 件落入大洋岛弧区,2 件落入大陆岛弧区。

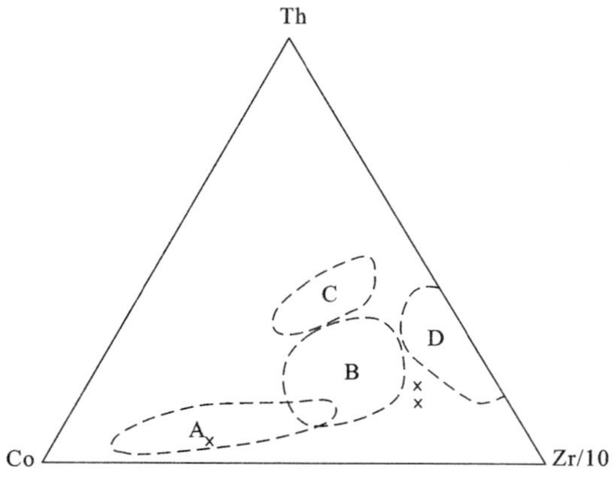

图 2-48　朗县混杂岩砂岩构造环境
Th－Co－Zr/10 判别图解
(据 Bhatia,1981)
A. 大洋岛弧;B. 大陆岛弧;C. 活动陆缘;D. 被动陆缘

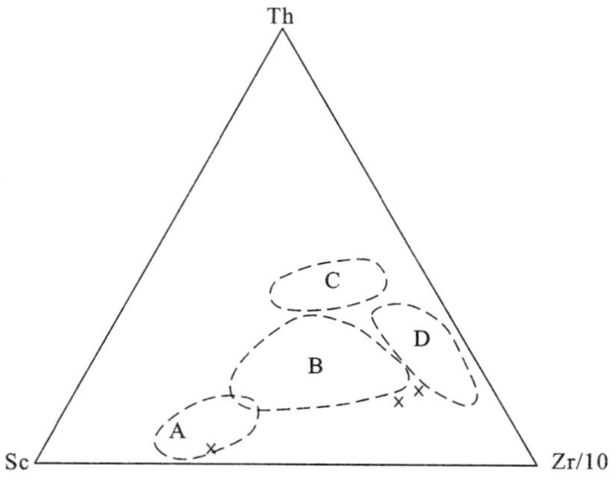

图 2-49　朗县混杂岩砂岩构造环境
Th－Sc－Zr/10 判别图解
(据 Bhatia,1981)
A. 大洋岛弧;B. 大陆岛弧;C. 活动陆缘;D. 被动陆缘

3. 稀土元素

稀土元素以其稳定的地球化学性质,除在特殊的风化壳或大陆上强烈的风化残余物发生富集或贫化外,一般沉积物受这些红成岩和后生改造作用的影响较小。即使在高级变质作用形成的麻粒岩相中也仅有很弱的活动性。在表生条件下,沉积物中稀土元素的含量主要受它们母岩中的丰度和物源区风化条件的控制,而后者同时受物源区构造背景的制约。因此,稀土元素的含量及配分型式。可以真实地反映沉积建造的母岩特征和物源区的构造性质(Bhatia,1986)。

朗县混杂岩稀土元素及特征参数见表 2-15,$\sum$REE 53.43$\times10^{-6}$～179.11$\times10^{-6}$,平均 133.49$\times10^{-6}$,LREE/HREE1.40～8.97,平均 6.16,$(La/Yb)_N$4.55～9.19,平均 7.26,δEu0.79～1.15,平均 0.89。稀土元素据球粒陨石配分型式(Boynton,1984),呈右倾式轻稀土富集型,重稀土平坦型,Eu 负异常,类似于 Bhatia(1985)活动大陆边缘构造环境。而据北美页岩配分型式(Haskin 等,1968),δEu0.72～1.65,平均 1.17,$(La/Yb)_N$0.65～1.41,平均 1.13,稀土元素配分型式平坦型,Eu 异常不明显(图 2-50),个别变化大,总体类似于 Bhatia(1985)活动大陆边缘构造环境。

综上朗县混杂岩的岩石化学及地球化学特征,其应为大陆岛弧至活动大陆边缘的构造环境的产物。

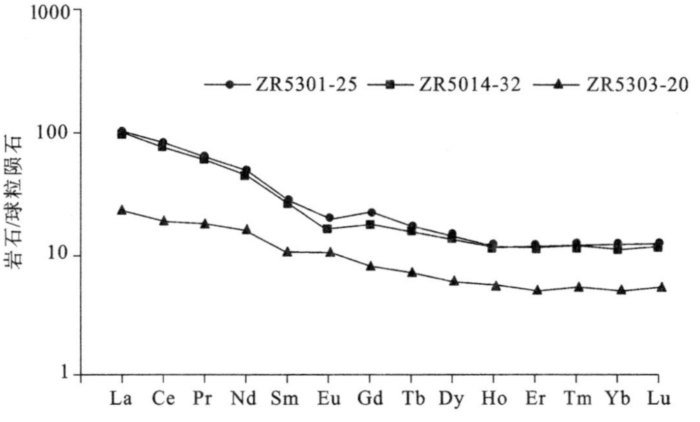

图 2-50　朗县混杂带砂岩稀土配分曲线图
(据 Boynton,1984)

表 2-15　朗县混杂岩碎屑岩稀土元素特征表($\times 10^{-6}$)

元素＼样品	ZR5301－25	ZR5014－32	ZR5303－20	$\bar{X}$
La	31.34	29.84	7.08	22.75
Ce	66.15	56.09	15.36	45.87
Pr	7.31	6.92	2.14	5.46
Nd	28.08	25.05	9.50	20.87
Sm	5.49	4.54	2.04	4.02
Eu	1.45	0.71	0.77	0.98
Gd	5.60	4.03	2.03	3.89
Tb	0.82	0.63	0.33	0.59
Dy	4.60	3.54	1.85	3.33
Ho	0.84	0.73	0.39	0.65
Er	2.36	2.12	1.06	1.85
Tm	0.38	0.32	0.17	0.29
Yb	2.30	2.04	1.05	1.80
Lu	0.36	0.31	0.17	0.28
Y	22.03	17.63	9.47	16.38
ΣREE	179.11	167.94	53.43	133.49
LREE/HREE	8.10	8.97	1.40	6.16
(La/Yb)N	1.32	1.15	0.73	1.07
δEu	1.11	1.07	1.65	1.28

(三) 混杂岩时代讨论

在混杂岩的基质炭质绢云千枚岩中获孢粉：*Erlianpollis* sp.，*Brebimonosulcites* sp.，*Triporopollenites* sp.，*Cedripites* sp.，*Pinnspollenites* sp.，*P. elongus*，*P.* cf. *maximus*，*Picerites* sp.，*P. gigantea*，*Podocarpidite* cf. *amplus* 等，计有 7 个属 4 个种，时代为早白垩世。在西邻泽当一带蛇绿岩顶部硅质岩中放射虫有：*Paronaella* sp.，*Hsuum* sp.，*Crucclla* sp.，*Alievium* sp.，化石组合时代为 J_3－K_1。在玄武岩中获 Rb－Sr 等时年龄 168.24±11.03Ma，时代为 J_1。此外在基底残留岩片绿泥钠长角闪片岩中获 $^{40}Ar-^{39}Ar$ 坪年龄 995.94Ma，为元古代，而灰岩、大理岩岩块中含二叠系牙形石。综上所述，朗县混杂岩基质时代为早白垩世，可能包含部分晚侏罗世沉积，火山岩时代多为侏罗纪，构造混杂岩的时代可能为白垩纪。其中元古代绿泥钠长角闪片岩等及含 P_{1-2} 牙形石的大理岩岩块，可能为构造混杂卷入的早期不同环境、不同时代的构造块体。

第六节 第四纪地质

调查区地处我国西南边疆青藏高原南部，西藏南部喜马拉雅高山区东部和藏南山原河谷区地带。由于受晚新生代以来地壳运动强烈的构造隆升和外营力的影响，第四纪地质作用造就了测区特殊的地理位置和特殊的自然地质环境及地形气候的复杂多样，形成了调查区地势高峻巍峨、山高谷深、冰川发育、水流湍急，自然资源丰富。这里是青藏高原强烈隆升区和高山深切割地区。喜马拉雅山是世界上最年轻、最宏伟的活动造山带，是著名的"世界屋脊"，是中外科学家研究青藏高原的热点地区之一。

调查区第四纪沉积物调查，因地势险恶，通行艰难，植被覆盖大，其分布面积小而零散。因此，未做专门填图工作。

一、第四纪地貌

调查区地貌景观受青藏高原强烈隆升、第四纪新构造运动和外营力地质作用的影响，形成测区现代复杂的高山峡谷地貌景观。测区地势巍峨，自北西向南东倾斜，最大高差达 5979m。海拔 6000m 以上的山峰有 11 座以上。图幅西北最高海拔 6179m，东南缘错那县与墨脱县交界处河谷最低海拔仅 200m。高差大，水流湍急，地貌具明显的垂直地带性，形成丰富多彩的自然资源和独特多样的自然条件，为西藏南部喜马拉雅高山区东部和藏南山原河谷区地貌。

（一）最高山地貌特征

最高山地貌的绝对高程为大于 5000m，人称"生命禁区"。调查区最高山分布在测区北部喜马拉雅山脉主山脊南北两侧，北侧呈东西向分布在朗县不拿杠—米林县加布拉一线。南侧东西向分布在隆子县更日汪吉—贡布弄一线，海拔在 5032～6179m，海拔 6000m 以上的山峰有 11 座以上。最高山位于新构造运动强烈的隆起区，与近东西方向区域构造线一致，并且这里的上升运动至今仍在延续。外营力地质作用以冰川、寒冻风化和剥蚀作用为主，其冰川地貌广泛分布，形成高峰奇异，角峰、刃脊、冰斗、冰窖、融冻岩屑发育，现代冰川雄伟壮观，是登山探险、科学考察、冰川旅游资源开发最佳场所。

（二）高山地貌特征

高山地貌的绝对高程为 3500～5000m。调查区高山地貌分布广泛，地势相对平缓，冰川地貌发育，古冰川遗迹（如冰斗、冰川 U 形谷、冰湖等）及各种冰川堆积物等到处可见。喜马拉雅山构成青藏高原的南缘，呈近东西方向的大弧形展布，全长约 2400km，平均海拔 6000m 以上。然而，本区喜马拉雅山主山脊平均海拔约 4702m 左右，远低于喜马拉雅山其他地段。其中区内最高海拔为朗县与隆子县交界达古下仁现代冰川 5582m，最低海拔为米林县与墨脱县交界东拉垭口 3714m。由于区内东喜马拉雅山地势低缓，喜马拉雅山脉南坡的一些水系如西巴霞曲、巴加西仁河、约梅河等向北溯源侵蚀，以此推定，如果河流侵蚀作用继续进行下去，那么雅鲁藏布江将被它们袭夺。这一地貌特征显示地壳与藏南拆离系（STDS）伸展断裂发生的伸展构造导致了山体的下沉，即喜马拉雅山和青藏高原在抬升时在重力作用下发生过大规模的塌陷。同时显示了喜马拉雅山在发生南北向构造缩短时还伴随着东西方向的伸展，东部南迦巴瓦峰（7782m）的抬升与此构造有关。上述高山地貌中 4500～5000m 为地形较为平坦的高山草甸、灌木丛植物带，3500～4500m 为森林密布杂草丛生区，主要分布在测区东南部，自然资源丰富多彩。区内高山草甸和冰川湖泊周围是夏季优良的天然牧场。

（三）中山地貌特征

中山地貌是指绝对高程在1000～3500m，相对高程在100～1000m的山地。调查区中山地貌主要分布在高山与高原的边缘。在测区中部和南部高喜马拉雅山脉、低喜马拉雅山脉地区的山地，因与强烈隆起的最高山—高山带相毗连，受到新构造运动的影响，这些被抬高了的地壳，经长期的外营力——主要是流水侵蚀作用，形成了调查区现今的中山地貌。区内中山多为树枝状水系和格状水系。玉门曲—甲曲河—西巴霞曲、坎拉河、巴加西仁河—约梅河—锡约姆河等河谷亦多为“V”型谷，部分地区因受古冰川的作用，至今古冰川遗迹尚有保留，亦是区内自然资源及原始森林资源最丰富多彩的地区。

（四）低山地貌特征

区内低山地貌绝对高程小于1000m，仅少量分布在调查区东南部边缘。在错那县坎拉河—珞瑜，隆子县马拉、错那县卡瑞、墨脱县丽达之西巴霞曲，墨脱县西木河、锡约姆河等河谷一带，一般高程为500～1000m。其形成低山地貌的外营力主要是流水侵蚀。区内水系比较发育，多呈格状、树枝状和羽毛状，河流的溯源侵蚀和分割作用比较强烈，并经过长期的侵蚀作用，构成今日的低山地貌。

二、第四纪地层

调查区第四系主要分布于江河沟谷、山间盆地、冰川谷地、高山坡地等。第四纪沉积物岩性和成因类型复杂多样，主要为冲积、湖积、冰川堆积、残积、坡积、风积等。区内第四纪地层分布规模较小，仅据其所处的地理位置及其叠置关系、沉积环境的不同成因类型，划分为更新世和全新世地层。现按时代和成因类型以及其空间分布简述如下。

（一）更新世地层(Qp)

更新世湖积堆积物(Qp^l)主要分布于图区中部米林县折西岗—朗贡(图版Ⅷ-6)、北图边米林县松多浦—巴姆雄、洞弄浦等地一带，面积大于21.45km²。现将米林县郎贡、东拉北剖面描述如下。

(1)米林县朗贡水冲沟第四纪更新世湖积堆积物(Qp^l)剖面(图2-51)。

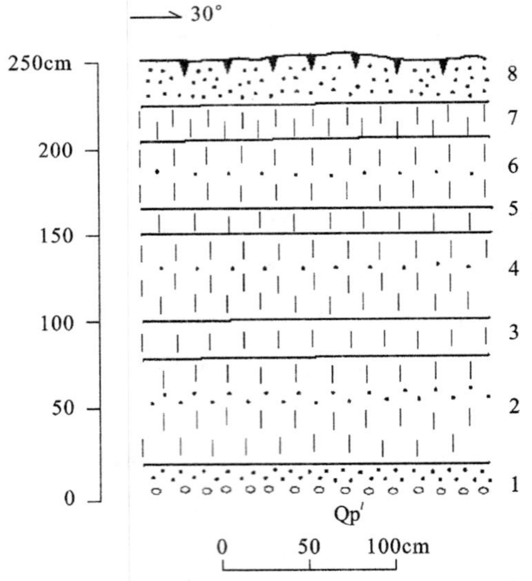

图2-51　米林县朗贡水冲沟第四纪更新世湖积剖面图

剖面位于米林县里龙乡朗贡曲北侧朗贡之日东水冲沟下游旁，地理坐标为东经93°41′39.1″、北纬28°46′08.1″，高程3730m，2001年6月填图路线测制，交通不便。现将岩性描述如下。

更新世湖积堆积物(Qp^l) $>$**2.50m**

8. 第四系腐质土层 0.25m
7. 深灰色粘土 0.20m
6. 灰、深灰色粘土、细砂层,二者之比为2:1,具水平纹层 0.40m
5. 深灰色粘土,具水平纹层 0.15m
4. 灰、深灰色粘土、细砂层,二者之比为2:1,具水平纹层 0.50m
3. 深灰色粘土,具水平纹层 0.20m
2. 灰、深灰色粘土、细砂层,二者之比为3:2,具水平纹层 0.60m
1. 灰色细砂层、细砾石层。砾石成分为砂岩、板岩、糜棱岩等,砾径1~2cm,砾石磨圆度呈次圆状 $>$0.20m

(未见底)

(2)米林县东拉北冲沟第四纪更新世湖积堆积物剖面(Qp^l)(图2-52)。

剖面位于米林县南伊珞巴民族乡喜马拉雅山脉主山脊东拉垭口(3714m)北之纳伊普曲东侧小冲沟,地理坐标为东经94°14′02.0″,北纬28°57′16.4″,高3200m,2001年7月填图路线测制。米林县城经南伊珞巴民族乡至来果桥有简易公路通行,交通较方便。现将岩性描述如下。

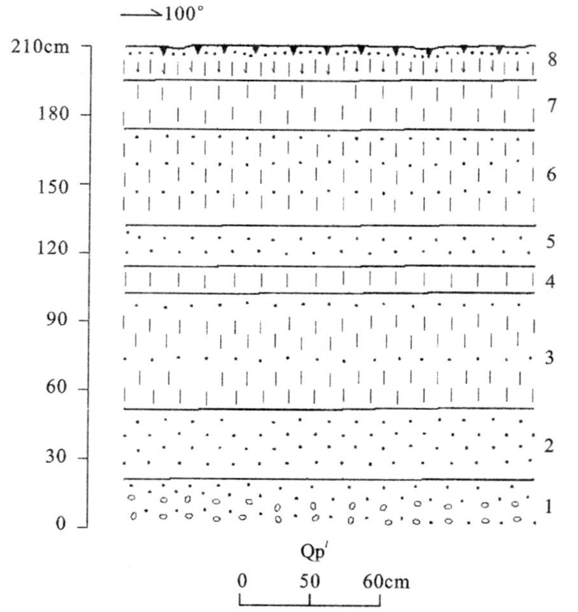

图2-52 米林县东拉北冲沟第四纪更新世湖积剖面图

更新世湖积堆积物(Qp^l) $>$**2.09m**

8. 腐质土层。由灰黑色壤土、粘土、植物根系组成 0.15m
7. 深灰色粘土层,具水平层理 0.20m
6. 灰色细砂、深灰色粘土层,具水平层理 0.42m
5. 灰色细砂层 0.20m
4. 深灰色粘土层,显水平层理 0.12m
3. 灰色细砂、深灰色粘土层,二者之比为2:1 0.50m
2. 灰细砂层 0.29m
1. 灰色细砂层、细砾石层。砾石成分为石英片岩、片麻岩、变粒岩、糜棱岩等,砾径1~2cm,无分选性,砾石磨圆度呈次圆状 $>$0.20m

(未见底)

东拉北剖面附近松多浦—巴姆雄纳伊普曲上游一带,湖积堆积物面积大于11.75km²,岩性为细砂,砾石、粘土,砾石成分为片岩、石英岩、糜棱岩、砂岩等,砾径0.2~2cm,砾石磨圆度呈次圆状,厚度大于8m;现地表为草地和湿地地貌景观,是著名的南伊珞巴民族旅游风景名胜区南部区和纳伊普曲自然保护区及放牧草场(图版Ⅷ-7)。

1980年,中国科学院古脊椎动物与古人类研究所陈万勇等,在林芝县城砖瓦厂第四纪剖面更新世湖积(Qp^{l})地层的底部灰色水平层理粘土层、夹有粉砂层中,采获脊椎动物化石野牛 *Bibos* sp. 和藤本植物化石,并在下部古藤本植物化石经^{14}C年龄测定距今大于或等于36 000年。据此,并依据区域岩性、岩相、成因类型划分对比,将区内更新世湖积堆积物时代划分为晚更新世(Qp^{3})。

此外,调查区内在雅鲁藏布江及其主要支流河谷高阶地和甲曲河等较为宽缓河谷盆地尚有更新世冲积堆积物(Qp^{al})分布。喜马拉雅山脉主山脊南北两侧主干河谷上游冰川谷、山麓及山间小盆地中有冰川泥砾、漂砾、砾石及砂土混合堆积的更新世冰川堆积物(Qp^{gl})及化学堆积(Qp^{ch})等。因其分布范围太小,图上未予表示。

在朗县雅鲁藏布江南吾竹村一带,河流阶地阶面宽150~500m,沿河谷分布。为冲积堆积物(Qp^{al})砂、砾石层。砾石成分复杂,以变质岩和火山岩居多,砾石磨圆度呈次圆、圆状。由于受新构造运动影响,最高一级阶地高出现代雅鲁藏布江水面280m左右。

在朗县章村东南约5km水冲沟中,海拔4110m±,见长160m的第四纪化学堆积物(Qp^{ch})(图版Ⅷ-8、图版Ⅸ-1)。岩性为浅灰—灰黄色厚层状钙质胶结的角砾岩,角砾成分为砂岩、泥岩、板岩及火山岩、白色多孔的石灰华(钙华)。角砾大小不等,一般1~2cm,最大达0.5m,无分选和无定向排列,角砾磨圆度呈棱角状,胶结物以钙质为主,基底式胶结较紧密。地表似灰岩、泉华,偶见有石钟乳。我单位首次在石灰华中发现和采获古生物化石:高山栎 *Quercus semicarpifolia* Smith,失衡丽蚌 *Lamprotula* cf. *tortuosa*(Lea)。因此,将其时代暂置于更新世(Qp)。

(二) 全新世地层(Qh)

全新世松散堆积物在调查区内各地均有零星分布。根据堆积物成因类型的主要标志地貌、岩性、岩相等特征划分,有冲积、风积、坡积、残积、冰川堆积等。除冲积堆积外,其他因出露范围太小,图上未予表示。

全新世冲积堆积物(Qh^{al}):广布于雅鲁藏布江河谷和主要支流的低阶地中。在朗县雅鲁藏布江河谷达浪和及其支流河谷金东曲一带,冲积堆积物面积大于9.55km²。冲积堆积物为灰、浅灰色砂、砾石、砂质粘土。砾石成分复杂有花岗岩、石英岩、片岩、板岩、基性、超基性岩等。砾石磨圆度良好,厚度大于40m。达浪一带低阶地海拔3070m,与现代雅鲁藏布江水面海拔比较,相对高差达50余米,表明新构造运动的抬升作用及河流下切作用强烈。扎西唐村和农田就坐落在第四纪堆积物之上。朗县达浪(雅鲁藏布江)、拉多(普曲河)等地河床冲积砂、砾石层可用于建筑用砂、卵(砾)石建材原材料资源基地。

全新世风积堆积物(Qh^{eol}):主要见于朗县雅鲁藏布江河谷沿岸扎西唐村等地一带,分布海拔3020~3120m,面积约4km²。为风积物浅灰、灰、灰黄色细砂堆积而成。风积地貌类型有沙地、沙丘、沙包、沙垅、新月形沙丘等。其中以沙丘分布较广,覆盖于第四纪全新世冲积堆积物(Qh^{al})之上。雅鲁藏布江朗县扎西唐村一带风积物沙丘、沙垅等地貌景观可作为旅游资源开发价值的地学景观资源和科普资源。

坡积(Qh^{dl})、残积(Qh^{el})堆积物:广泛分布于高山缓坡、山麓、河谷两侧地带及基岩岩石遭受风化作用在原地残留堆积地区。尤以海拔3000m以上地带发育(图版Ⅸ-2)。堆积物物质组成复杂均为砾石、砂土、残积土等堆积。其成分随各地基岩岩石性质不同而异。局部地区可见崩塌、撒落形成倒石堆堆积及土层流动泥石流堆积。

冰川堆积物(Qh^{gl}):分布于现代冰川末端、冰川谷中和高山地带。主要有冰川泥砾、冰水泥砾及冰缘堆积等。冰川堆积物由砾石、砂土、泥砾混合堆积而成。其碎屑成分因地而异,与冰川流经的附近基岩岩石相吻合。

三、第四纪冰川

冰川又称冰河,是由积雪形成的一种能运动的冰体。它具有运动速度缓慢、铲刮和携带碎屑物能力强的特点，又具有可塑性、脆性、独立的内部结构等特性，致使冰川产生了一系列独特的刨蚀、搬运、沉积规律。

世界上根据对古冰川的研究表明，在地球地质史上曾发生过震旦纪、晚古生代和第四纪三大冰期。由于第四纪冰川遗迹较多，保存较好，因此第四纪冰川是目前冰川地质学的主要研究内容。第四纪冰川期的研究，在对社会主义建设及对人们认识自然界的规律方面，及在划分第四纪地层、普查找砂矿、水文地质、工程地质方面等都具有独特的意义。

（一）冰期的划分与对比

调查区第四纪冰川遗迹发育，为喜马拉雅山冰川发育地区之一。区内海拔 3910m 以上的现代海洋性冰川奇丽壮观，总面积大于 $240km^2$。是研究西藏冰川资源现状、变化和趋势、冰川旅游资源开发、水资源和气候监测等的地区。因研究程度低，划分和对比依据中国科学院青藏高原综合科学考察队在 1986 年出版的《西藏冰川》和《西藏自治区区域地质志》(1993)(表 2-16)。现将区内第四纪冰川粗略划分对比如下。

表 2-16 1∶25 万扎日区幅第四纪冰期划分与对比表

<table>
<tr><td rowspan="3">时代</td><td colspan="3">《西藏冰川》
（中科院青藏高原综合科学考察队）
1986 年</td><td>《西藏自治区区域地质志》
1993 年</td><td colspan="3" rowspan="2">1 ∶ 25 万扎日区幅
2004 年</td></tr>
<tr><td colspan="3">珠穆朗玛峰地区</td><td>喜马拉雅区</td></tr>
<tr><td colspan="2">冰期、间冰期</td><td>特 征</td><td></td><td>冰期、间冰期</td><td>分布高度
(m)</td><td>特 征</td></tr>
<tr><td rowspan="3">全新世</td><td rowspan="3">冰后期</td><td>现代</td><td>现代冰川长数千米～20 余千米，雪线 6200～5800m，末端 5000m 以上</td><td rowspan="3">沉 错 组</td><td>现 代</td><td>3910～6179</td><td>现代冰川、雪线、冰陡崖、冰裂缝、冰迹、角峰、刃脊、冰斗</td></tr>
<tr><td>绒布德小冰期</td><td>距现代冰川末端 2.2km，海拔 5100m 的绒布德前进型终碛</td><td>新冰期</td><td>4200～5300</td><td>现代冰川末端终碛、冰川 U 形谷、冰湖、角峰、刃脊、冰斗</td></tr>
<tr><td>亚里期</td><td>聂拉木北面亚里石灰华台地（高山灌丛植物化石）</td><td>第二间冰期</td><td>3500～4800</td><td>阶地、风化剥蚀、冲积、坡积、残积、洪积等堆积</td></tr>
<tr><td rowspan="3">晚更新世</td><td rowspan="3">珠穆朗玛冰期</td><td>珠穆朗玛冰期
Ⅱ
绒布寺阶段</td><td>海拔 5000m 的绒布寺终碛</td><td>挪捉普冰碛</td><td>第二冰期</td><td>4500～5000</td><td>冰蚀、冰碛、冰缘地形及冰川沉积</td></tr>
<tr><td>间阶段</td><td>中级冰水阶地</td><td>碳酸岩风化壳</td><td>第一间冰期</td><td>3200～3500</td><td>湖积、冲积、碳酸盐风化壳</td></tr>
<tr><td>珠穆朗玛冰期
Ⅰ
基龙寺阶段</td><td>海拔 4780m 的基龙寺残破终碛</td><td>凯尔戈冰碛</td><td>第一冰期</td><td>2800～4500</td><td>冰川谷、冰碛、冰斗、冰湖、鼓丘、终碛</td></tr>
</table>

（二）冰川特征

第一冰期：主要分布主要支流河谷阶地上的冰碛物，海拔 2800～4600m。因受新构造抬升作用，为现代沟谷切割、剥蚀，其冰川遗迹保存较差。在朗县拉多、秀村南麦龙贡曲、燃木章西南港浦，隆子县曲松、马及墩等地有冰蚀谷、冰川沉积物分布。

第二冰期：本次冰期在区内最为发育，在喜马拉雅山南北两侧等地均可见及，分布高度 4600～5000m。保留的第四纪冰川地形较显著，以图幅内朗县太玛期、边嘎普上游、错许岗、秀村西南吃来淌、博沙拉等地一带最为特征。由于冰雪区供给面积较大，剥蚀物质丰富，形成了较厚的冰碛砾石层、泥砾层，并形成多级台地及扇形地形。所见冰川遗迹有冰川 U 形谷、角峰、刃脊、冰斗、侧碛、终碛、冰川湖泊等。除上述冰蚀地形、冰碛地形外，还有散布于冰斗、冰窖、冰川谷地底部消融碛、冰川漂砾、鼓丘、羊背石等。

全新世新冰期：主要分布于现代冰川末端，以中碛、底碛为主，海拔 4200～5300m 左右。以朗县格极拉、柯马于布、龙骨多拉、本布拉、龚章日、隆子县达古下仁、巴日阿果中碛、底碛为代表。隆子县达古下仁等地冰碛分布海拔较低，为 4200～4700m，以中碛为主。

此期冰川遗迹地貌特征较发育，一般保存较好。有冰蚀地形和冰碛地形、冰缘地形。由于冰川刨蚀作用，冰蚀地形主要有冰斗、冰川谷、角峰与刃脊等。冰碛地形主要为消融碛和块砾碛，这是当时冰川侵蚀、搬运而堆积下来的冰碛物，砾石成分均与冰川所在地或流经的基岩相一致。有中碛垅地形、前碛垅地形(尾碛垅、终碛垅)、冰川扇地形、冰川阶地、冰川湖、锅穴等。冰缘地形的形成主要是受寒冷的气候影响，在冰冻和冻融作用下形成的，主要为融冻风化形成的寒冻石流(石海、石坡、石河)等。

全新世现代冰川：为喜马拉雅山冰川地区之一。区内巍峨壮观的现代山岳冰川地貌发育，分布在海拔 3910m 以上地区，面积大于 240km^2。新构造运动强烈，高原抬升，山势巍峨，河流切割，江河奔腾，地质遗迹珍贵，地质奇观诱人。冰川大者长达 6.5～22km 以上，宽 0.5～5.5km 左右。其中较大的冰川有朗县太玛期—格极拉冰川、朗县米林县与隆子县三县交界山脊之达古下仁—达波西日冰川、朗县与隆子县交界喜马拉雅山脉主山脊龙骨多拉冰川、隆子县郎章拉冰川、隆子县错那县交界山脊借崩拉冰川等。具有登山探险、科学考察、冰川旅游资源的开发利用优势，是西藏最典型、最完美的冰川地质公园地之一。由于古、今冰川作用的结果，地形复杂，主要显示角峰林立(图版Ⅸ-3、Ⅸ-4、Ⅸ-5)刃脊纵横，并发育典型的 U 形谷和保存完整的冰斗、冰窖、冰舌。在不同的高度上点缀着宝珠般的大小冰川湖泊。在一些冰川 U 形谷的冰湖上、下、冰坎附近，保存有完好的基岩羊背石等种种冰川遗迹。现今海拔 4500m 以上的地区，融冻物理风化作用强烈，发育融冻岩屑，于平缓处形成石海，于山坡堆积岩屑坡(图版Ⅸ-6)。融冻岩屑上尚无植被覆盖，表明这类地带冰川的刨蚀作用仍在继续进行。

调查区雅鲁藏布江以南，在西北部吃来淌西南 1.7km 处地形雪线与冰舌低到海拔 4800m 森林中，形成冰川修剪线，北部在米林县与朗县南北向山脊交界以东朗格拉冰川修剪线海拔 4680m，中西部喜马拉雅山脉主山脊：在朗县与隆子县交界龙骨多拉一带，海拔 4700m，本布拉一带海拔 4500～4800m。西部喜马拉雅山脉主山脊以南由隆子县朗章拉一带，地形雪线与冰舌低到海拔 4420m，木比丁隆子县与错那县交界山脊以南，地形雪线低到海拔 3930m，在甲曲河错那县与隆子县交界山脊一带，海拔 3920～3980m。上述冰川修剪线的海拔高度表明，本区现代冰川属季风海洋性冰川。

第三章 岩 浆 岩

测区岩浆侵入活动频繁，超基性、基性、中性及酸性岩均有出露，以图幅北部和南部的酸性岩分布较广，总面积为 509.1km²，占测区的 3%(图 3-1)(表 3-1)。

表 3-1 测区侵入岩体一览表

编号	岩体名称	岩石类型	代号	面积(km^2)	编号	岩体名称	主要岩石类型	代号	面积(km^2)
(1)	寿嘎长	变质超基性岩	$K\Sigma$	0.1	(13)	吃米淌	纯橄岩	$K\psi$	3
(2)	卒金多	花岗闪长岩	$K_1\gamma\delta$	3.5	(14)	洛母	变质超基性岩	$K\Sigma$	0.15
(3)	才江俄马	英云闪长岩	$K_1\gamma\delta o$	128	(15)	松波浦	辉绿岩	$K\beta\mu$	0.5
(4)	巴弄	变质超基性岩	$K\Sigma$	0.1	(16)	玉门	辉橄岩	$K\Psi\sigma$	1
(5)	赛穷多	花岗闪长岩	$K_1\gamma\delta$	6	(17)	秀让	辉绿岩	$K\beta\mu$	0.1
(6)	4790 高程点	斑状黑云二长花岗岩	$K_2\pi\eta\gamma\beta$	0.9	(18)	3908 高程点	辉绿岩	$K\beta\mu$	0.1
(7)	龙则	变质超基性岩	$K\Sigma$	0.15	(19)	4322 高程点	变质超基性岩	$K\Sigma$	0.15
(8)	倍朗	花岗闪长岩	$K_1\gamma\delta$	4	(20)	棒三岗	辉橄岩	$K\Psi\sigma$	0.15
(9)	帮木拉岗	变质超基性岩	$K\Sigma$	0.2	(21)	朗久	辉长岩	$T_3\nu$	0.1
(10)	错帮嘎	花岗闪长岩	$K_1\gamma\delta$	1.5	(22)	贡布弄	白云母花岗岩	$N_1\gamma m$	22
(11)	洞弄嘎	石英闪长岩	$K_1\delta o$	22	(23)	塔河	白云母花岗岩	$N_1\gamma m$	315
(12)	拉多沟	变质超基性岩	$K\Sigma$	0.4					

从表 3-1 可以看出，全区共圈出各类岩体 23 个，依据岩石类型、接触关系及同位素年龄资料，将区内侵入岩归纳为晚三叠世超基性、基性侵入岩，早白垩世石英闪长岩、英云闪长岩、花岗闪长岩，晚白垩世似斑状黑云二长花岗岩，白垩纪超基性岩和中新世白云母花岗岩，以及各种脉岩等。现将其基本特征分述如下。

第一节 基性-超基性岩侵入岩

一、晚三叠世超基性、基性侵入岩

晚三叠世侵入岩主要见于玉门、马及墩等地。岩石有超基性岩、基性岩类，出露一般宽 0.5～1.5km，长 1～2.5km，面积约 5.2km²。呈东西向小岩体(群)分布于玉门混杂岩带中，岩群一般呈挤压紧密的构造块体产出(图版Ⅹ-5)，为玉门混杂岩带的重要组成部分。现将带内超基性、基性岩分述如下。

（一）超基性岩

本类岩石计有松波浦(15)、玉门(16)、4322 高程点(19)、棒三岗(20)4 个小岩体群，岩体群由 2～3 条组成，岩体与围岩普遍具断层接触，围岩未见接触变质现象。一般在外接触带产生碎裂岩化，内接触带时有蛇纹石、滑石具片理化的特征。岩石以辉石橄榄岩为主，少量为变质超基性岩。

强蛇纹石(滑石)化单辉橄榄岩：变余粒状结构(图版Ⅹ-6、Ⅹ-7)、辉石反应边结构，主要矿物成分以自形粒状橄榄石为主，半自形短柱状单斜辉石(22%)，棕色普通角闪石(3%)，副矿物有磁铁矿(4%)。

全白云石滑石化辉石橄榄岩：自形粒状假象结构(图版Ⅺ-1)，块状构造。主要矿物成分以橄榄石(全白云石滑石所取代)为主，含短柱状辉石(全白云石滑石所取代)(20%)，棕色普通角闪石(2%)，副矿物有粉末状金属矿物及磷灰石等。

蛇纹石化含斜长单辉橄榄岩：自形—半自形粒状结构(图版Ⅹ-8)，包嵌结构，块状构造。主要矿物成分有自形粒状橄榄石(70%～75%)，半自形—他形单斜辉石(15%)，他形斜长石(8%)。次生蚀变矿物有蛇纹石、绿泥石。副矿物有铬尖晶石(1%)、钛铁矿、磁铁矿等。

全碳酸盐化蛇纹石化超基性岩：全蚀变粒状假象结构，块状构造。主要矿物成分以蛇纹石(呈粒状橄榄石假象)为主，含辉石(为隐晶、显微微粒状集合体取代)(35%)，他形粒状棕色角闪石(2%～3%)，无色纤状次闪石(4%～5%)，副矿物有粉末状金属矿物(4%)、磷灰石等。

岩石的化学成分(表 3-2)，与中国同类岩石纯橄榄岩平均化学成分相比，SiO_2 34.23～39.66，基本一致。Al_2O_3、CaO、TiO_2较高，MgO、碱质普遍偏低，成分介于角闪橄榄岩和纯橄岩之间。含铁指数 24.9～35.6 较低，镁质指数 64.4～75.1 高。标准矿物组合主要为 Or、Ab、An、Di、Hy，Ol，仅个别出现刚玉分子，主要属正常类型。

表 3-2　晚三叠玉门、马及墩超基性岩岩石化学成分表

样号	岩石名称	氧化物含量(%)												
		SiO_2	TiO_2	Al_2O_3	Fe_2O_3	FeO	MnO	MgO	CaO	Na_2O	K_2O	P_2O_5	烧失量	总量
ZR5203-1	强蛇纹石化单辉橄榄岩	39.66	0.78	6.48	4.16	7.17	0.17	27.16	5.22	0.08	0.31	0.14	7.72	99.05
ZR5203-7-2	蛇纹石化单辉橄榄岩	38.33	0.46	4.26	6.59	4.97	0.16	31.64	2.36		0.13	0.05	9.89	98.84
ZR5203-7	蛇纹石化单辉橄榄岩	38.6	0.53	5.36	5.35	5.78	0.14	29.67	3.33		0.1	0.07	9.39	98.32
ZR5203-35	强蛇纹石化单辉橄榄岩	39.64	1.01	7.25	4.08	8.3	0.15	24.44	6.03	0.2	0.12	0.21	7.02	98.45
ZR5203-37	全白云石滑石化辉石橄榄岩	34.23	0.48	4.47	0.75	8.56	0.11	28.12	2.64		0.01	0.06	19.01	98.44
ZR5203-63	全碳酸盐化蛇纹石化超基性岩	38.75	0.98	9.05	0.78	9.75	0.16	19.04	9.49		0.05	0.1	10.19	98.34
LZ460-37	蛇纹石化含斜长单辉橄榄岩	38.4	0.59	8.41	6.06	5.73	0.15	26.85	2.83	0.28	0.25	0.17	12.67	102.39

续表 3-2

样号	CIPW 标准矿物含量(%)										岩石化学指数		
	An	C	Di	Hy	Ab	Or	Ol	Ap	Il	Mt	铁质指数	镁质指数	f/m
ZR5203－1	16.2		6.52	56.9	0.64	1.72	9.48	0.35	1.61	6.6	29.4	70.6	4.4
ZR5203－7－2	11.4		0.09	64.9		0.76	11	0.14	0.99	10.7	26.8	73.2	5.1
ZR5203－7	14.5		0.83	64.7		0.56	9.15	0.44	1.14	8.71	27.3	72.7	4.9
ZR5203－35	18.3		7.62	58.3	1.57	0.66	4.49	0.53	2.09	6.47	33.6	66.4	3.6
ZR5203－37	13.8		0.43	55.2		0.05	27.7	0.19	1.14	1.36	24.9	75.1	5.4
ZR5203－63	25.1		17.5	50.3		0.3	3.08	0.25	2.11	1.28	35.6	64.4	3.2
1LZ460－37	13	3.28		66.6	2.22	1.41	1.99	0.44	1.25	9.79	30.5	69.5	4.2

岩石 MgO/〈FeO〉4.3～7.1，介于镁质超基性岩和铁质超基性岩之间，在 MgO/〈FeO〉对基性度 MgO＋〈FeO〉/SiO_2 的图解(图 3-2)中，均落在Ⅲ区一个狭窄范围内(按该图划分属铁镁质)。它们与我国祁连山地槽、内蒙地槽以及中国各地槽区超基性岩平均成分非常接近(青藏高原地质论文专辑，1982，邓万明)。

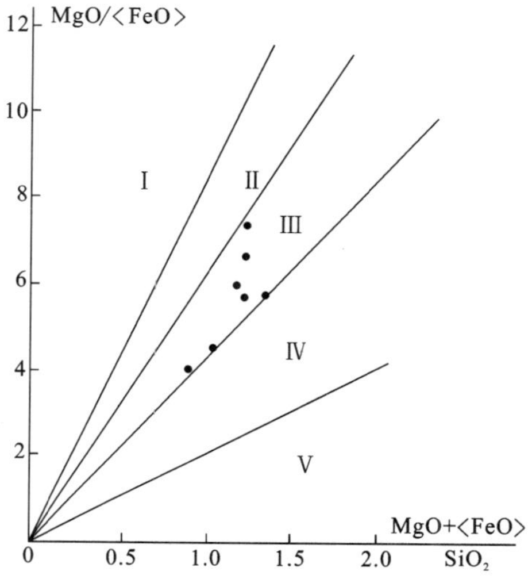

图 3-2 变质超镁铁岩 MgO/〈FeO〉-(MgO＋〈FeO〉/SiO_2)关系图解

(据张雯华，从柏林，1976)

Ⅰ.超镁质区；Ⅱ.镁质区；Ⅲ.铁镁质区；Ⅳ.镁铁质区；Ⅴ.铁质区

岩石的微量元素含量列于表 3-3 中，与维式值相较普遍较高。与原始地幔(Jagouty，1979)相比，大离子亲石元素 Rb、Sr、Ba 等较接近，而 Zr、Hf、Nb、Ta 总体较高，说明源区地幔岩在部分熔融之前可能经历过一些不相容元素的交代富集作用，显示富化地幔岩特征。

表 3-3 晚三叠世玉门、马及墩超基性岩微量元素含量表($\times10^{-6}$)

样号	ZR5203－1	ZR5203－7	ZR5203－7－2	ZR5203－35	ZR5203－37	ZR5203－63	LZ460－37*
岩石名称	强蛇纹石化单辉橄榄岩	纹石化单辉橄榄岩		强蛇纹石化单辉橄榄岩	全白云石化滑石化单辉橄榄岩	全碳酸盐化蛇纹石化超基性岩	蛇纹石化含斜长单辉橄榄岩
Sc	24.5	23.4	24.9	25	27	23.2	11
Rb	14.4	7.2	8.6	10.4	3.6	5.9	5.9
Sr	171	38.2	23.7	59.6	191	211	24

续表 3-3

样号	ZR5203－1	ZR5203－7	ZR5203－7－2	ZR5203－35	ZR5203－37	ZR5203－63	LZ460－37*
Zr	48.9	30.6	29.4	65.4	24.2	56	46
Nb	9.7	5.1	5.4	15.3	4.4	9.4	
Ba	183	51.1	113	82.5	34.8	30	37
Hf	1	1	1	1	1	3.6	3
Ta	2.92	2.96	2.61	3	1.96	2.6	
Th	9.3	4	13.2	4.2	11.8	4	1
Ga	9.86	8.12	8.15	9.8	7.05	10.34	
V	41.4	29.9	22.5	43.6	20.3	111	84
Cr							402
Co							97
Ni							1 066
Ti	4890	3424	2938	5754	3630	5265	
Cu	108	85	93.4	101	51.4	77.2	69
Pb							2.3
Zn	75.2	65.7	58.6	57.5	78	71.8	80
Cs	18.9	10.4	11.2	7.9	17.4	3.9	
Li	32.4	28.8	29	45.4	130	80.7	
W	0.43	0.32	0.32	0.32	0.43	0.32	
Sn	0.5	0.5	0.5	0.5	0.1	0.5	
Be	0.1	1	0.1	0.1	1.2	0.1	

岩石的稀土元素含量(表 3-4)，$\sum$REE23.3×10^{-6}～83.63×10^{-6}，与本区北部朗县混杂岩及雅鲁藏布江蛇绿岩相比，高出 10～20 倍，其$\sum$Ce/$\sum$Y 一般在 1.4～2.74，δEu0.92～1.11，稀土配分型式为轻稀土弱富集型(图 3-3)，不具明显的 Eu 异常，轻稀土分馏程度和重稀土分馏程度较低，与我国秦巴造山带中的松树沟岩体稀土配分型式较相似。上述显示轻稀土富集的特征，可能为地幔交代作用或低度部分熔融岩浆未获取再结晶矿物而造成的结果。

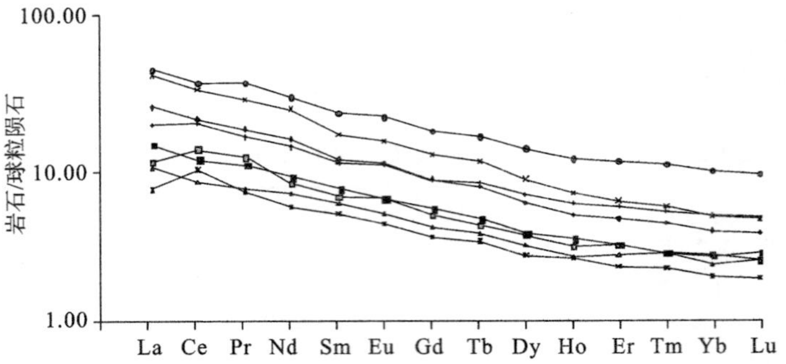

图 3-3　晚三叠世玉门马及墩超基性岩稀土元素配分曲线

(据 Boynton，1984)

表 3-4 晚三叠世玉门混杂岩超基性岩稀土元素含量表($\times 10^{-6}$)

样号	ZR5203-1	ZR5203-7	ZR5203-7-2	ZR5203-35	ZR5203-37	ZR5203-63	LZ460-37
岩石名称	强蛇纹石化单辉橄榄岩	纹石化单辉橄榄岩		强蛇纹石化单辉橄榄岩	全白云石化滑石化单辉橄榄岩	全碳酸盐化蛇纹石化超基性岩	蛇纹石化含斜长单辉橄榄岩
La	7.8	3.47	3.18	12.38	2.27	5.92	4.42
Ce	16.82	10.77	6.6	26.62	7.98	15.71	9.29
Pr	2.19	1.44	0.88	3.42	0.86	1.96	1.28
Nd	9.28	4.8	4.07	14.49	3.37	8.15	5.29
Sm	2.21	1.25	1.14	3.25	1	2.08	1.41
Eu	0.79	0.46	0.37	1.12	0.32	0.76	0.46
Gd	2.22	1.26	1.07	3.17	0.92	2.19	1.4
Tb	0.36	0.2	0.18	0.53	0.16	0.38	0.22
Dy	1.93	1.18	1	2.7	0.87	2.15	1.21
Ho	0.35	0.22	0.19	0.5	0.18	0.42	0.25
Er	0.98	0.65	0.56	1.26	0.48	1.18	0.65
Tm	0.14	0.09	0.09	0.18	0.07	0.17	0.09
Yb	0.81	0.56	0.49	1.01	0.4	1.04	5.94
Lu	0.12	0.08	0.08	0.15	0.06	0.15	0.09
Y	9.1	6.22	4.93	12.85	4.36	10.64	5.94
ΣREE	55.1	50.51	24.83	83.63	23.3	52.9	37.94
$\Sigma Ce/\Sigma Y$	2.44	2.12	1.89	2.74	2.11	1.89	1.4
δEu	0.92	1.08	1.11	1.01	1.05	1	1.01
$(La/Yb)_N$	12.66	6.49	4.18	4.38	8.26	3.83	4.61
$(La/Sm)_N$	3.69	2.11	1.75	1.75	2.4	1.43	1.82
$(Gd/Yb)_N$	1.85	2.21	1.82	1.76	2.53	1.86	2.03

(二)基性岩

带内有秀让(17)、3908 高程点(18)、朗久(21)3 个小岩体(群),面积 0.3km^2,在产状上与超基性岩密切伴生。岩石有辉绿岩、辉长岩两类,蚀变较强烈,以秀让辉绿岩(17)研究较详,其岩石基本特征如下。

岩体位于玉门北西侧,近东西向呈透镜状构造岩块侵位于玉门混杂岩中,长近 500m,宽 200 余米,面积约 0.1km^2。

岩石为中等钠黝帘石化辉绿岩,具细粒辉绿(图版Ⅺ-2)(嵌晶含长)结构,块状构造。主要矿物成分基性斜长石(56%),普通辉石(38%),棕色角闪石少,次生矿物有细小微粒状黝帘石、钠长石、方解石、绿泥石、次闪石等。副矿物有金属矿物(4%)、磷灰石。

岩石化学成分($\times 10^{-2}$):SiO_2 47.01,TiO_2 1.92,Al_2O_3 13.97,Fe_2O_3 1.13,FeO 9.34,MnO 0.14,MgO 7.3,CaO 10.27,Na_2O 4.44,K_2O 0.2,P_2O_5 0.23,与中国岩浆岩玄武岩平均化学相比仅 Na_2O、CaO 偏高,余者基本一致,固结指数 SI 32.6,与大洋拉斑玄武岩平均值(37.2)较接近。在辉长岩类

$Na_2O+K_2O-SiO_2$关系图解(图 3-4)中,投点位于深海拉斑玄武岩区,显示它们岩石化学具有一定的相似性。铁质指数 58.9,镁质指数 41.1,δ 指数 5.37 属碱性,CIPW 标准矿物组合为 Q(2.13)、Or(1.06)、Ab(33.1)、An(16.5)、Di(24)、Hy(17.1),为正常类型。

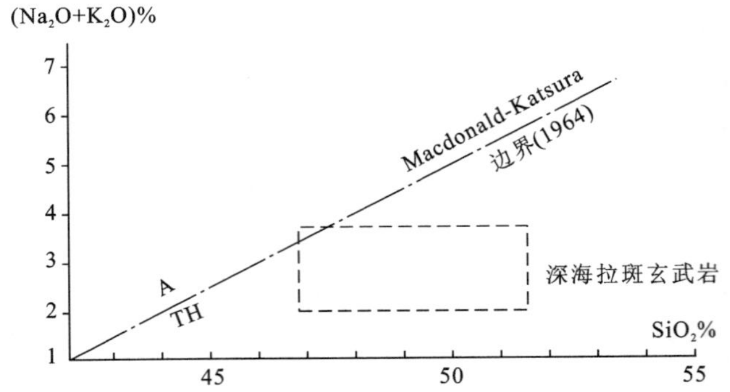

图 3-4　秀让辉长岩(Na_2O+K_2O)%-SiO_2%关系图解

(据 Macdonald G. A. ,Katsura,T. 1964)

岩石的微量元素含量($\times10^{-6}$):Sc 20、Rb 7.5、Sr 399、Zr 114、Nb 16.7、Ba 205、Hf 5.7、Ta 2.71、Th<4、V 271、Cu 56.2、Zn 95、Ga 18.16、Cs 8,与微氏值相比,Rb、Sr、Ba 等大离子亲石元素、Nb、Zr、Hf 活动性元素偏低,亲铁元素 V、Zn 偏高,余者接近。其微量元素特征比值 Nb/La1.2(>1)、La/Ta5(≤15)、Hf/Ta2.1(<5)、Hf/Th1.4(<8),与板内碱性玄武岩和洋中脊玄武岩划分的范围及富集型洋脊玄武岩微量元素性质较相似(Pearce,1982)。微量元素蛛网图型式(图 3-5)明显地为 Th、Ta 强烈富集和 K_2O、Zr、Yb、Sc、Rb、Y 亏损,均反映了过渡型玄武岩的特征。

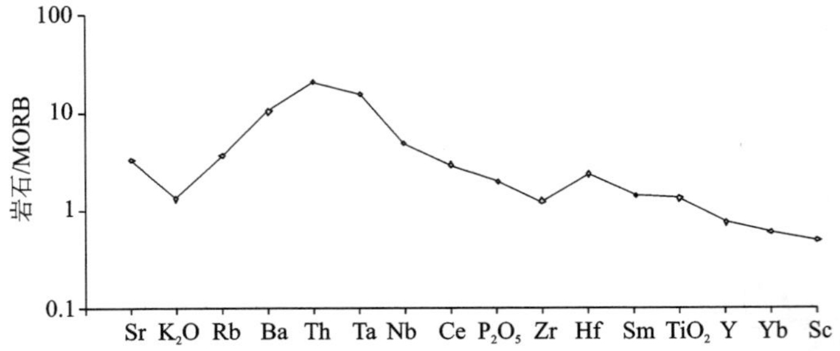

图 3-5　晚三叠世秀让辉绿岩微量元素蛛网图

(据 Pearce,1982)

岩石的稀土元素丰度($\times10^{-6}$):La1 3.62、Ce 29.36、Pr 4.44、Nd 17.67、Sm 4.45、Eu 1.56、Gd 4.54、Tb 0.75、Dy 4.26、Ho 0.81、Er 2.32、Tm 0.34、Yb 2.02、Lu 0.29、Y 22.41。ΣREE 90.2,LREE/HREE 1.88,$(La/Yb)_N$ 4.55,$(La/Sm)_N$ 1.93,$(Gd/Yb)_N$ 1.81,δEu1.05,轻稀土、重稀土分馏程度较低,而二者分馏程度较高,稀土配分型式为右斜轻稀土弱富集型(图 3-6),无 Eu 异常,与过渡类型玄武岩及 P-MORB 富集型洋中脊玄武岩的稀土配分型式相似。

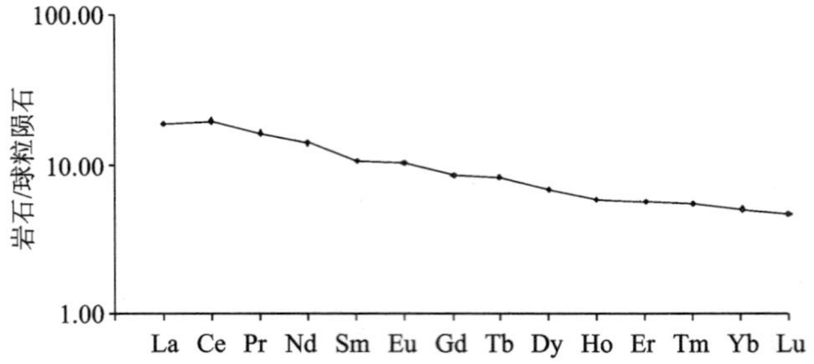

图 3-6　晚三叠世秀让辉绿岩基性岩稀土元素配分曲线

(据 Boynton,1984)

上述超镁铁岩、镁铁岩和大量玄武岩、火山碎屑岩相伴呈构造块体产于含三叠纪双壳化石之砂板岩、硅质岩、枕状—块状玄武岩等基质构成的混杂岩带中，据此暂将其时代划分为晚三叠世。

二、晚白垩世超基性岩

测区晚白垩世超基性岩沿雅鲁藏布江结合带断续出露于昌巴、龙则、莫洛等地，为罗布萨蛇绿岩的南延部分。在邻区西北角朗县之西鲁见沟公路旁见有全蚀变超基性岩与千枚岩呈构造接触(图3-7)，其间发育有较特征的糜棱岩。计有寿嘎长(1)、巴弄(4)、龙则(7)、帮木拉岗(9)、拉多沟(12)、吃米淌(13)、洛母(14)、松波浦(15)8个岩体。大多呈小岩体群产出，一般由2～5个组成，最多达11个，单个岩体宽一般几十米至上百米，长100～500m，最长达1.5km，面积约4.6km^2，主要呈变形橄榄岩构造块体构成朗县混杂岩的一部分。

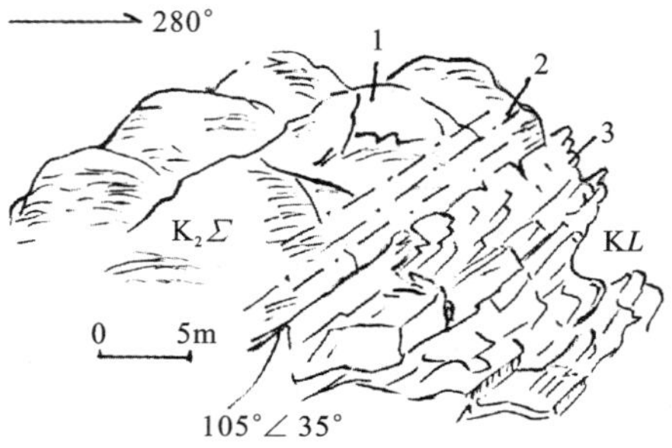

图3-7 鲁见沟岩体与KL构造接触素描图
1.蛇纹岩；2.糜棱岩；3.绢云千枚岩、白云母片岩

岩石类型有闪石化变辉石岩、蛇纹岩(图版Ⅺ-3、Ⅺ-4)、含菱镁矿蛇纹岩(图版Ⅺ-5)、蚀变超基性岩、蛇纹岩等，蚀变强烈，岩石特征见表3-5。

表3-5 晚白垩世超基性岩岩石特征表

岩石名称	结构特征	粒度(mm)	矿物成分及含量(%)	副矿物(%)
蛇纹岩	显微鳞片变晶结构		蛇纹石为主，滑石3	磁铁矿4～5
闪石化变辉石岩	变余粒状结构	2～5	单斜辉石35，角闪石、次闪石60、绿泥石2，方解石5	榍石，金属矿物
含磷镁矿蛇纹岩	叶片状变晶结构		蛇纹石为主	菱镁矿8，铬铁矿1～2，磁铁矿3～4
全蚀变超基性岩(蛇纹岩)	次变鳞片结构		主要由纤维状、显微鳞片状蛇纹石组成	磁铁矿3～4

据1∶20万加查幅资料，罗布莎一带保存较全，陕西区域地质调查队的研究较详细(1995)，变质超基性岩主要岩石有斜辉辉橄岩、纯橄岩、二辉橄榄岩及少量斜橄榄岩。

斜辉辉橄岩：主要由橄榄石、斜方辉石和少量单斜辉石、铬尖晶石组成。含量：橄榄石75%～85%、斜方辉石15%～20%、透辉石2%～3%、铬尖晶石2%～3%，以及蛇纹石、滑石等。岩石具他形变晶及碎斑结构，橄榄石呈拉长、波状消光，斜方辉石脆性破裂、波状消光，晶体弯曲。

纯橄岩：由橄榄石(90%～95%)、铬尖晶石(3%～5%)和斜方辉石(1%～2%)组成。橄榄石具有不同程度的蛇纹石化。岩石具粒状结构、重结晶粒状结构，橄榄石呈自形—半自形，并发育糜棱结构、残斑结构。

二辉橄榄岩，橄榄石(65%～70%)，斜方辉石(15%～20%)，单斜辉石(5%～10%)，副矿物铬尖晶石(1%)。具他形变晶结构、残碎斑状结构及少量次生结构。

岩石的化学成分(表3-6)，从表可以看出，Al_2O_3总体较贫(0.71～1.43)，由纯橄岩到二辉橄榄岩有逐渐增高的趋势。主要化学参数[(Mg/(Mg+FeO)]由纯橄岩到二辉橄榄岩则逐渐递减，K_2O和Na_2O含量在变形橄榄岩中普遍偏低。

表 3-6　晚白垩世超基性岩岩石化学成分表

样号	岩石名称	氧化物含量(%)													
		SiO_2	TiO_2	Al_2O_3	Fe_2O_3	FeO	MnO	MgO	CaO	Na_2O	K_2O	Cr_2O_3	P_2O_5	烧失量	总量
ZR52-1	碎裂岩化单辉橄榄岩	41.75	0.02	0.82	3.59	1.34	0.06	42.75	0.13		0.08		0.01	9.18	99.73
ZR312-1	全蚀变超基性岩	40.54	0.02	0.96	2.99	2.73	0.07	38.56	0.13		0.1		0.01	13.6	99.71
1:25万林芝幅	蛇纹岩	50.46	1.08	1.4	1.22	4.91	0.09	36.72	0.25	0.06	0.02		0.03		96.24
1:20万加查幅	纯橄岩	40.55		0.71	4.13	4.01	0.05	48.16	1.1		0.18	1.08	0.05		100.02
	斜辉橄榄岩	44.31	0.02	1.14	3.34	4.76	0.08	40.41	5.47	0.05		0.36	0.05		99.99
	二辉橄榄岩	45.74	0.06	1.43	6.94	2.19	0.13	42.84	0.52	0.09	0.03		0.05		100.02

样号	CIPW 标准矿物含量(%)											岩石化学指数	
	Q	An	He	Di	Hy	Ab	Or	Ol	C	Ap	Il	Mt	镁质指数	f/m
ZR52-1		0.57	0.55		68.5		0.45	24.3	0.58	0.02	0.04	4.94	89.7	16.5
ZR312-1		0.61			75.5		0.61	17.4	0.73	0.02	0.04	5.03	87.1	12.5
1:25万林芝幅	12.37	24.09		10.47	23.45	16.32	5.15			0.49	2.11	5.64	85.7	10.8
1:20万加查幅		1.39	1.57	3.25	4.62		1.11	82.51				6.02	83.3	9.2
		2.78	0.45	18.96	11.87	0.52		60.37	0.31			4.86	82.4	8.9
		2.5			40.25	1.05		46.57			0.15	7.41	82.4	8.9

在超镁铁岩 FMC 图解(图 3-8)中本区超镁铁岩均投入镁质区,含钙极低,在橄榄岩的 MgO - Al_2O_3 - CaO 成分图(图 3-9)中,其化学成分有由斜辉橄榄岩、二辉橄榄岩向斜辉橄榄岩至纯橄岩逐渐变化的趋势。其中斜辉橄榄岩和二辉橄榄岩更接近于地幔岩。岩石以富镁、缺钙、贫碱、铝为特征,为典型的阿尔卑斯型杂岩体。岩石中含 Cr_2O_3 0.36～1.08,平均达 0.47,属成矿有利的含铬高的超基性岩。因而在秀村寿嘎长,吉登许等岩体中,普遍见有铬铁矿化。特征可与新喀里多尼亚、伊朗布瓦蛇绿岩对比。

岩石的微量元素含量见表 3-7,相对贫化 Rb、Th、K 等大离子亲石元素,而 Cr、Co、Ni、V、Fe 等过渡族元素较富,且 Cr、Ni 特别富集于橄榄岩,对成矿十分有利。

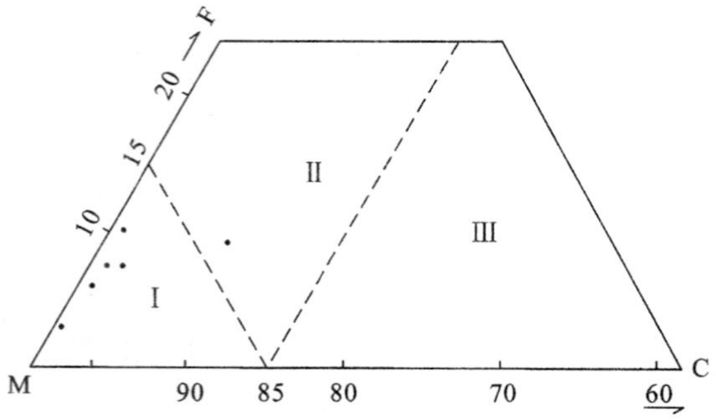

图 3-8　基底超镁铁岩 FMC 图解

(据张雯华,从柏林,1976)

Ⅰ.镁质区;Ⅱ.贫钙镁铁质区;Ⅲ.低钙质区

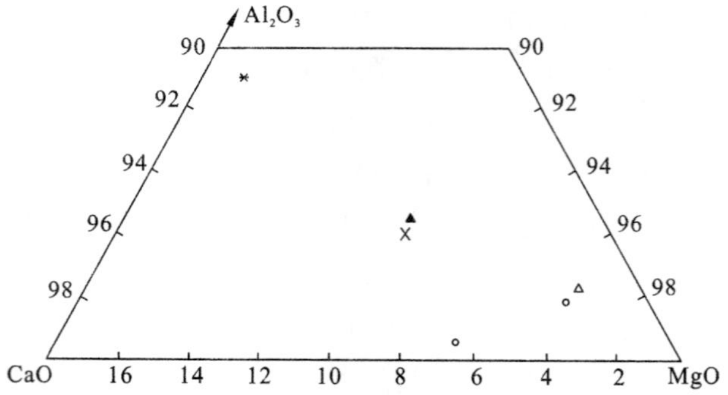

图 3-9　地幔橄榄岩 MgO - Al_2O_3 - CaO

(据 Green,1979)

∘.纯橄岩;▲.二辉橄榄岩;△.蛇纹岩;

×.斜辉橄榄岩;*.原始地幔岩成分

表 3-7 白垩纪朗县混杂岩火山岩微量元素含量表($\times10^{-6}$)

岩石名称	碎裂岩化单辉橄榄岩	变质超基性岩	绿帘角闪岩	蛇纹岩		闪石化变辉石岩	
Sc	21	23.2	46.6	22.7	7.1	25.2	28.4
Rb	0.7	0.4	9.8	0.63	2	3.5	0.63
Sr	7.8	6.7	126	7.3	3	8.8	7.3
Zr	6.3	5.16	7	6.4	3	131	25.7
Nb	2.5	1.6	1.4	2.91	3	3615	7949
Ba	35.9	38.8	154	28.4	48	69.2	87.4
Hf	1	1	1.3	1	0.5	345	1774
Ta	1.76	1.76	0.5	1.47	0.5	912	560
Th	5.4	8.5	1	8.6	1	69.9	6.8
U			0.3		0.3	8.3	6.8
V	20.4	18.5	149	25.7	37	38.2	30.3
Cr	6931	7491	678	7949		8.5	6.4
Co	87.3	87.6	43.5	87.4	3437	2.78	2.91
Ni	1697	1887	153	1774	81.2	2.16	1.47
Ti				560	1859	3.91	5.25
Cu	10.9	9	6	6.8	14	<4	8.6
Pb			10	6.8	2	3.1	<1
Zn			88	30.3	51	29.8	22.7
Cs			9		4		
Li			20.6		5.4		

岩石的稀土元素含量(表 3-8),$\sum$REE $3.14\times10^{-6}\sim22.55\times10^{-6}$,LREE/HREE 0.85~1.54,$\delta$Eu 0.72~1.54,稀土配分曲线为轻稀土弱亏损之平坦型(图 3-10),与金沙江带堆晶超铁质岩和橄榄岩相似。

表 3-8 白垩纪朗县混杂岩超基性岩稀土元素含量表($\times10^{-6}$)

岩石名称	碎裂岩化单辉橄榄岩	变质超基性岩	绿帘斜长角闪岩	蛇纹岩		闪石化变辉石岩	
La	0.25	0.77	0.86	0.42	1.29	0.32	0.48
Ce	0.39	1.38	2.11	0.61	1.94	0.65	0.89
Pr	0.06	0.16	0.39	0.09	0.29	0.11	0.15
Nd	0.25	0.46	1.98	0.39	1.37	0.68	0.99
Sm	0.09	0.1	0.79	0.13	0.41	0.31	0.42
Eu	0.04	0.02	0.35	0.03	0.13	0.13	0.17
Gd	0.09	0.07	1.29	0.12	0.46	0.51	0.72
Tb	0.01	0.01	0.26	0.03	0.09	0.1	0.14
Dy	0.09	0.01	1.75	0.16	0.57	0.75	1.03

续表 3-8

岩石名称	碎裂岩化单辉橄榄岩	变质超基性岩	绿帘斜长角闪岩	蛇纹岩		闪石化变辉石岩	
Ho	0.02	0.02	0.38	0.04	0.13	0.16	0.19
Er	0.05	0.05	1.07	0.12	0.33	0.44	0.62
Tm	0.01	0.01	0.17	0.02	0.05	0.07	0.1
Yb	0.05	0.04	1.02	0.11	0.26	0.4	0.53
Lu	0.01	0.01	0.16	0.02	0.04	0.06	0.08
Y	0.35	0.21	9.67	0.85	3.77	3.91	5.25
ΣREE	1.76	3.38	22.25	3.14	11.13	8.51	11.76
ΣCe/ΣY	1.59		1.06	2.69	2.81	0.85	0.91
δEu	1.35	0.69	1.54	0.72	1.23	0.99	0.94
$(La/Yb)_N$	3.37	12.98	0.57	2.57	3.35	0.39	0.61
$(La/Sm)_N$	1.75	4.84	0.68	2.03	1.98	0.47	0.72
$(Gd/Yb)_N$	1.45	1.41	1.02	0.88	1.43	1.03	1.1

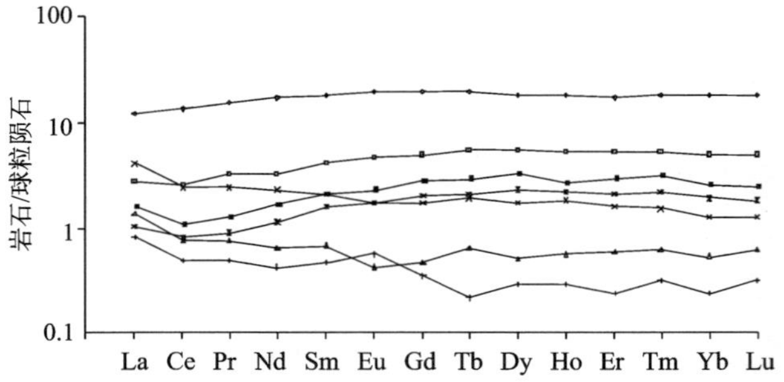

图 3-10　白垩纪朗县混杂岩超基性岩稀土配分曲线

（据 Boynton，1984）

上述超镁铁岩呈构造块体产于含白垩纪微古化石之砂板岩、晚三叠世—侏罗纪放射虫硅质岩、Rb－Sr 等时线年龄 215.57Ma 的变基性火山熔岩、Rb－Sr 等时线年龄 168.24Ma 的枕状—块状玄武岩等构成的蛇绿岩带中，而在罗布莎矿区的云母橄榄岩中获有 100Ma 年龄成果，据此暂将其时代划归为晚白垩世。

三、蛇绿岩系

（一）玉门混杂岩带火山岩

玉门混杂岩带火山岩出露于绕让—切当拉断裂以北，与朗贡断裂之间 5～8km 的狭长地带内，横贯测区东西，西延出图外，长大于 $120km^2$，面积约 $674km^2$。由大量的火山碎屑岩、枕状玄武岩和少量斜长苦橄岩与深海沉积的浊积岩、硅质岩及变形橄榄岩构成的一套含火山岩构造混杂岩，其叠置厚度达 5209m 以上。

1. 斜长苦橄岩

岩石为全绿泥石化滑石化斜长苦橄岩，具全晶质斑状结构，斑晶主要为全白云石化橄榄石，粒度0.3～7mm(55%～70%)，基质为全蚀变橄榄石(0～15%)、辉石(3%～15%)、斜长石(10%～15%)、黑云母(1%～3%)及少量菱镁矿、铬尖晶石、磁铁矿、钛铁矿等。

岩石化学成分(%)：SiO_2 41.6，TiO_2 0.77，Al_2O_3 8.59，Fe_2O_3 1.82，FeO 8.71，MnO 0.15，MgO 26.02，CaO 1.41，Na_2O 0.27，K_2O 0.21，P_2O_5 0.21，与中国岩浆岩超基性岩平均化学成分相比，平铁，低钙、固结指数 SI36.51、铁质指数 28.8，高镁质指数 71.11。其化学定量分类为超基性岩类，可能为玄武质岩浆结晶分异的产物。CIPW 标准矿物组合为 Or(1.16)、Ab(2.15)、An(5.67)、Di(6.52)、Hy(76)、Ol(1.99)，属正常类型。

岩石的微量元素含量($\times10^{-6}$)：Sc 17、Rb 5.9、Sr 42、Ba 41、Zr 55、U 1.2、Hf 2.1、Th<1、V 119、Cr 2359、Co 100、Ni 1147、Cu 281、Pb 2、Zn 84，与微氏值相比，Rb、Sr、Ba 大离子亲石元素、相容元素 Cr、Cu、Pb、Zn 普遍偏高，余者偏低。

岩石的稀土元素丰度($\times10^{-6}$)：La 6.31、Ce 12、Pr 1.76、Nd 7.47、Sm 1.99、Eu 0.61、Gd 1.98、Tb 0.77、Dy 1.78、Ho 0.36、Er 0.98、Tm 0.14、Yb 0.83、Lu 0.13、Y 8.61。$\sum$REE 45.69，LREE/HREE 1.94，$(La/Yb)_N$5.13，$(La/Sm)_N$1.99，$(Gd/Yb)_N$1.93，δEu 0.93，稀土配分型式为右斜轻稀土富集型(图3-11)，Eu 异常不明显，轻稀土分馏程度和重稀土分馏程度较低，与结晶分异型苦橄玄武质岩浆岩的稀土配分型式相似。

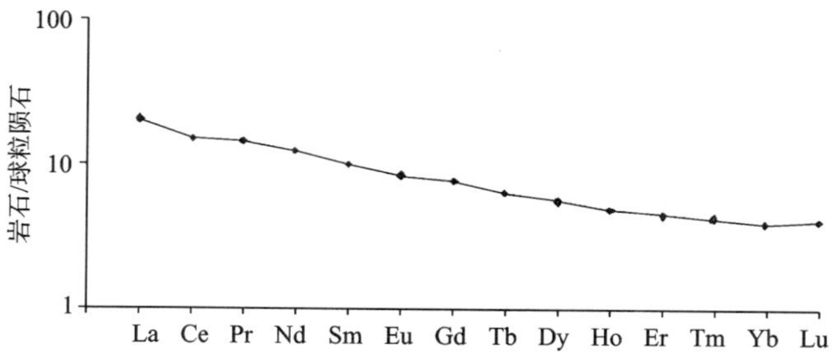

图 3-11 玉门混杂岩斜长苦橄岩稀土元素配分曲线
(据 Boynton，1984)

2. 基性火山岩类

岩石组合复杂，主要岩石有火山碎屑岩和基性熔岩两大类。岩石蚀变强烈，现将代表性的岩石类型及基本特征介绍如下。

强蚀变玄武质火山角砾岩，火山角砾结构，块状构造，以火山碎屑为主，成分为玄武岩质，呈次棱角状、不规则状，砾径一般大于 2mm，胶结物由细火山碎屑及火山灰组成。

强蚀变玄武质火山角砾岩屑凝灰岩，火山角砾岩屑结构，块状构造。以火山碎屑为主，成分为玄武质，呈不规则状、透镜状。砾径一般小于 2mm，少量大于 2～17mm，胶结物由细火山碎屑及火山灰组成。

强蚀变玄武质岩屑玻屑凝灰岩，晶屑-玻屑凝灰结构(图版Ⅸ-7)，定向构造。岩屑成分为玄武质，晶屑由棱角状长石及辉石组成(1%～5%)，胶结物为火山灰(10%)，副矿物有磁黄铁矿。

全蚀变绿帘土状帘石化凝灰岩，凝灰结构，定向构造。以晶屑和火山灰为主，均由绿帘石、土状帘石所取代。岩屑为次棱角状玄武质(15%～20%)，副矿物有磁黄铁矿。

中等蚀变杏仁状辉石玄武岩，斑状结构，基质间粒结构，杏仁状构造(图版Ⅸ-8、图版Ⅹ-4)。斑晶：半自形板柱状基性斜长石(1%)，半自形粒柱状普通辉石(1%)；基质：钠黝帘石化柱状斜长石(40%)，细-微粒状辉石为主，副矿物有白钛石(3%)、钛磁铁矿(1%)、绿泥石(5%)。

全蚀变玄武岩，蚀变火山岩结构，蚀变间粒结构，块状构造，主要矿物成分以小柱状、微粒状绿帘石为主,针状次闪石10%,鳞片集合体绿泥石5%,副矿物有磁铁矿。

强蚀变玄武岩,斑状结构,基质间粒结构,块状构造。斑晶:半自形板柱状基性斜长石(12%),半自形粒柱状普通辉石(2%);基质:以钠黝帘石化小柱状斜长石为主,微粒状绿帘石(20%),针状次闪石(5%),副矿物有白钛石(3%)、钛磁铁矿(1%)和鳞片集合体绿泥石(5%)。

中等强蚀变杏仁状玄武岩,间粒、间片结构,杏仁状构造。主要矿物成分以小柱状斜长石为主,次生蚀变矿物有微粒状绿帘石、土状帘石(15%);针状次闪石(5%),绿泥石(10%~15%)。杏仁体不规则状、次圆状(15%),副矿物有磁黄铁矿。

强蚀变枕状玄武岩,蚀变斑状结构,基质蚀变间粒结构,枕状构造(图版Ⅹ-1)。斑晶:半自形板柱状基性斜长石(5%),柱状普通辉石(5%),基质:以小柱状斜长石为主,次生蚀变矿物有微粒状绿帘石、土状帘石(15%)、针状次闪石(15%~20%)、绿泥石(1%)和微粒辉石(5%)。

岩石化学成分含量(表3-9)与中国同类岩石平均化学成分相比,部分岩石 SiO_2、K_2O 显著偏低,少量 TiO_2、MgO、CaO 较高,主要具低钾中钛大洋玄武岩的特征。δ指数变化较大,一般为2.52~5.84,既有钙碱性系列,又有碱性系列,含铁指数38.93~71.94,镁质指数37.7~61.07,均表明岩石组合的复杂性。固结指数SI一般为32.59~56.40,总体显示原始岩浆较富镁的特征。CIPW标准矿物组合主要为Q、An、Ab、Or、Di、Hy,仅个别出现刚玉分子,主要属正常类型。在火山岩硅-碱图解(图3-12)中,大部分样品投入亚碱性系列,少量位于碱性系列和亚碱性系列分界位置附近。在里特曼-戈蒂里图解(图3-13)中,主要落入B区和靠近B区的派生的碱性、偏碱性火山岩区内;在 TiO_2-P_2O_5 相关图(图3-14)中,主要投入洋脊玄武岩和洋岛玄武岩区,少量落入碱性玄武岩区内;在 Zr-TO_2 相关图(图3-15)中,多投在板内玄武岩及其附近。

表3-9 晚三叠世玉门混杂岩火山岩化学成分表

样号	岩石名称	氧化物含量(%)												
		SiO_2	TiO_2	Al_2O_3	Fe_2O_3	FeO	MnO	MgO	CaO	Na_2O	K_2O	P_2O_5	烧失量	总量
ZR5202-4	强钠黝帘石化玄武岩	44.53	1.74	15.31	1.63	7.69	0.19	7.55	11.97	1.32	0.05	0.23	7.19	99.40
ZR5202-6	粗玄岩	45.82	3.19	14.22	1.39	11.53	0.21	5.04	9.24	4.24	0.13	0.43	2.77	98.21
ZR5203-14	碳酸盐化杏仁状变玄武岩	47.25	1.66	14.24	1.43	9.58	0.18	8.32	6.49	4.00	0.08	0.20	6.35	99.78
ZR5203-42	全蚀变玄武岩	47.65	1.66	14.57	1.57	9.62	0.19	8.37	7.07	3.98	0.06	0.19	4.33	99.26
ZR5203-55	蚀变玄武岩	40.73	1.61	16.19	0.59	8.73	0.23	14.62	5.81	1.96	0.02	0.19	8.45	99.13
ZR5203-72	斜长绿泥角闪片岩	43.74	1.97	12.75	1.28	9.73	0.15	11.20	10.72	2.61	0.13	0.3	4.06	98.64
ZR5203-38	钠黝帘石化杏仁状玄武岩	43.69	1.79	15.40	1.50	10.15	0.17	7.05	12.93	1.97	1.79	0.31	2.22	98.97
ZR5203-82	蚀变杏仁状玄武岩	45.12	1.63	13.90	1.37	7.65	0.13	9.89	9.08	3.59	0.92	0.22	5.39	98.89
ZR5105-19A	全蚀变玄武岩	43.20	2.43	13.81	5.76	8.13	0.20	10.44	8.18	2.25	0.49	0.32	4.32	99.53
ZR5105-78B	强蚀变绿帘次闪石化玄武岩	46.05	2.95	15.61	5.41	6.43	0.19	5.07	10.09	3.7	0.54	0.60	2.54	99.18
ZR5301-4	变基性火山岩	46.17	2.57	14.97	6.58	5.94	0.20	7.61	10.44	2.90	0.32	0.57	1.40	99.67
LZ-460-21	蚀变粒玄岩	46.73	2.07	13.91	1.53	8.64	0.18	6.5	10.46	2.76	0.33	0.27	6.76	100.14

续表 3-9

样号	CIPW 标准矿物含量(%)										岩石化学指数			
	Q	An	C	Di	Hy	Ab	Or	Ap	Il	Mt	δ	SI	MgO/FeO	*f*/*m*
ZR5202 - 4	11.30	35.00		17.20	19.30	10.20	0.25	0.58	3.59	2.57	1.23	41.41	0.6	1.6
ZR5202 - 6	4.95	18.30		18.20	16.50	31.80	0.71	1.04	6.34	2.12	6.77	22.56	0.3	0.7
ZR5203 - 14	6.20	20.00		7.92	28.80	30.60	0.45	0.49	3.38	2.22	3.92	35.55	0.5	1.4
ZR5203 - 42	37.70		14.60		20.40	0.43	0.96	10.30	3.23	14.30	3.51	41.30	0.5	1.4
ZR5203 - 55	1.15	27.50	3.12		47.90	15.40	0.10	0.49	3.38	0.94	1.63	56.40	1.0	2.8
ZR5203 - 72	1.49	21.60		21.50	28.30	19.70	0.71	0.74	3.95	1.96	2.75	44.88	0.7	1.9
ZR5203 - 38	1.53	23.90		27.80	16.00	14.70	9.44	0.74	3.55	2.26	3.82	31.40	0.4	5.6
ZR5203 - 82	0.66	18.50		18.50	24.00	27.50	4.95	0.56	3.30	2.13	6.49	42.24	0.8	2.1
ZR5105 - 19A	6.87	24.80		9.04	25.50	16.90	2.57	0.79	4.84	8.77	2.52	32.59	0.6	1.7
ZR5105 - 78B	9.43	22.80		15.70	6.53	27.40	2.83	1.44	5.79	8.12	5.97	38.46	0.4	1.0
ZR5301 - 4	10.50	24.60		14.90	11.20	21.10	1.67	1.34	4.98	9.71	3.50	23.98	0.5	1.5
LZ - 460 - 21	9.89	23.8		19.7	16.4	21.2	1.77	0.67	4.22	2.38	2.56	32.90	0.4	1.2

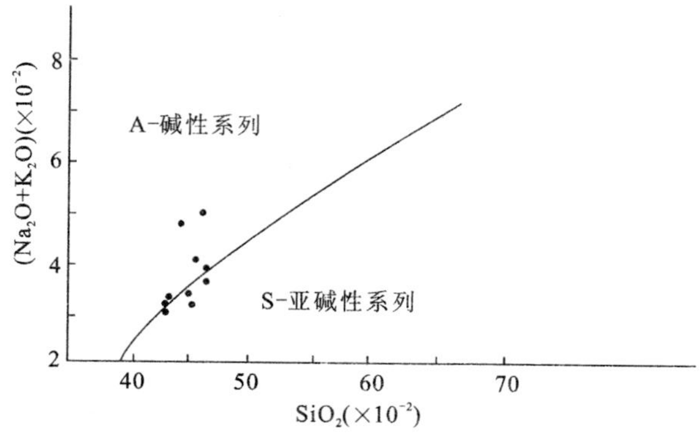

图 3-12 火山岩硅-碱图解

(据 T. N. Irvine,1971)

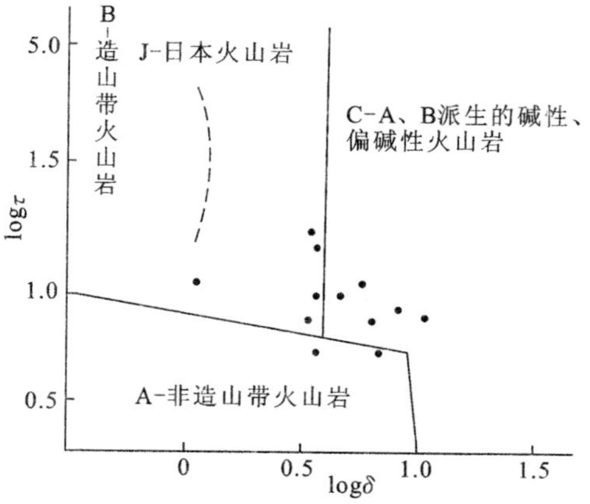

图 3-13 里特曼-戈蒂里图解

(据里特曼,1973)

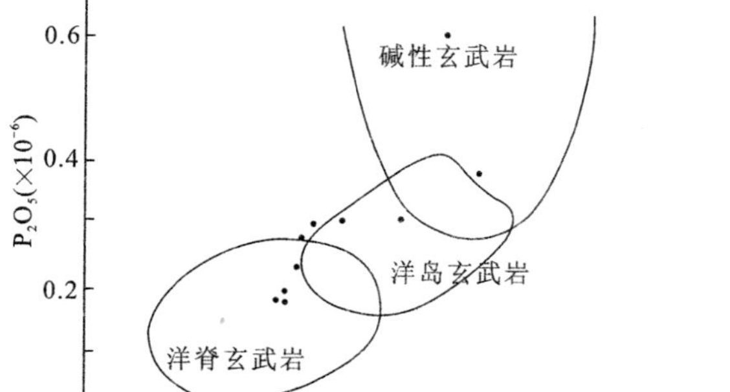

图 3-14 $TiO_2 - P_2O_5$ 相关图

(据 Bass 等,1973)

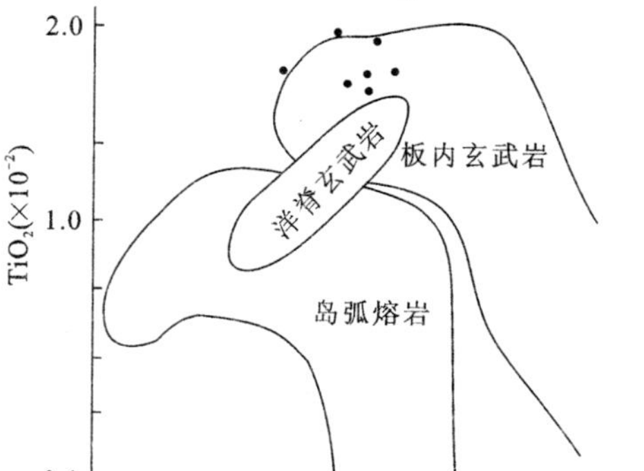

图 3-15 $Zr - TiO_2$ 相关图

(据 J. A. Pearce,1982)

岩石微量元素含量（$\times10^{-6}$）（表 3-10），与微氏值相比，Rb、Sr、Ba 大离子亲石元素、Zr、Hf 非活动性元素和相容元素 Ti、Cr、Co、Ni 及亲铁元素 V、Cu 普遍偏低，Nb、Ta 较高，其中 Rb、Sr、Zr、Hf、Nb、Ta 等元素介于洋中脊和板内玄武岩之间（Pearce，1982）。

表 3-10　晚三叠世玉门混杂岩玄武岩微量元素含量表（$\times10^{-6}$）

样号	ZR5202-4	ZR5202-6	ZR5203-14	ZR5203-38	ZR1049-42	ZR5203-55	ZR5203-72	ZR5203-82	ZR5105-19A	ZR5105-78B	ZR5301-4	LZ460-21
岩石名称	钠黝帘石化玄武岩	粗玄岩	碳酸盐化杏仁状玄武岩	钠黝帘石化杏仁状玄武岩	强钠黝帘石化玄武岩	硅化白云石化杏仁状玄武岩	强蚀变玄武岩	蚀变杏仁状玄武岩	全蚀变杏仁状玄武岩	强蚀变绿帘次闪石化玄武岩	变基性火山岩	蚀变玄武岩
Ti	7986	14318	9123	9360	8621	7081	9205	8076				12.48
Sc	20.50	17.40	24.10	20.80	23.60	28.00	17.80	17.80	36.20	25.70	28.20	27.36
Rb	5.60	6.10	4.90	76.80	4.50	4.70	6.70	17.60	6.50	11.70	<3	4.09
Sr	631.00	294.00	206.00		161.00	403.00	189.00	130.00	249.00	645.00	226.00	17.36
Zr	109.00	189.00	104.00	74.90	98.90	98.10	120.00	109.00	179.00	280.00	149.00	4.62
Nb	19.40	37.20	16.20	1	15.60	16.50	22.60	16.00	32.80	60.90	31.70	1.75
Ba	34.50	87.70	97.90	2525.00	73.10	50.10	36.30	155.00	209.00	243.00	64.00	4.73
Hf	4.70	8.70	3.50	10.40	2.60	1.70	3.10	2.70	5.30	6.10	3.10	0.78
Ta	2.24	3.74	3.03	5.51	3.25	2.10	3.45	2.37	1.90	3.30	1.60	4.25
Th	<4	<4	<4	<4	<4	<4	<4	<4	2.90	5.20	2.60	0.89
U									1.30	1.00	1.20	2.26
V	240.00	319.00	235.00	289.00	220.00	184.00	164.00	206.00	293.00	277.00	233.00	0.34
Cr	98.00								855.00	92.00	308.00	1.94
Co	37.50								69.90	39.90	55.80	0.28
Ni	27.80								342.30	56.70	244.50	19.86
Cu	20.40	91.80	81.50	89.90	71.30	77.20	50.40	87.50	160.90	53.20	65.50	102.99
Pb									9.20	13.20	1.80	1.92
Zn		82.90	99.40	113.00	98.30	71.80	105.00	91.80	152.00	121.00	141.00	1.14
Cs	4.30	3.50	6.30	7.90	6.20	3.90	1.90	2.40				4.34
Rb/Ba	6.2	14.4	20.0	32.9	16.2	10.7	5.4	8.8	32.2	20.8	21.3	1.7
Rb/Sr	0.009	0.021	0.024		0.028	0.012	0.035	0.135	0.026	0.018	0.013	1.97

Nb/La 一般为 1.1～1.4，Rb/Sr 集中于 0.09～0.028 之间，与 Condie 于 1989 年给出的原始地幔和 N－MORB 的微量元素丰度比值较接近，在 Hf－Th－Ta 判别图（图 3-16）中，主要落入板内碱性玄武岩 C 区，在 Nb－Zr－Y 判别图（图 3-17）中；主要投入板内碱性玄武岩区内；在 Zr－Zr/Y（图 3-18）中，大部分投入板内玄武岩区，少量落入板内玄武岩区附近。其微量元素蛛网图型式（图 3-19）普遍表现为 Th、Ta、Nb 强烈富集和 K_2O、Zr、Yb、Sc、Y 亏损的特征，与洋中脊玄武岩较相似。

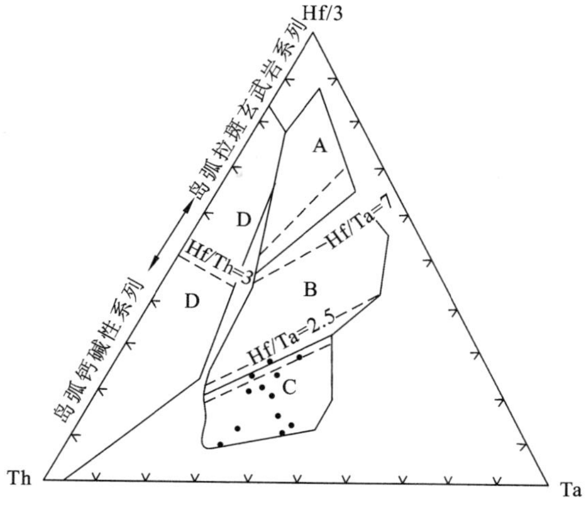

图 3-16 不同构造环境玄武岩的 Hf－Th－Ta 判别图

（据 Wood，1979）

A. M－MORB；B. P－MORB；C. 板内碱性玄武岩及分异产物；D. 岛弧拉斑玄武岩及分异产物

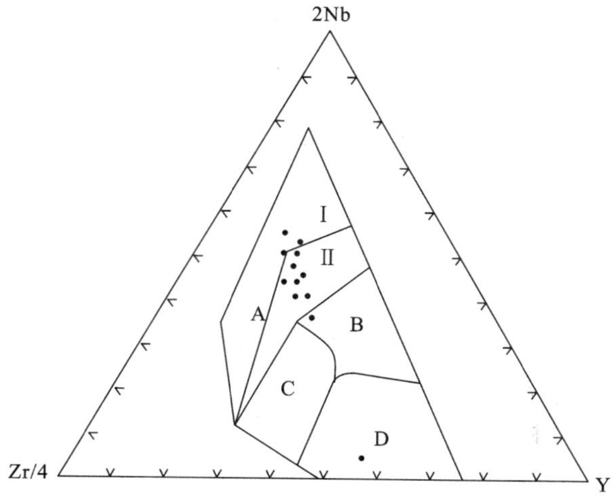

图 3-17 不同构造环境玄武岩的 Nb－Zr－Y 判别图

（据 Meschede，1986）

A，I和II. 板内碱性玄武岩；II和 C. 板内拉斑玄武岩；B. P－MORB；C. 火山弧玄武岩；D. N－MORB；

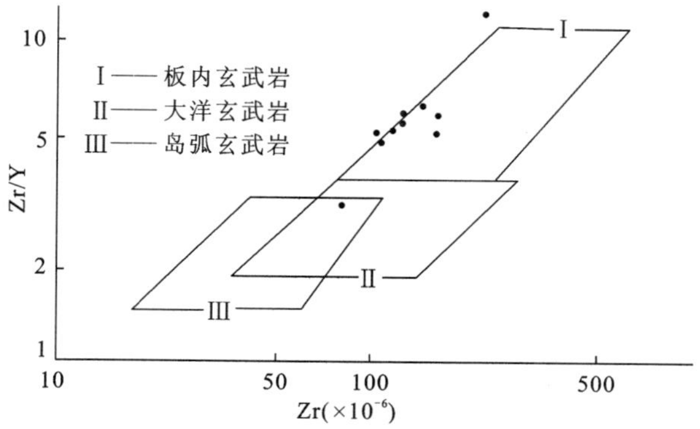

图 3-18 不同构造环境玄武岩的 Zr－Zr/Y 判别图

（据 Pearce，1979）

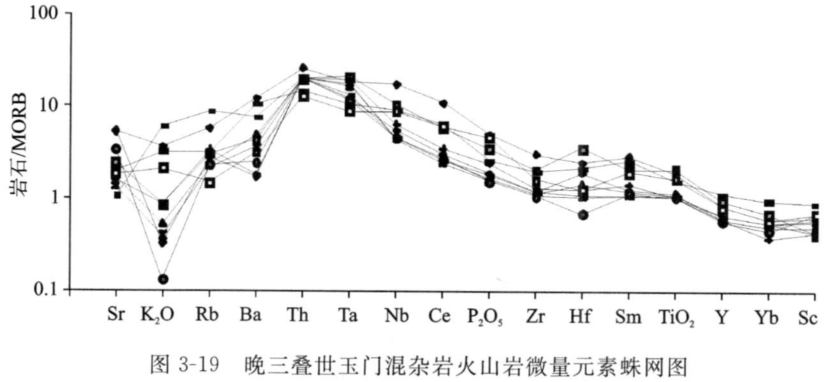

图 3-19 晚三叠世玉门混杂岩火山岩微量元素蛛网图

（据 Pearce，1982）

岩石的稀土元素丰度（表 3-11），$\sum$REE $72.30\times10^{-6}\sim255.36\times10^{-6}$，LREE/HREE 1.9～3.77，$(La/Yb)_N$4.19～10.59，$(La/Sm)_N$1.85～3.51，$(Gd/Yb)_N$1.65～3.16，δEu1.05～1.46，稀土元素配分型式为向右缓倾斜轻稀土弱富集型（图 3-20），其稀土总量变化范围较宽，Eu 正异常，轻、重稀土分馏程度较低等特征。总的势态与富集的 P 型洋中脊玄武岩相似（Lercex，1983），可能形成于富集的地幔热柱源区。

表 3-11　晚三叠世玉门混杂岩稀土元素含量表($\times10^{-6}$)

样号	ZR5202-4	ZR5202-6	ZR5203-14	ZR5203-38	ZR1049-42	ZR5203-55	ZR5203-72	ZR5203-82	ZR5105-19A	ZR5105-78B	ZR5301-4	LZ460-21
岩石名称	钠黝帘石化玄武岩	粗玄岩	碳酸盐化杏仁状玄武岩	钠黝帘石化杏仁状玄武岩	强钠黝帘石化玄武岩	硅化白云石化杏仁状玄武岩	强蚀变玄武岩	蚀变杏仁状玄武岩	全蚀变杏仁状玄武岩	强蚀变绿帘次闪石化玄武岩	变基性火山岩	蚀变玄武岩
La	14.25	27.06	11.55	19.70	11.58	12.98	16.76	12.00	33.24	54.47	32.37	12.48
Ce	31.31	58.50	26.34	40.42	24.79	27.80	35.15	26.96	63.98	108.80	61.31	27.36
Pr	4.37	7.46	3.89	5.49	3.42	3.84	4.70	3.81	8.37	12.40	7.30	4.09
Nd	16.86	30.78	15.35	21.40	14.86	15.81	19.38	15.79	35.40	46.78	29.65	17.36
Sm	4.13	7.11	3.93	4.94	3.68	3.82	4.73	3.69	8.73	9.75	6.50	4.62
Eu	1.42	2.45	1.46	1.76	1.37	1.86	1.64	1.34	3.17	3.30	2.43	1.75
Gd	3.97	7.01	4.24	5.01	4.00	3.89	4.69	3.91	7.94	9.40	7.06	4.73
Tb	0.73	1.14	0.71	0.86	0.73	0.64	0.75	0.66	1.14	1.37	1.07	0.78
Dy	3.93	6.42	4.08	4.87	4.11	3.52	4.02	3.88	6.01	7.70	5.78	4.25
Ho	0.69	1.09	0.75	0.93	0.74	0.65	0.68	0.73	1.01	1.39	0.97	0.89
Er	1.94	2.88	2.16	2.72	2.16	1.88	1.76	2.10	3.71	2.51	2.51	2.26
Tm	0.30	0.42	0.33	0.39	0.32	0.23	0.24	0.30	0.56	0.36	0.36	0.34
Yb	1.70	2.38	1.86	2.45	1.84	1.60	1.31	1.87	3.33	2.06	2.06	1.94
Lu	0.25	0.34	0.27	0.35	0.27	0.23	0.19	0.27	0.50	0.29	0.29	0.28
Y	18.59	28.83	20.22	25.65	20.02	17.62	18.06	19.80	34.50	24.95	24.95	19.86
ΣREE	81.66	149.02	72.30	105.38	69.28	74.81	92.50	72.77	255.36	154.44	154.44	102.99
ΣCe/ΣY	2.25	2.64	1.81	2.17	1.75	2.18	2.60	1.90	3.40	3.77	3.10	1.92
δEu	1.06	1.05	1.09	1.07	1.09	1.46	1.05	1.07	1.14	1.04	1.09	1.14
La/Yb	5.65	7.67	4.19	5.42	4.24	5.47	8.63	4.33	11.04	11.03	10.59	4.34
La/Sm	2.17	2.39	1.85	2.51	1.98	2.14	2.23	2.05	2.40	3.51	3.13	1.7
Gd/Yb	1.88	2.38	1.84	1.65	1.75	1.96	2.89	1.69	3.16	2.28	2.77	1.97

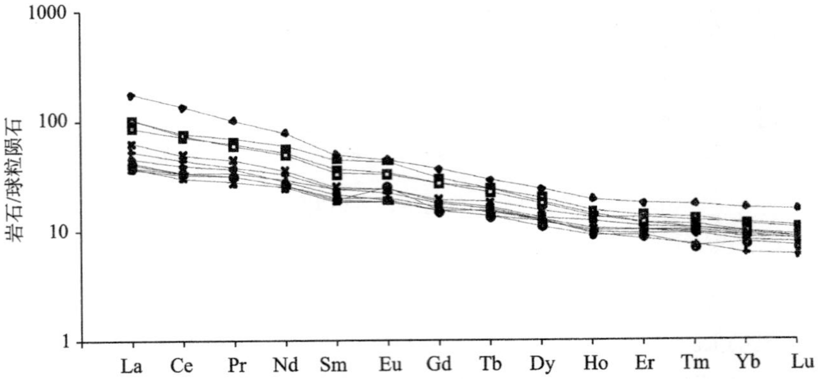

图 3-20　玉门混杂岩基性火山岩稀土元素配分曲线

(据 Boynton,1984)

（二）白垩纪朗县混杂岩带火山岩

位于图幅北部的章村断裂以北的朗县混杂岩带火山岩为雅鲁藏布江蛇绿岩的重要组成部分。南北宽10～20km，长110km以上，面积约1215km^2。其西邻的罗布莎一带除多时代的基性火山熔岩出露较全外，尚有紫红、浅灰色含放射虫硅质岩等远洋沉积。构成火山混杂岩喷发的主要熔岩有枕状玄武岩、变质块状玄武岩、变质基性火山岩。一般呈岩片、岩块产出。据岩石基本特征、岩石组合及接触关系，将其划分厘定为构造混杂的产物。在隆子县拉多剖面混杂岩基质中采获孢粉化石，故将其时代置于白垩纪。

枕状玄武岩见于朗县之西1:20万加查幅内，由玄武质枕体堆积而成。因构造挤压多数枕体压扁拉长。枕体边部尚发育放射状裂纹和冷凝边，岩石具球颗结构和中空骸晶结构。岩石由斜长石（An30～32）（40%～15%）、单斜辉石（25%～30%）、隐晶质成分（10%～15%）和微量磁铁矿组成。岩石绿帘石化、次闪石化、绿泥石化、绢云母化强烈。

变质块状玄武岩具斑状结构，基质变余间隐结构，变余杏仁状构造。斑晶为自形柱状斜长石（An48～50）（3%～5%），基质为细板条状斜长石（45%～55%）、绿帘石、玻璃质及少量辉石。斜长石普遍黝帘石化、绢云母及绿泥石化。在罗布莎一带尚有特征变质矿物黑硬绿泥石和青铝闪石（?）（1:20万加查幅，1995）。

绿泥钠长绿泥片岩，具鳞片粒状变晶结构，片状构造。由钠长石（45%）、绿泥石（40±%）、绿帘石（10%～15%）及钛铁矿、微量磷灰石组成。

岩石化学成分（表3-12），与中国同类岩石平均化学成分相比，SiO_2一般为44.87～52.67，TiO_2一般为1.08～1.15，K_2O为0.08～0.48。特征常量元素变化范围较宽。总体具低钾中钛洋中脊玄武岩特征（Pearce，1982），δ为0.94～1.63，属钙碱性岩石系列。固结指数SI 22.58～49.10，含铁指数较高（50.83～75.79），镁质指数低（24.21～49.17），标准矿物组合主要有Q、Or、Ab、An、Di、Hy，仅个别出现刚玉分子，主要属正常型。在火山岩硅-碱图解图（图3-21）中，样品主要投入亚碱性系列；在火山岩TiO_2－P_2O_5相关图（图3-22）中，主要投入洋脊玄武岩区；在Zr－TiO_2相关图（图3-23）中，多投在洋脊玄武岩区内。岩石微量元素含量见表3-13，与维氏值相比，Rb、Sr、Ba大离子亲石元素普遍偏低，非活动性元素Zr、Nb低，Ta、Hf高。亲铁元素Cr、Ni普遍较高，其微量元素丰度特征比值Hf/Ta为0.5～2<5，Nb/La为0.1～1，Hf/Th为0.6～1.9<8，与Condie于1989给出的构造背景判别板内和洋中脊玄武岩划分范围一致。在Hf－Th－Ta判别图（图3-24）中，主要落入板内碱性玄武岩和P－MORB区；在Nb－Zr－Y判别图（图3-25）中，主要投入板内拉斑玄武岩C区及与P－MORB、N－MORB区的界线附近；在Zr－Zr/Y（图3-26）中，主要投入大洋玄武岩和板内玄武岩区及其附近。其微量元素蛛网图型式（图3-27）部分表现为强不相容元素Th、Ta强烈富集和Sr、K_2O亏损的特征，从P_2O_5到Sc分馏不明显，主要特征与洋中脊玄武岩相似。

表3-12　白垩纪朗县混杂岩火山岩化学成分表

样号	岩石名称	氧化物含量(%)												
		SiO_2	TiO_2	Al_2O_3	Fe_2O_3	FeO	MnO	MgO	CaO	Na_2O	K_2O	P_2O_5	烧失量	总量
1:25林芝幅	绿帘斜长角闪片岩	51.55	1.10	15.39	3.91	6.95	0.24	6.76	8.38	3.57	0.20	0.12	1.81	99.98
		45.5	1.95	10.93	7.01	4.86	0.16	14.18	12.11	1.94	0.48	0.14	0.93	100.19
	斜长角闪岩	48.52	0.88	14.61	5.82	4.92	0.23	7.18	12.61	2.19	0.23	0.15	1.77	99.11
	绿帘钠长绿泥片岩	52.67	0.71	17.02	2.43	7.32	0.20	6.8	2.8	6.22	0.08	0.09	3.71	100.05
ZR258-2	变基性火山岩	42.26	1.15	19.14	3.21	10.93	0.25	13.68	10.09	0.00	0.10	0.10	7.23	98.14
ZR5304-9	斜长绿泥绿帘阳起片岩	55.48	1.08	16.53	4.28	5.37	0.2	3.62	8.51	2.57	0.18	0.20	2.13	100.15
ZR1042-3	钠长绿泥绿帘石片岩	44.87	1.3	16.09	1.19	8.65	0.16	6.64	8.34	3.24	0.06	0.12	9.04	99.70
ZR1023-3	蚀变玄武岩	46.92	2.32	13.16	2.22	8.98	0.19	5.51	9.18	2.71	0.08	0.27	7.56	99.10

续表 3-12

样号	CIPW 标准矿物含量(%)											岩石化学指数			
	Q	An	C	Di	Hy	Ab	Or	Ol	Ap	Il	Mt	δ	SI	MgO/(FeO)	f/m
1:25 林芝幅	14.90	25.00		10.00	14.70	29.40			0.26	1.32	3.28	1.66	31.6	0.5	1.3
	6.78	20.30		26.30	18.10	16.60			0.32	2.45	6.16	2.34	49.8	1.1	3.1
	15.30	29.70		21.30	7.35	18.50			0.33	1.09	5.02	1.06	35.3	0.6	1.7
	9.48	13.20	1.37		21.20	51.30			0.91	0.86	2.04	4.1	29.8	0.5	1.4
ZR258-2		49.10	0.01		21.20		0.56	20.40	0.25	2.39	5.12		49	0.7	1.9
ZR5304-9	25.60	30.40		5.75	9.67	18.70	0.91		0.46	2.09	6.34	0.61	22.6	0.3	0.9
ZR1042-3	6.77	29.10		9.11	24.20	25.50	0.35		0.30	2.72	1.9	4.81	33.6	0.5	1.3
ZR1023-3	14.10	23.20		16.10	16.10	21.20	0.45		0.67	4.81	3.52	1.99	11.5	0.4	1.3

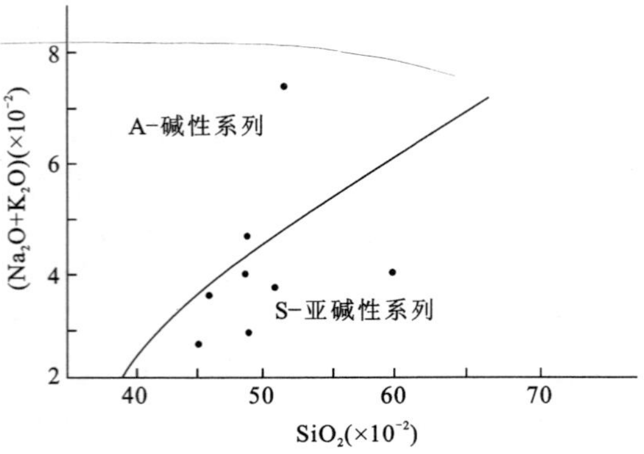

图 3-21　火山岩硅-碱图解

（据 T. N. Irvine，1971）

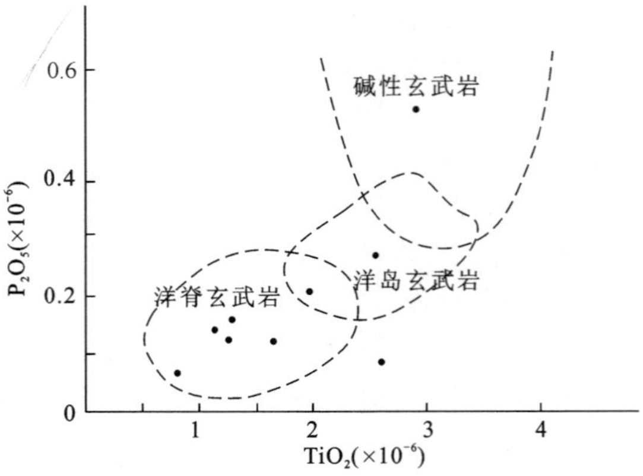

图 3-22　$TiO_2-P_2O_5$ 相关图

（据 Bass 等，1973）

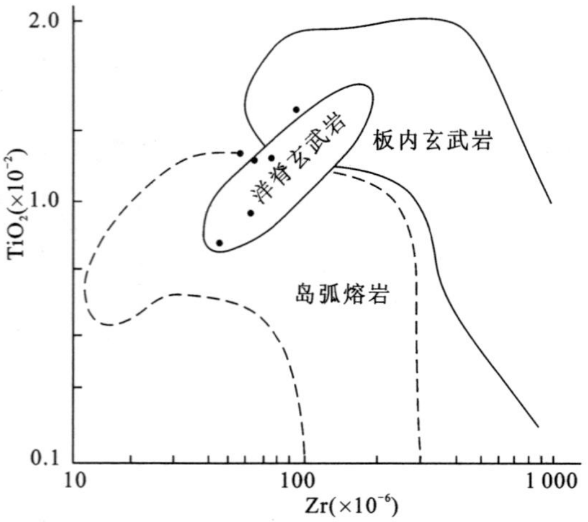

图 3-23　$Zr-TiO_2$ 相关图

（据 J. A. Pearce，1982）

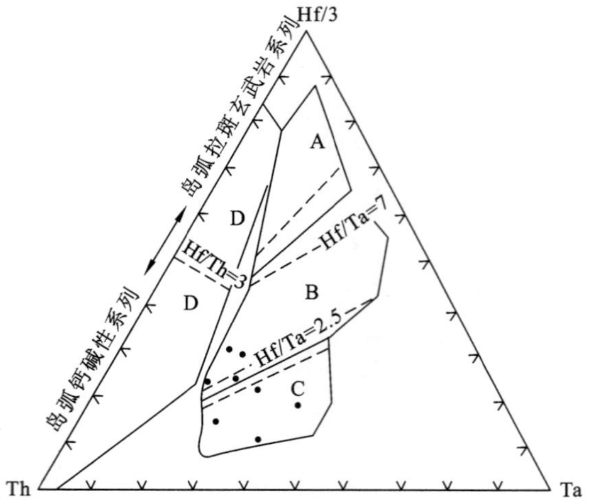

图 3-24　不同构造环境玄武岩的 Hf－Th－Ta 判别图

（据 Wood，1979）

A. M－MORB；B. P－MORB；C. 板内碱性玄武岩及分异产物；

D. 岛弧拉斑玄武岩及分异产物

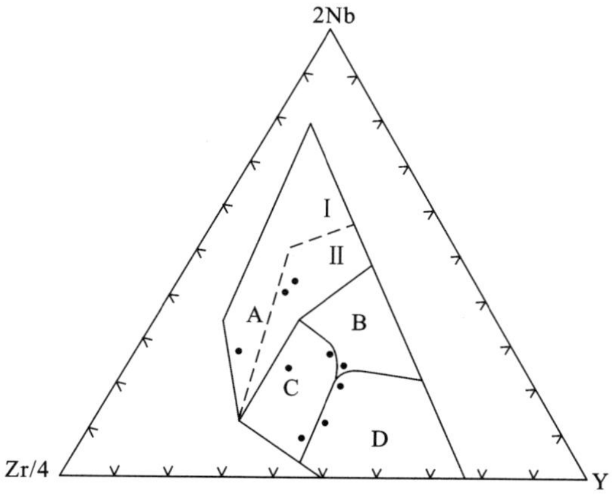

图 3-25 不同构造玄武岩的 Nb－Zr－Y 判别图
（据 Meschede，1986）
A. Ⅰ和Ⅱ. 板内碱性玄武岩；Ⅱ和 C. 板内拉斑玄武岩；
B. P－MORB；C. 火山弧玄武岩；D. N－MORB

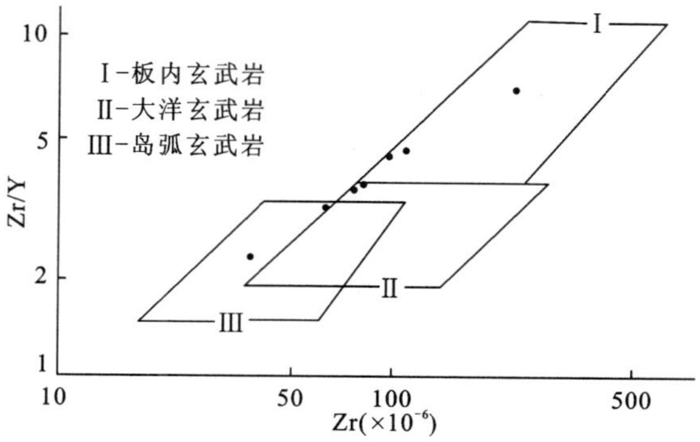

图 3-26 不同构造环境玄武岩的 Zr－Zr/Y 判别图
（据 Pearce，1979）

表 3-13 白垩纪朗县混杂岩玄武岩微量元素含量表（$\times 10^{-6}$）

岩石名称	变基性火山岩	蚀变玄武岩	钠长绿泥绿帘石片岩	斜长绿泥绿帘石片岩	玄武岩	玄武岩	玄武岩	玄武岩
Sc	29.30	24.00	23.80	36.20	42.3	46.4	35.9	43.2
Rb	4.80	5.10	4.50	3.00	3.0	9.8	3.0	3.0
Sr	628.00	297.00	274.00	102.00	150	126	281	76.0
Zr	87.10	201.00	99.10	58.00	65.0	7.0	62.0	48.0
Nb	2.00	10.60	6.40	1.80	2.0	1.4	3.6	2.0
Ba	30	30.00	30	61.00	55.0	154	70.0	38.0
Hf	4.90	7.70	2.90	1.80	2.40	1.3	1.6	1.2
Ta	3.33	2.61	1.91	0.50		3.0		
Th	＜4	＜4	＜4	1	1.0	1.0	1.0	1.0
U					0.39	0.3	0.47	0.25
V	93.20	286.00	230.00	247.00	325	149	230	281
Cr	1 246.00	301.00		47.00	47.0	678	515	71.0
Co	51.00	36.20		28.50	34.0	43.5	44.3	33.2
Ni	197.00	36.40		22.00	30.0	153	118	20.0
Cu	12.50	15.10	57.20	87.00	115	6.0	36.0	69.0
Pb				6.10	9.7	10.0	9.9	4.6
Zn			80.70	104.00	77.0	88.0	105	104
Cs			4.20		9.0			
Ba/ Rb	6.3	20.3	6.7	5.9	18.3	13.7	23.3	12.7
Rb/Sr	0.008	0.029	0.016	0.017	50.0	0.08	93.33	25.33

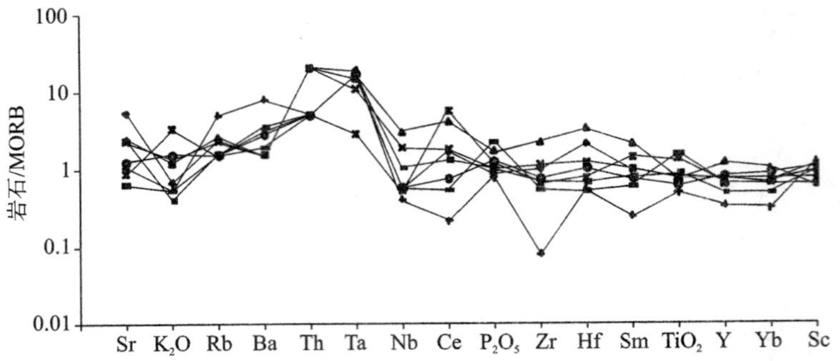

图 3-27 白垩纪朗县混杂岩火山岩微量元素蛛网图

(据 Pearce,1982)

岩石的稀土元素丰度(×10⁻⁶)(表 3-14),∑REE22.54～130.29,∑Ce/∑Y0.49～3.89,$(La/Yb)_N$ 0.59～3.23,$(La/Sm)_N$ 0.69～3.99,$(Gd/Yb)_N$ 0.91～1.70,δEu0.56～1.14,稀土配分型式主要为轻稀土弱亏损平坦型(图 3-28),其稀土总量较低,Eu 异常不明显,轻稀土之间和重稀土之间分馏程度不明显,二者间分馏程度很低,主要与正常洋中脊玄武岩相似(Lercex,1983)。

表 3-14 晚三叠世朗县混杂岩稀土元素含量表($\times10^{-6}$)

岩石名称	变基性火山岩	蚀变玄武岩	钠长绿泥绿帘石片岩	斜长绿泥绿帘石片岩	玄武岩	玄武岩	玄武岩	玄武岩
La	6.34	16.02	6.84	28.82	2.90	0.86	4.86	1.93
Ce	16.34	40.75	17.50	56.09	7.41	2.11	13.02	5.29
Pr	2.78	5.84	2.41	6.92	1.38	0.39	1.97	0.98
Nd	11.92	26.24	11.06	25.05	7.05	1.98	8.40	5.30
Sm	3.15	6.98	3.19	4.54	2.39	0.79	2.55	1.90
Eu	0.95	2.39	1.16	0.74	1.10	0.35	0.87	0.81
Gd	3.71	7.04	3.71	3.24	3.60	1.29	2.97	2.94
Tb	0.70	1.20	0.67	0.57	0.65	0.26	0.47	0.49
Dy	4.00	7.18	4.09	3.60	4.45	1.75	2.91	3.46
Ho	0.80	1.28	0.78	0.72	0.96	0.38	0.61	0.75
Er	2.48	3.69	2.34	2.08	2.77	1.07	1.71	2.08
Tm	0.41	0.55	0.37	0.34	0.45	0.17	0.25	0.33
Yb	2.49	3.34	2.13	2.18	2.91	1.02	1.63	2.22
Lu	0.37	0.48	0.31	0.34	0.46	0.16	0.24	0.34
Y	21.31	34.61	21.35	18.33	24.06	9.67	14.19	18.81
∑REE	50.69	114.92	51.41	130.29	62.54	22.25	56.65	47.63
∑Ce/∑Y	1.14	1.65	1.18	3.89	62.54	22.25	56.65	47.63
δEu	0.85	1.03	1.03	0.56	1.14	1.05	0.97	1.05
$(La/Yb)_N$	1.72	3.23	2.17	8.91	0.67	0.57	2.01	0.59
$(La/Sm)_N$	1.27	1.44	1.35	3.99	1.21	1.09	1.91	1.02
$(Gd/Yb)_N$	1.20	1.70	1.41	1.20	1.24	1.26	1.82	1.32

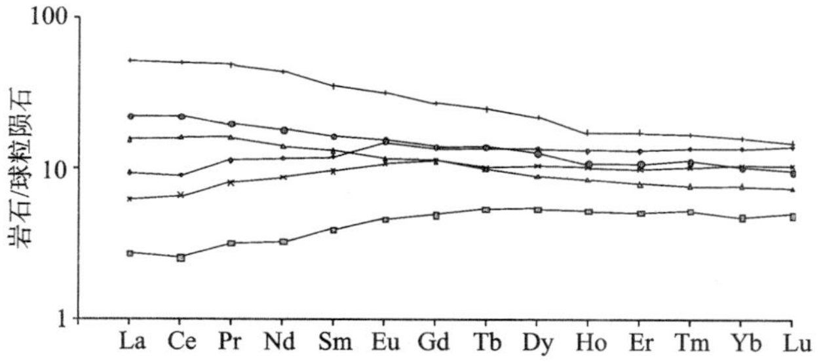

图 3-28　白垩纪朗县混杂岩火山岩稀土元素配分曲线

（据 Boynton，1984）

从上述岩石化学、地球化学特征，以及各类判别图解可以得出朗县白垩纪基性火山岩形成的构造环境，可能为扩张洋盆的洋脊。在罗布莎蛇绿岩群上部枕状玄武岩中所获 Rb－Sr 等时线年龄为 173.27±10.90Ma 及 168.24±11.03Ma；在泽当变质基性熔岩中获 Rb－Sr 等时线年龄为 215.57±20.68Ma，其时代为 T_3—J_2，而其上共生的远洋沉积的放射虫硅质岩中采获放射虫：*Praeonocaryinuna* sp.，*Trillus* sp.，*Podobursa* sp.，*Puntanillium* sp.，*Archaeodictyomizra* sp.，*Paronaella* sp.，*Hsuun* sp.，*Alievium* sp 等，其时代为侏罗纪、白垩纪。并在泽当又采获 *Copnuchosphoaera* sp.，*Befracihum* sp.，*Pseudostylosphaera sp*. 等中—晚三叠世放射虫。表明洋盆在中晚三叠世以来就有了强烈的海底扩张，导致大洋拉斑玄武岩浆活动。因此，可以认为雅鲁藏布江洋盆至少在中晚三叠世时就具初始洋盆规模，经历了侏罗纪到白垩纪的长期发展的过程。

四、基性岩脉

基性岩脉主要分布于章村、燃木章、玉门等地。主要有辉绿岩、辉绿玢岩。据地质特征分析，此类岩脉为玄武岩浆结晶分异的产物。

辉绿岩脉，岩石呈灰绿—暗绿色，具蚀变辉绿结构。块状构造。矿物成分主要为：自形—半自形板条状、具强绢云母化基性斜长石（60%～70%），他形粒状角闪石（20%～25%），角闪石已全蚀变由绿泥石及方解石所取代，并析出铁质，少量石英（<5%）他形粒状充填。

片理化变基性岩脉（图版Ⅺ－8），岩石呈灰绿色，普遍受后期变质和蚀变作用强烈，原岩面貌不清。基性斜长石变为钠长石、绿帘石、黝帘石及绢云母。辉石蚀变为纤闪石、绿泥石、方解石，部分角闪石变为阳起石和绿泥石。

第二节　中酸性侵入岩

一、白垩纪中酸性侵入岩

区内中酸性岩浆侵入活动主要形成于白垩纪。其规模和数量均居全区之首，为北部冈底斯中酸性侵入岩带南段的延续部分。

岩石以早白垩世石英闪长岩、英云闪长岩、花岗闪长岩系列为主，有大小岩体 6 个，面积达 164km²。晚白垩世似见有零星斑状黑云二长花岗岩岩体。

二、早白垩世中酸性侵入岩

早白垩世中酸性侵入岩分布于秀村—朗拉岗则断裂以北，呈东西向狭长带状展布延伸，长 80km，宽 1.5～2.5km，按岩浆演化和活动顺序大致可分为早、中两个阶段，早阶段以石英闪长岩为主，中期有英云闪长岩和花岗闪长岩，晚阶段黑云二长花岗岩仅见及图幅以北。现依次分述如下。

（一）洞弄嘎石英闪长岩(11)

洞弄嘎石英闪长岩(11)为1∶25万林芝县幅里农区石英闪长岩的南延部分，东为近南北向张性断裂与肉切村岩群相接，南界被秀村—朗拉岗断裂破坏。东西长14km，南北宽1.5km，面积21km²。中国科学院地球化学研究所张玉泉，1978年在图幅以北里龙之东仲沙石英闪长岩中取黑云母，获K-Ar同位素年龄值97.1Ma，属早白垩世晚期。

岩石具半自形粒状结构，块状构造。矿物成分及含量：斜长石(50%～58%)，半自形板柱状，环带构造，An32～34；钾长石(3%～5%)，他形粒状，微细条纹，属条纹长石；石英(5%～15%)，他形粒状；角闪石(20%～25%)，自形—半自形柱状，Ng—黄绿、Nm—绿、Np—浅绿黄，C∧Ng=20°～24°；黑云母(18%)，半自形片状，Ng—褐色、Nm—褐黄、Np—浅褐黄。

据1∶25万林芝县幅资料，其副矿物有磷灰石、榍石、他形粒状金属矿物等(表3-15)。锆石柱面、锥面发育(图3-29)，属MPX型。经X衍射分析，其ZrO_2/HfO_2比值为561～705，属贫铪锆石，显示成岩物质主要来自地幔的特征。

表3-15　洞弄嘎石英闪长岩副矿物成分特征表

岩石名称	副矿物含量($\times 10^{-6}$)													
	磁铁矿	钛铁矿	锆石	磷灰石	褐帘石	独居石	钍石	黄铁矿	方铅矿	白钨矿	绿帘石	石榴石	自然金	金红石
蚀变石英闪长岩	54.1	11.1	10.5	+	+		+	+++		+	24.3	+	+	+
中粒石英闪长岩	88.98	3.92	1.93		1.69	0.2	+	+			3.45		+	+

岩石名称		石英闪长岩		
锆石特征	颜色	无色	无色	黄色—无色
	光泽	亚金刚光泽	亚金刚光泽	亚金刚光泽
	透明度	透明	透明	透明
	粒度(mm)	L 0.2925～0.3407 d 0.0878～0.0975	L 0.1565～0.2145 d 0.5855	L 0.1776～0.2145 d 0.0592～0.0683
	长宽比	2∶1	2∶1～3∶1	3∶1
	包体	固体包体	固体包体	固体包体
	表面特征	晶棱清晰、晶面光滑	晶棱清晰、晶面光滑	晶棱清晰、晶面光滑
	发光性	橙黄色荧光	强黄色荧光	橙黄色荧光
	晶体形态	{110}{311}{131}{111}	{110}{100}{311}{131} {110}{111}{311}{131}	{110}{311}{131} {110}{100}{311}{111}
	晶形图	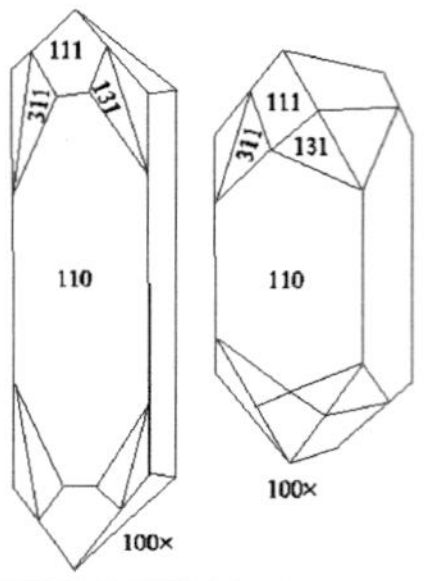	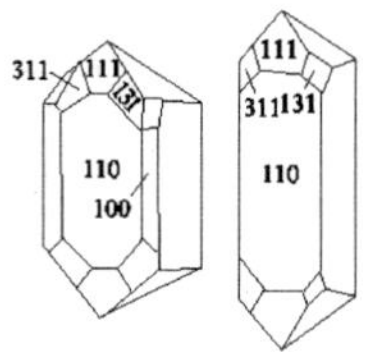	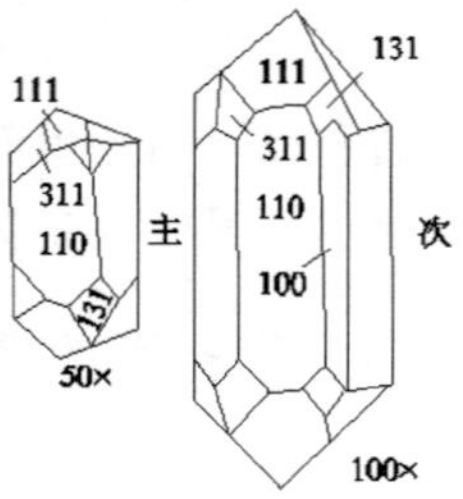

图3-29　锆石晶形图

岩石化学成分列于表3-16，与中国石英闪长岩基本相同。A/CNK0.9～1.0，δ指数2.6～4.5，属钙碱性系列。CIPW标准矿物组合为Q、Or、An、Ab、Di、Hy，属正常类型。ALK4.76，Na/K2.2，与华南同熔型花岗岩基本一致。在A－C－F图解(图3-30)中，落入Ⅰ型花岗岩区及附近。在(Al－Na－K)－Ca－(Fe^{2+}＋Mg)图解(图3-31)中均投在斜长石-角闪石-黑云母区内，具Ⅰ型花岗岩特征。

表3-16 里龙区石英闪长岩石化学成分表

岩石名称	氧化物重量(×10^{-2})											
	SiO_2	TiO_2	Al_2O_3	Fe_2O_3	FeO	MnO	MgO	CaO	Na_2O	K_2O	P_2O_5	总量
蚀变石英闪长岩	57.27	0.74	17.80	2.90	4.53	0.11	3.38	5.73	3.82	1.57	0.14	100.31
中粒石英闪长岩	57.31	0.66	17.50	2.84	4.99	0.12	3.34	6.34	3.88	1.72	0.16	99.63
石英二长岩	61.68	1.18	15.13	5.03	3.85	0.10	2.38	2.73	3.25	3.50	0.15	98.98
石英闪长岩	59.10	0.50	16.55	4.83	3.13	1.40	3.32	4.92	4.10	2.03	0.20	100.08

岩石名称	CIPW标准矿物成分(%)									岩石化学参数				
	Q	Or	Ab	An	Di	Hy	Mt	Il	Ap	DI	A/CNK	K/(Na+K)	Fe/$^{3+}$TFe	δ
蚀变石英闪长岩	21.10	8.08	27.89	24.69	0.54	11.65	4.29	1.44	0.32	57.10	1.0	0.8	0.3	3.7
中粒石英闪长岩	19.70	8.78	28.03	23.07	3.75	10.86	4.16	1.27	0.37	56.5	0.9	0.8	0.3	4.5
石英二长岩	24.13	9.99	28.53	18.26	1.63	9.27	6.81	0.93	0.44	62.7	0.9	0.8	0.6	2.6
石英闪长岩	22.14	10.25	29.32	18.71	1.68	9.52	7.00	0.95	0.46	61.7	0.9	0.8	0.6	3.0

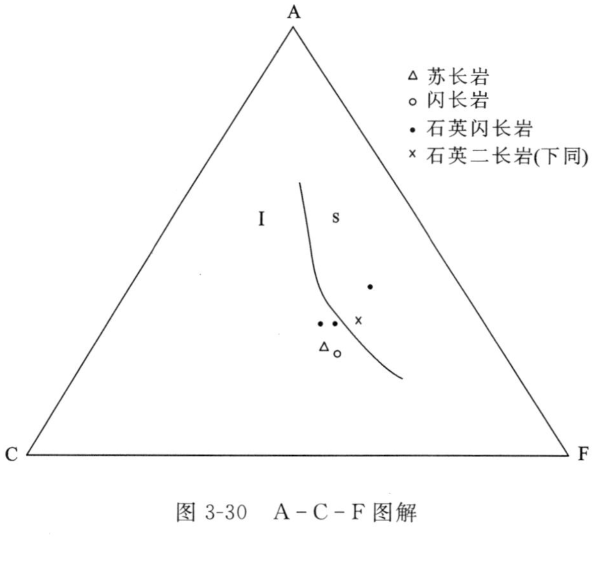

图3-30 A－C－F图解

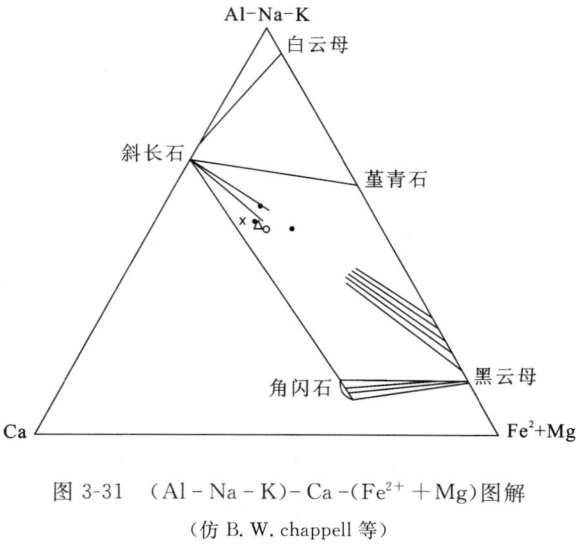

图3-31 (Al－Na－K)－Ca－(Fe^{2+}＋Mg)图解

(仿B. W. chappell等)

岩石的微量元素含量(×10^{-6})：Ba 27.0～43.5、Rb 38.5～53.7、Sr 456～521、Cs 1.2～7.5、Th 4、Zr 56.6～84.7、Hf 6.6～7.9、Nb 2.03～3.72、V 133～156、Ta 2.23～2.35、Y 11.75～12.03、Ti 3656～3798、Cu 47.4～72.7、Zn 82.3～91.5、Sc 10.7～12.7、Ga 17.9～19.1、Be 0.4～4.48、W 0.32～0.7、Sn 1.4～1.7，Rb/Sr 5～11.3，Ba/Rb 0.08～0.1，与维氏闪长岩相比Sr、Rb、Ba、Ti、Th、Zr、Nb、Ga、Be较低，Hf、V、Ta、Sc、Cu、Zn较高，余者基本相近。微量元素蛛网图型式(图3-32)以富集Rb、Hf、亏损Nb为特征，相似于Ⅰ型花岗岩。

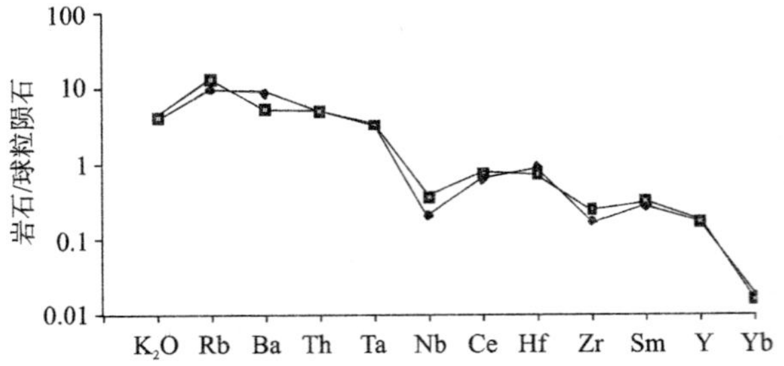

图 3-32　早白垩世石英闪长岩微量元素蛛网图

（据 Boynton,1984）

岩石的稀土元素含量（$\times 10^{-6}$）：La 10.13～12.96、Ce 22～26.75、Pr 2.72～3.05、Nd 11.29～12.78、Sm 2.43～2.82、Eu 0.77～0.81、Gd 2.17～2.45、Tb 0.37～0.43、Dy 2.09～2.29、Ho 0.41～0.44、Er 1.28～1.34、Tm 0.21、Yb 1.25～1.35、Lu 0.19～0.21、Y 11.75～12.03。$\sum$REE 69.08～79.78，LREE/HREE 6.09～6.88，δEu 0.92～ 1.01，$(La/Yb)_N$5.01～6.99，$(La/Sm)_N$2.6～2.89，$(Gd/Yb)_N$1.3～1.58，稀土配分型式为右斜轻稀土富集型，不具明显的 Eu 异常，轻稀土分馏程度较高，而重稀土低，与广西本洞英云闪长岩的稀土配分型式相似(图 3-33)。

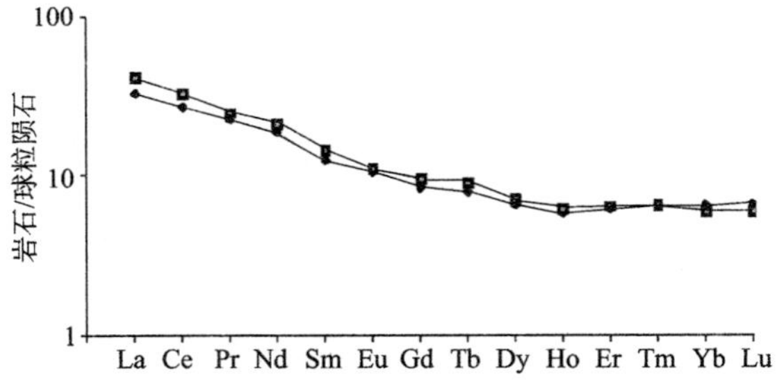

图 3-33　早白垩世石英闪长岩稀土元素配分曲线

（据 Boynton,1984）

（二）中阶段英云闪长岩和花岗闪长岩

中阶段早期才江俄马英云闪长岩(3)为区内中酸性侵入岩的主体部分；而中阶段晚期花岗闪长岩常与前者共生在一起，计有卒金多(2)、赛穷多(5)、倍朗(8)、错帮嘎(10)4 个岩体，出露面积 144km²。现将岩石基本特征分述如下。

1. 才江俄马英云闪长岩(3)

才江俄马英云闪长岩位于图幅北端秀村—才江俄马一带，呈东西向延伸，宽 1.5～2.5km，图内长约 70km。南以秀村—朗拉岗则断裂为界与朗县混杂岩相接，东与早阶段的石英闪长岩呈断层接触，为 1∶25 万林芝县幅永进区英云闪长岩的南延部分。图内面积达 128km²。

岩体以中粒英云闪长岩为主，边部有少量中细粒英云闪长岩、片麻状细粒英云闪长岩。

中粒英云闪长岩具中粒花岗结构。矿物成分及含量：斜长石(65%)，环带构造不明显，成分为 An22～35，为更中长石；微斜长石(3%)；石英(20%～25%)，他形粒状；普通角闪石(3%～5%)，绿色—棕色，常被黑云母交代；黑云母(4%～8%)，棕—棕褐色，Nm=1.676；副矿物有磷灰石、榍石、锆石、褐帘石、磁铁矿。

片麻状细粒英云闪长岩，具细粒花岗结构，块状—片麻状构造。矿物成分与中粒英云闪长岩相同，斜长石具绢云母化，黑云母轻微绿泥石化。

岩石中副矿物含量见表3-17，为钛铁矿±磁铁矿+绿帘石+锆石+磷灰石±褐帘石组合，较复杂，并出现少量方铅矿。以褐帘石—榍石型、钛铁矿—锆石型为主。具有同熔型和重熔型花岗岩副矿物组合的双重特色。岩石中大量绿帘石的出现，可能与成岩后经历了广泛蚀变作用有关。在外接触带出现硅化、黄铁矿化、并伴生铜、金矿化。

表3-17　早白垩世中阶段英云闪长岩副矿物成分特征表

岩石名称	副矿物含量（$\times10^{-6}$）											
	磁铁矿	钛铁矿	榍石	锆石	磷灰石	褐帘石	独居石	磷钇矿	钍石	黄铁矿	方铅矿	绿帘石
中粒英云闪长岩	0.7		++	3.7	2.8	15.3			++	+	++	77.3
中粒英云闪长岩	3.7		++	2.9	0.25					+	0.17	93
中粒英云闪长岩	26.4	43		0.6	0.4	0.24				++	0.03	29.3

锆石特征见图3-34，属MPX型。经X射线分析，其ZrO_2/HfO_2比值为19.99～94.98，平均值为57.32，具幔源和深部地壳之Ⅰ型花岗岩特征。

岩石名称		英云闪长岩			
锆石特征	颜色	水红色	淡黄棕色	淡黄棕色	无色—淡黄棕色
	光泽	亚金刚光泽	强金刚光泽	金刚光泽	金刚光泽
	透明度	透明	透明	透明	透明
	粒度(mm)	L 0.3108～0.3404 d 0.0962～0.1036	<0.05～0.2，个别0.3	<0.05～0.2，个别0.3	<0.05～0.15
	长宽比	3.2∶1	2.5∶1～3∶1	2∶1～2.5∶1	2∶1～3∶1
	包体	有固态包体	透明矿物雏晶和气液包裹体	透明锆石、磷灰石雏晶及气液包裹体	有固态包体
	表面特征	晶棱清晰、晶面光滑	晶体发育匀称、棱面保存完好	晶体匀称、棱面完好	晶体匀称、棱面完好
	发光性	橙黄色荧光	黄色荧光	黄色荧光	黄色荧光
	晶体形态	{100}{110}{311} {111}{100}{110} {311}{131}{111}	{100}{110}{111} {131}{311}	{110}{100}{111} {131}{311}{110} {100}{111}{131} {311}	{110}{100}{111} {100}{110}{111}
	晶形图	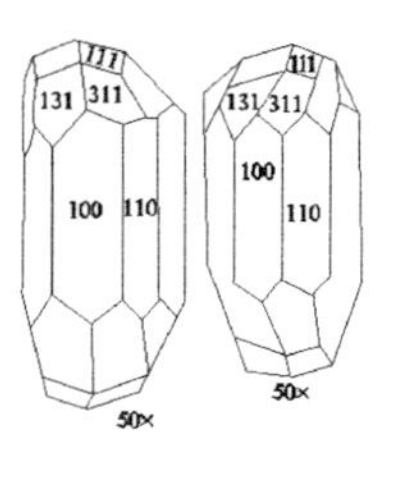	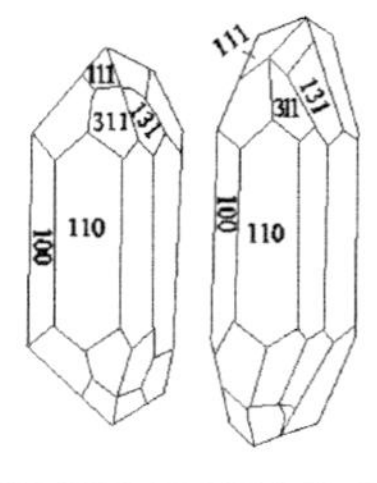	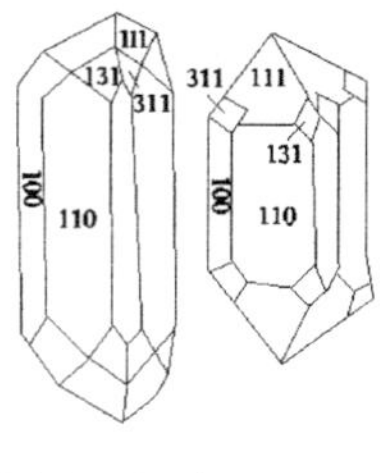	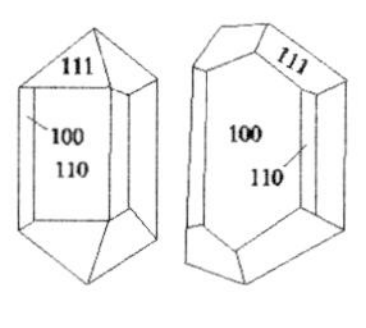

图3-34　锆石晶形图

岩石化学成分见表3-18，与同类岩石平均化学成分（Nockolds，1954）相比，SiO_2、TFe、MgO、CaO变化大，Na_2O、K_2O明显偏高。A/CNK0.7～1.1，δ指数除少量高低有变化外，大部分集中在1.9～3.2之间，主要为钙碱性岩石系列。CIPW标准矿物组合有Q、Or、Ab、An、Di、Hy和Q、C、Or、Ab、An、Hy，分属正常类型和铝过饱和类型。

表 3-18　早白垩世中阶段英云闪长岩岩石化学成分表

岩石名称	氧化物重量($\times10^{-2}$)												
	SiO_2	TiO_2	Al_2O_3	Fe_2O_3	FeO	MnO	MgO	CaO	Na_2O	K_2O	P_2O_5	灼减	总量
中粒英云闪长岩	69.44	0.42	14.37	0.24	3.72	0.04	0.94	2.35	3.17	3.77	0.15	0.47	99.08
石英闪长玢岩	63.35	0.67	15.55	1.16	4.96	0.09	2.23	3.47	3.41	2.78	0.20	1.28	99.15
中细粒英云闪长岩	62.67	0.67	15.86	1.78	4.61	0.09	2.44	4.83	3.34	2.63	0.18	0.73	99.83
中粒英云闪长岩	61.25	0.73	15.77	1.79	5.53	0.11	2.62	5.45	3.44	2.17	0.18	0.88	99.92
片麻状细粒英云闪长岩	62.40	0.35	19.35	1.59	3.52	0.04	0.77	3.43	5.31	3.02	0.11	0.39	100.28
中粒英云闪长岩	60.69	1.01	13.27	4.69	4.83	0.08	2.52	5.55	3.45	2.85	0.31		99.25
中细粒英云闪长岩	67.37	0.33	15.88	1.52	3.21	0.08	0.86	3.33	4.47	1.54	0.16		99.11
中粒英云闪长岩	66.52	0.30	16.22	1.21	2.53	0.06	1.02	3.12	4.71	2.68	0.17	0.77	99.31
片麻状中粒英云闪长岩	61.66	0.62	16.36	1.83	5.08	0.07	2.28	4.91	4.18	1.77	0.20	0.80	99.76
英云闪长岩	64.60	0.54	15.75	1.79	2.85	0.08	2.22	4.41	3.45	3.15	0.18	1.06	100.08

岩石名称	CIPW 标准矿物成分(%)										岩石化学参数				
	Q	C	Or	Ab	An	Di	Hy	Mt	Il	Ap	DI	A/CNK	K/(Na+K)	Fe^{3+}/TFe	δ
中粒英云闪长岩	37.76	0.18	19.28	22.96	9.77		7.51	0.35	0.82	0.35	80.0	1.1	0.6	0.0	1.4
石英闪长玢岩	29.94	1.11	14.33	24.89	14.72		11.53	1.73	1.29	0.46	69.2	1.0	0.6	0.2	1.9
中细粒英云闪长岩	28.02		13.38	24.03	18.66	1.66	9.96	2.60	1.27	0.42	65.4	0.9	0.7	0.3	2.8
中粒英云闪长岩	25.97		11.05	24.82	19.31	3.46	10.93	2.62	1.41	0.42	61.8	0.9	0.7	0.2	3.2
片麻状细粒英云闪长岩	21.56	1.38	15.24	38.05	14.71		5.83	2.31	0.66	0.25	74.9	1.1	0.7	0.3	2.1
中粒英云闪长岩	26.42		14.49	24.89	11.81	9.52	4.01	6.86	1.94	0.72	65.8	0.7	0.6	0.5	4.0
中细粒英云闪长岩	35.41	1.19	7.78	32.40	14.15		5.73	2.23	0.63	0.73	75.6	1.1	0.8	0.3	1.0

续表 3-18

岩石名称	CIPW 标准矿物成分(%)										岩石化学参数				
	Q	C	Or	Ab	An	Di	Hy	Mt	Il	Ap	DI	A/CNK	K/(Na+K)	Fe^{3+}/TFe	δ
中粒英云闪长岩	30.64	0.30	13.73	34.18	13.19		5.22	1.78	0.57	0.39	78.6	1.0	0.7	0.3	1.4
片麻状中粒英云闪长岩	25.47		9.04	30.18	18.84	1.78	10.33	2.68	1.20	0.46	64.7	0.9	0.8	0.2	2.4
英云闪长岩	29.90		16.05	24.89	16.61	1.79	6.69	2.62	1.04	0.42	70.8	0.9	0.6	0.4	2.6

在 A-C-F 图解(图 3-35)中，主要落入Ⅰ型区，部分投入 S 型区；在(Al-Na-K)-Ca-(Fe^{2+}+Mg)图解(图 3-36)中，均落在斜长石—黑云母连线的下方；在 Q-Ab-Or 图解(图 3-37)中，其投点均密集分布于低温槽区内，表明应属岩浆成因。在 Q-Ab-Or-H_2O 相图(图 3-38)上，反映其成岩温度为 700～800℃之间，与包体均一温度测定 680～780℃结果基本一致。压力在 2kb 左右。

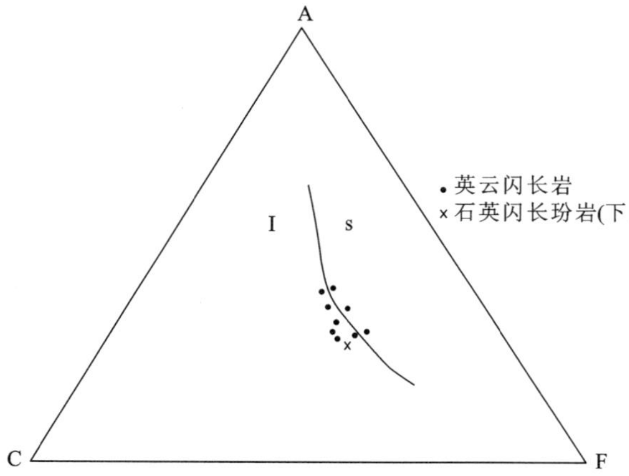

图 3-35 A-C-F 图解

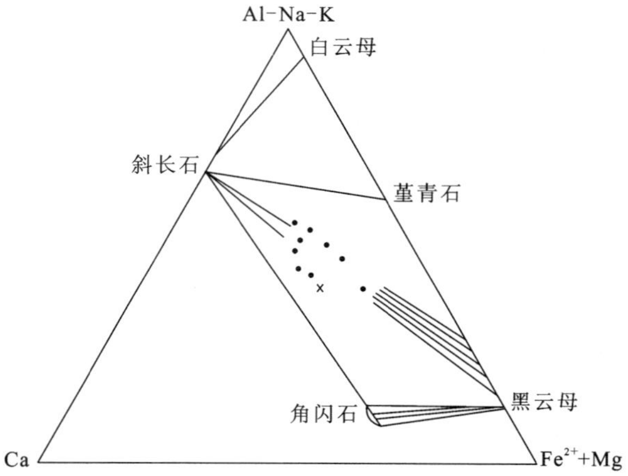

图 3-36 (Al-Na-K)-Ca-(Fe^{2+}+Mg)图解
(仿 B. W. chappell 等)

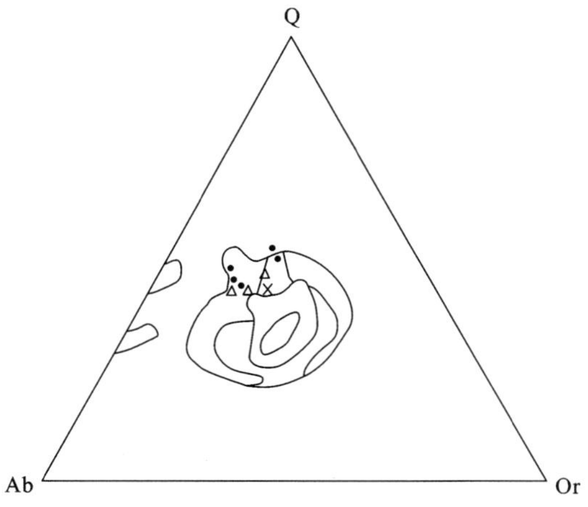

图 3-37 Q-Ab-Or 图

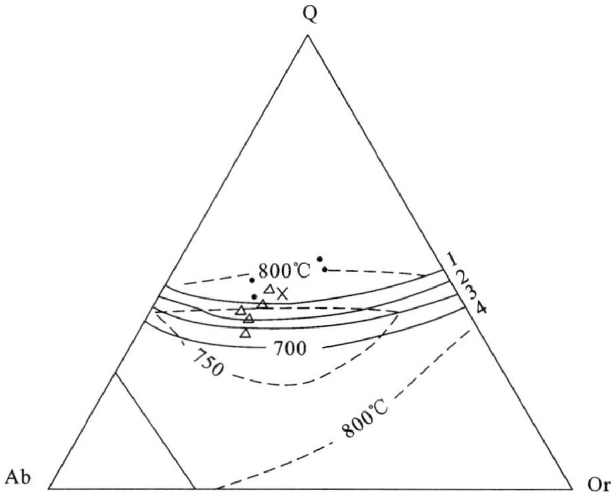

图 3-38 Q-Ab-Or-H_2O 相图

1. PH_2O=0.5kb；2. PH_2O=1kb；3. PH_2O=2kb；4. PH_2O=3kb

岩石的微量元素含量见表3-19，与维氏英云闪长岩相较，富集Sr、V、Ti、Cu、Zn、Hf、Sc，Ba、Rb、Zr、Nb、Ta、Th、Li、Be、W、Sn偏低，余者则相近。微量元素蛛网图型式以富集Rb、Ce，亏损Nb、Hf为特征，大部分与火山弧花岗岩相似（图3-39）。

表3-19　早白垩世中阶段英云闪长岩微量元素含量表（$\times10^{-6}$）

岩石名称	中粒英云闪长岩	石英闪长玢岩	中细粒英云花岗闪长岩	中粒英云闪长岩	片麻状细粒英云闪长岩	中细粒英云闪长岩	中粒英云闪长岩	片麻状中粒英云闪长岩	英云闪长岩
Ba	710	447	501	461	1091	357	1015	109	576
Rb	162	142	90.7	90.1	72.8	39.5	97.3	6.8	78.8
Sr	293	381	417	464	538	647	1149	658	451
V	52.5	109	116	126	45	46.8	48.8	299	103.5
Ti	2402	3525	3659	4082	2000	1707	1462	6266	
Cu	17.8	24.3	26.5	26.8	24.2	39.6	28.7	39	47.2
Zn	59.6	70.9	68.3	81.7	55	58.1	50.4	111	95
Zr	147	126	145	141	298	132	138	24	118
Nb	12.39	9.76	6.97	8.81	3.35	4.82	6.08	2.24	6
Ta	1.36	1.65	2.33	2.2	1.85	1.64	1.3	2.93	<0.5
Y	21.85	27.13	19.54	24.74	6.36	5.36	9.59	12.2	13.82
Th	8.7	4.5	<4	<4	14.6	<4	27.2	<4	3.2
Hf	6.9	5	2.9	1.7	10.5	5.6	8.2	5.9	3.5
Sc	8.1	10.5	10	12.4	5.8	7.7	3.4	18.4	15
Cs	10.1	6.8	5.4	3.8	4.9	2.8	9.7	1.9	8
Ga	17.7	18.8	16.8	17.7	19.7	18.4	18.9	20.4	21.6
Li	36.9	44.4	20.1	16.2	11.7	12	22.5	10.3	14.5
Be	2.8	1.8	0.8	1.2	1.2	0.8	0.27	0.65	
W	0.91	0.75	0.54	0.54	0.43	0.43	0.43	0.48	
Sn	4.9	6	1.8	3.2	2.2	3.6	1.7	2.3	0.9
U									0.67
Ba/Rb	4.4	3.2	5.5	5.1	15	9.0	10.4	16.0	7.3
Rb/Sr	0.6	0.4	0.2	0.2	0.1	0.1	0.1	0.01	0.2

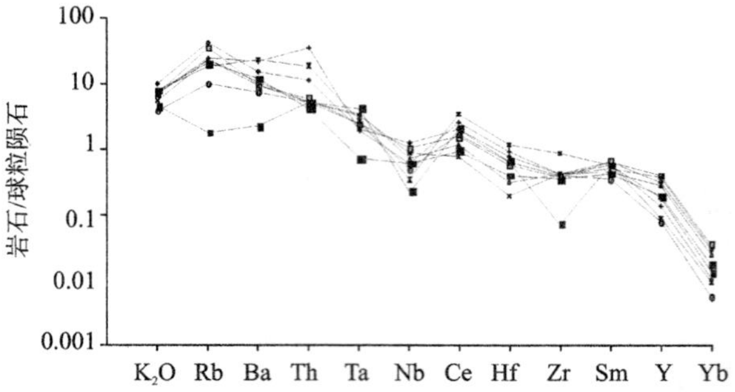

图3-39　早白垩世英云闪长岩微量元素蛛网图

（据Boynton，1984）

岩石的稀土元素含量见表 3-20，$\sum$REE95.7×10^{-6}～257.52×10^{-6}，LREE/HREE3.97～35.67，$(La/Yb)_N$3～64.54，δEu0.67～1.1，其稀土配分型式为轻稀土富集右倾曲线（图 3-40），显示同熔型花岗岩特征。

表 3-20 早白垩世中阶段英云闪长岩稀土元素含量表（×10^{-6}）

岩石名称	中粒英云闪长岩	石英闪长玢岩	中细粒角闪黑云花岗闪长岩	中粒英云闪长岩	片麻状细粒英云闪长岩	中细粒黑云斜长花岗岩	中粒英云闪长岩	片麻状中粒英云闪长岩	英云闪长岩
La	35.57	25.94	18.87	10.99	70.84	29.93	46.64	31.37	14.26
Ce	70.04	53.72	40.81	26.11	116.3	57.24	86.07	70.12	31.7
Pr	8.51	6.88	5.3	4.05	12.86	0.66	9.87	8.21	4.14
Nd	30.22	27.36	19.67	17.51	38.29	21.41	32.19	28.32	16.96
Sm	5.76	5.6	4.05	4.35	4.96	3.01	4.96	4.94	3.68
Eu	1.17	1.25	1.11	1.01	1.06	0.7	1.23	1.11	0.98
Gd	4.68	4.89	3.64	4.29	2.74	1.87	3.17	3.42	3.16
Tb	0.75	0.79	0.6	0.75	0.38	0.26	0.46	0.53	0.5
Dy	3.99	4.52	3.31	4.33	1.69	1.14	1.85	2.45	2.73
Ho	0.77	0.86	0.65	0.86	0.29	0.22	0.36	0.47	0.51
Er	2.24	2.61	1.99	2.65	0.75	0.55	0.9	1.28	1.42
Tm	0.35	0.42	0.3	0.39	0.13	0.08	0.14	0.19	0.22
Yb	2.22	2.71	1.93	2.47	0.74	0.45	0.82	1.07	1.4
Lu	0.33	0.41	0.29	0.37	0.13	0.07	0.12	0.15	0.22
Y	21.85	27.13	19.54	24.74	6.36	5.36	9.59	12.2	13.82
$\sum$REE	188.45	165.09	112.06	104.87	257.52	129.22	98.37	165.83	95.7
LREE/HREE	9.87	7.02	7.07	3.97	35.67	24.34	23.14	6.62	7.06
δEu	0.67	0.71	0.87	0.71	0.8	0.84	0.89	0.78	1.1
$(La/Yb)_N$	10.8	6.45	6.59	3.0	64.54	44.84	38.35	19.77	6.87
$(La/Sm)_N$	3.88	2.91	2.93	1.59	8.98	6.25	5.91	3.99	2.44
$(Gd/Yb)_N$	1.7	1.46	1.52	1.4	2.99	3.35	3.12	2.58	1.82

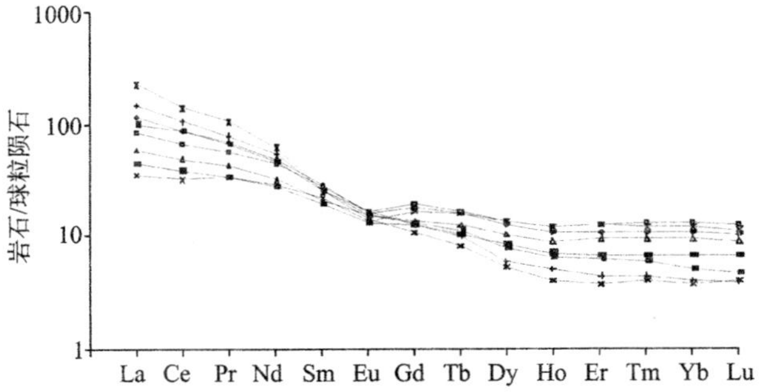

图 3-40 早白垩世英云闪长岩稀土元素配分曲线

（据 Boynton，1984）

2. 卒金多花岗闪长岩(1)

卒金多花岗闪长岩位于秀村以北呈北西向展布，东与早期英云闪长岩呈脉动接触关系，南与朗县混杂岩以断层相接。岩体长 4km，宽 0.9km，面积约 3.5km^2。为 1∶25 万林芝县幅压日芝花岗闪长岩的南延部分。在压日芝一带沿接触带发育角岩、矽卡岩化、黄铁矿化，并有铜、钼矿化伴生。据中国科学院地质研究所 1965 年在工布江达县皮康村花岗闪长岩中所采黑云母 K－Ar 法年龄 107.3Ma，时代属早白垩世晚期。

以中粒花岗闪长岩为主，部分为中粗粒花岗闪长岩和细粒花岗闪长岩。岩石具中粒花岗结构，块状构造，有少量具片麻状构造。主要矿物成分：斜长石(35%～45%)，石英(20%～25%)，角闪石(8%～15%)，黑云母(10%～15%)，微斜长石＋条纹长石(5%～20%)，副矿物有榍石、磷灰石、锆石及金属矿物。

斜长石为长板状，部分钠黝帘石化，环带构造一般不明显，An15～42，其平均光学有序度为 0.72。钾长石的 $2V_{Np}$ 为 67°～84°，⊥$2V_{Ng}$＝6°～18°，平均有序度为 0.72。黑云母棕色，Nm＝1.651～1.657，并常具绿泥石化。岩石的副矿物组合为磁铁矿＋钛铁矿＋榍石＋绿帘石＋锆石。其锆石以 MP 型为主(图 3-41)，ZrO_2/HfO_2 比值为 64.33，属富稀土锆石，其物质来源与地幔或下地壳有关。

岩石名称		花岗闪长岩		
锆石特征	颜色	无色	乳黄、淡黄棕色	淡黄棕色
	光泽	亚金刚光泽	弱金刚光泽—脂肪光泽	金刚光泽
	透明度	透明	透明	透明
	粒度(mm)	*L* 0.1268～0.3264 *d* 0.048～0.1332	*d*<0.05～0.2	*d*<0.05～0.15
	长宽比	1.8∶1～3∶1	2∶1～2.5∶1	2∶1～3∶1
	包体	固态包体	含圆形、长形透明包体	含白色透明包体
	表面特征	晶棱清晰、晶面光滑	晶体发育匀称、棱面保存完好	晶体发育匀称、棱面保存完好
	发光性	橙黄色荧光	橙黄色荧光	橙黄色荧光
	晶体形态	{100}{111} {110}{311}{131} {110}{100}{111}	{110}{100}{331}{131} {100}{110}{111}{311}{131}	{100}{110}{111} {100}{110}{311}
	晶形图	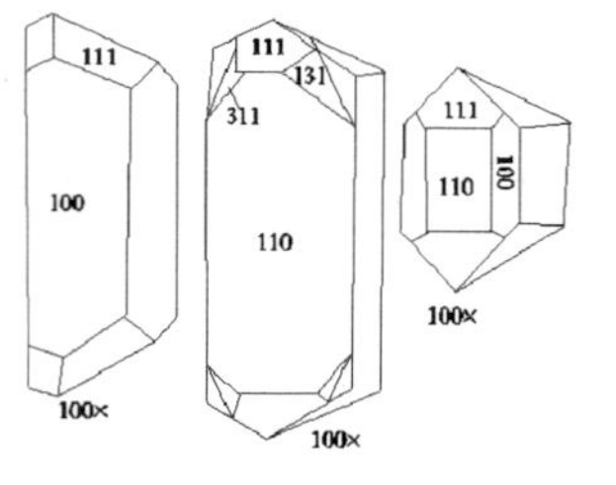	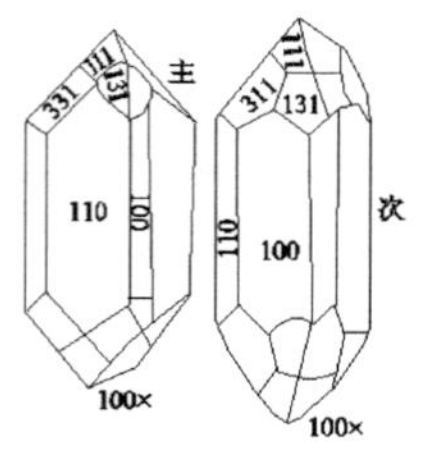	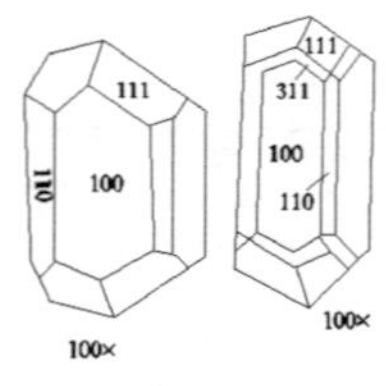

图 3-41　锆石晶形图

岩石化学成分见表 3-21，与中国同类岩石平均化学成分比较，SiO_2、TFe 偏低，MgO、CaO 变化较大，A/CNK0.7～1.2，K_2O+Na_2O0.5～0.8，Fe^{2+}/TFe0.2～0.8，δ0.7～3，主要为钙碱性系列。CIPW 标准矿物组合有 Q、Or、Ab、An 、Di、Hy 和 Q、C、Or、Ab、An、Hy，分属正常类型和铝过饱和类型。经包体均一温度测定结果为 700～800℃，与岩浆成因成岩温度一致。

表 3-21 早白垩世中阶段花岗闪长岩岩石化学成分表

岩石名称	氧化物重量(%)												
	SiO_2	TiO_2	Al_2O_3	Fe_2O_3	FeO	MnO	MgO	CaO	Na_2O	K_2O	P_2O_5	灼减	总量
中粒花岗闪长岩	66.82	0.63	14.61	0.91	4.59	0.09	1.80	5.41	2.57	2.18	0.09	0.76	100.46
中粒黑云角闪花岗闪长岩	66.40	0.51	14.09	1.39	3.92	0.10	1.64	4.61	2.57	3.26	0.06	1.28	99.83
花岗闪长岩	62.29	0.47	15.25	4.97	2.69	0.08	2.59	5.37	2.30	2.30	0.19		98.50
黑云母花岗岩	67.62	0.57	15.52	0.90	3.27	0.09	0.90	2.93	3.61	3.34	0.17		98.92
碎裂化蚀变花岗闪长岩	64.40	0.61	14.81	1.62	4.00	0.10	2.02	4.89	2.74	2.80	0.13	1.24	99.36
细粒黑云花岗闪长岩	67.84	0.44	15.06	1.09	3.05	0.12	0.93	3.83	4.22	2.76	0.09	0.34	99.77
中细粒角闪黑云花岗闪长岩	64.18	0.70	16.08	1.79	4.65	0.13	2.12	4.36	3.61	2.22	0.15	0.58	100.57
中细粒黑云花岗闪长岩	70.17	0.31	14.31	0.87	3.17	0.07	0.94	2.63	3.79	2.89	0.11	0.35	99.61
花岗闪长岩	69.65	0.16	14.33	1.99	0.68	0.06	1.03	2.83	4.55	2.60	0.25		98.13
花岗闪长岩	69.52	0.13	14.25	2.77	1.23	0.08	2.56	1.19	3.90	3.15	0.16		98.94
花岗闪长岩	69.62	0.18	15.92	3.24	0.86	0.06	0.71	1.88	3.90	3.15	0.18		99.7

岩石名称	CIPW 标准矿物成分(%)										岩石化学参数				
	Q	C	Or	Ab	An	Di	Hy	Mt	Il	Ap	DI	A/CNK	K/(Na+K)	Fe^{3+}/TFe	δ
中粒花岗闪长岩	35.20	0.02	11.05	18.45	19.79	3.28	8.37	1.32	1.20	0.21	64.7	0.9	0.6	0.2	2.4
中粒黑云角闪花岗闪长岩	35.20		16.71	18.67	15.82	3.91	6.53	2.04	0.99	0.14	70.6	0.9	0.5	0.2	2.6
花岗闪长岩	34.18		11.81	16.73	22.41	0.67	5.54	7.32	0.91	0.44	62.7	1.0	0.6	0.6	3.0
黑云母花岗岩	34.70	1.05	17.06	26.10	12.25		6.03	0.32	1.10	0.39	77.9	1.0	0.6	0.2	1.6
碎裂化蚀变花岗闪长岩	32.98		14.39	19.95	18.26	2.65	7.88	2.39	1.18	0.30	67.3	0.9	0.6	0.3	2.8
细粒黑云花岗闪长岩	32.85		14.03	30.32	12.72	3.30	4.15	1.59	0.84	0.21	77.2	0.9	0.7	0.2	1.7
中细粒角闪黑云花岗闪长岩	29.8	0.17	11.2	25.8	18.65		10.1	2.6	1.33	0.35	85.5	1.0	0.7	0.3	2.0
中细粒黑云花岗闪长岩	37.92	0.43	14.69	27.32	11.22		6.31	1.28	0.59	0.25	79.9	1.0	0.7	0.2	1.1
花岗闪长岩	37.01		13.38	33.18	10.09	1.00	1.80	1.96	0.30	0.58	83.6	0.9	0.7	0.7	1.1
花岗闪长岩	38.44	2.80	16.05	28.18	4.43		5.58	3.88	0.25	0.37	82.7	1.2	0.6	0.7	0.7
花岗闪长岩	39.28	4.67	15.95	27.96	7.40		1.53	2.45	0.34	0.42	83.2	1.2	0.6	0.8	1.0

岩石的微量元素含量见表 3-22，与维氏花岗岩相较，富集 V、Ti、Hf、Sc，Ba、Rb、Zr、Nb、Ta、Be、W 偏低，余者则较为接近。微量元素蛛网图型式见图 3-42，具有富集 Rb、Th、Ce，亏损 Nb 同熔型花岗岩的特征。

表 3-22 早白垩世中阶段花岗闪长岩微量元素含量表($\times 10^{-6}$)

样品编号	LZ2080－1	LZ2019－1－1	LZ1557－2	LZ5408－4	LZ5409－6	LZ635－1
岩石名称	中粒花岗闪长岩	中粒黑云角闪花岗闪长岩	蚀变花岗闪长岩	细粒黑云花岗闪长岩	中细粒角闪黑云花岗闪长岩	中细粒黑云花岗闪长岩
Ba	556	553	469	455	374	457
Rb	83	114	98.7	81.8	80.5	83.7

续表 3-22

样品编号	LZ2080－1	LZ2019－1－1	LZ1557－2	LZ5408－4	LZ5409－6	LZ635－1
岩石名称	中粒花岗闪长岩	中粒黑云角闪花岗闪长岩	蚀变花岗闪长岩	细粒黑云花岗闪长岩	中细粒角闪黑云花岗闪长岩	中细粒黑云花岗闪长岩
Sr	269	276	284	362	453	257
V	109	89.5	98.7	47.5	124	46
Ti	3 398	2 662	3 202	2 237	3 840	1 631
Cu	17.3	16.7	34.9	17.7	18.4	19.1
Zn	54.1	45.2	47.5	53.4	70.8	48.6
Zr	208	123	121	159	117	90.5
Nb	12.37	10.05	10.16	8.15	9.17	6.81
Ta	1.58	1.37	1.6	1.56	1.99	1.57
Y	27.17	16.16	15.6	12.71	18.99	7.68
Th	7.9	＜4	9.4	5.9	＜4	4.3
Hf	7.5	6.1	6.1	6.8	7.7	6.5
Sc	8.3	12	9.6	8.4	11.6	8.6
Cs	4.6	4.7	7.3	3.9	7.5	3.3
Ga	16.2	14.4	16.5	14.5	18.9	16.5
Li	19.3	7	23.7	17.7	10.2	16.4
Be	1.7	1.1	1.3	1.4	1.3	2.3
W	0.75	1.29	0.64	0.64	0.75	0.75
Sn	3.8	3.3	3.5	2.2	2.1	1.8
Ba/Rb	6.7	4.9	4.8	5.6	4.7	5.5
Rb/Sr	0.3	0.4	0.4	0.2	0.2	0.3

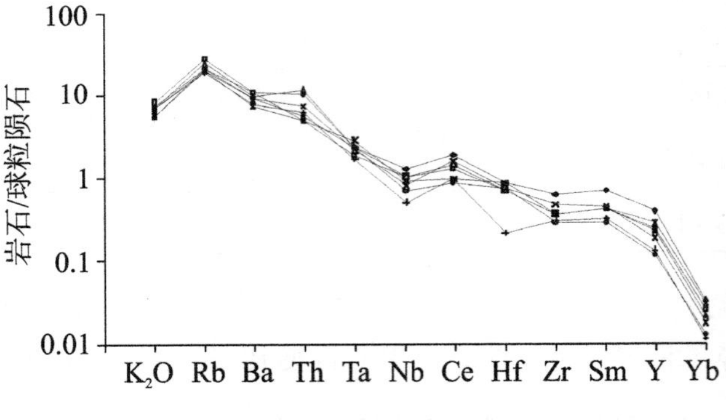

图 3-42　早白垩世花岗闪长岩微量元素蛛网图

（据 Boynton，1984）

岩石的稀土元素含量列于表 3-23，$\sum$REE78.21$\times 10^{-6}$～191.15$\times 10^{-6}$，LREE/HREE5.58～12.03，$(La/Yb)_N$5.58～12.03，$(La/Sm)_N$4.34～13.55，$(Gd/Yb)_N$2.53～4.56，δEu0.68～1.1，稀土配分型式为右斜轻稀土富集的无 Eu 异常—弱 Eu 异常型（图 3-43），轻稀土分馏程度高而重稀土分馏程度低，与华南同熔型花岗岩基本相同。岩石经全岩 δ^{18}O 测试，为 6.8‰～8.9‰，属正常 δ^{18}O 花岗岩类，与长江中下游Ⅰ型花岗岩相似。

表 3-23 早白垩世中阶段花岗闪长岩稀土元素含量表($\times 10^{-6}$)

岩石名称	中粒花岗闪长岩	中粒黑云角闪花岗闪长岩	蚀变花岗闪长岩	细粒黑云花岗闪长岩	中细粒角闪黑云花岗闪长岩	中细粒黑云花岗闪长岩
La	30.65	24.51	26.29	27.53	14.82	15.37
Ce	67.88	45.56	49.66	52.94	33.17	29.45
Pr	8.26	5.56	5.71	6.21	4.37	3.69
Nd	30.8	18.1	19.43	21.13	16.7	12.94
Sm	6.15	3.58	3.65	3.8	3.69	2.4
Eu	1.33	0.89	0.97	1.02	0.97	0.79
Gd	5.68	3.1	3.13	2.93	3.46	1.86
Tb	0.92	0.5	0.53	0.48	0.59	0.3
Dy	5.18	2.83	2.86	2.38	3.45	1.32
Ho	0.98	0.57	0.59	0.46	0.67	0.29
Er	2.86	1.76	1.71	1.32	2.08	0.8
Tm	0.41	0.28	0.26	0.2	0.34	0.14
Yb	2.54	1.9	1.73	1.37	2.3	1
Lu	0.34	0.28	0.26	0.22	0.33	0.18
Y	27.17	16.16	15.6	12.71	18.99	7.68
ΣREE	191.15	125.58	132.38	134.7	105.93	78.21
LREE/HREE	7.67	8.75	9.55	12.03	5.58	10.98
δEu	0.68	0.8	0.86	0.9	0.82	1.1
$(La/Yb)_N$	8.14	8.7	10.25	13.55	4.34	10.36
$(La/Sm)_N$	3.13	4.31	4.53	4.56	2.53	4.03
$(Gd/Yb)_N$	1.8	1.32	1.46	1.73	1.21	1.5

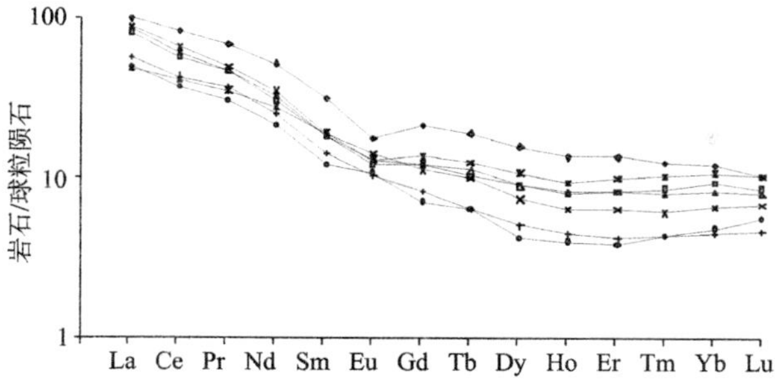

图 3-43 早白垩世花岗闪长岩稀土元素配分曲线

(据 Boynton,1984)

三、晚白垩世似斑状黑云二长花岗岩

晚白垩世似斑状黑云二长花岗岩类为冈底斯岩浆弧内最为重要的组成部分。多以岩基产出,少量呈岩株状。区内出露的 4 970 高程点岩体(6)为 1∶25 万林芝县幅甲格似斑状黑云二长花岗岩体的南延部分,岩体侵入的最新地层为中上侏罗统叶巴组,沿外接触带发育有长英质角岩带。岩体图内长 2km,宽 0.45km,面积 0.9km^2。

岩石具似斑状结构,主要矿物成分:斜长石和钾长石(微斜长石+条纹长石)的含量近于相等,均在

25%～38%之间变化，钾长斑晶最大达 3～5cm。斜长石为厚板状，具少量不清晰环带，An18～30，为中更长石。钾长石以微斜长石为主，$2V_{Np}=74°\sim84°$，⊥(010)∧Ng=2°～18°，三斜度由 0.2～0.1，出现最大微斜长石。黑云母(5%～15%)，棕色，Nm=1.648～1.649。石英(25%～32%)，他形粒状。副矿物有磷灰石、斜黝帘石、独居石、锆石和金属矿物。

岩石中副矿物含量见表 3-24，组合主要为磁铁矿＋钛铁矿＋锆石＋磷灰石＋独居石，少量为磁铁矿＋钛铁矿＋锆石＋褐帘石，较为复杂，以出现独居石、少量钍石等稀有金属矿物的 S 型花岗岩副矿物组合为特征。

表 3-24　晚白垩世似斑状黑云二长花岗岩副矿物成分特征表

岩石名称	副矿物含量($\times10^{-6}$)															
	磁铁矿	钛铁矿	榍石	锆石	磷灰石	褐帘石	独居石	褐钇矿	钍石	黄铁矿	黄铜矿	方铅矿	绿帘石	石榴石	自然金	金红石
似斑状细粒黑云二长花岗岩	83.3	11.4		1.14	+++	+	4		+	0.13	+					+
	81.9	11.9		1	0.07		4.9			+++		+		0.12		+
似斑状中粒含角闪黑云二长花岗岩	4.5	40	+	++	+		+	+	+	+	++	++	55	+	+	+
粗中粒黑云二长花岗岩	80.12	2.11	+	0.11	+++	1.93	+		+	+	++	+	15.7	++		+

锆石特征见图 3-44，以 MP 型为主。经 X 射线分析，其 ZrO_2/HfO_2 比值平均为 77.5，为富稀土锆石，与华南同熔型花岗岩中之锆石相似。

岩石名称		二长花岗岩				
锆石特征	颜色	淡黄色	无色	无色	无色	无色
	光泽	金刚光泽	亚金刚光泽	亚金刚光泽	亚金刚光泽	亚金刚光泽
	透明度	透明	透明	透明	透明	透明
	粒度(mm)	$d<0.05\sim0.15$	L 0.1453～0.2952 d 0.0683～0.0975	L 0.1695～0.1853 d 0.0477～0.585	L 0.1853～0.2535 d 0.0683	L 0.1675～0.273 d 0.0683～0.078
	长宽比	2:1～2.5:1	2:1～3:1	2.8:1～3.8:1	3:1～3.7:1	2.4:1～3.5:1
	包体	含白色和无色透明包体	有固态包体	有固态包体	有固态包体	有固态包体
	表面特征	晶棱清晰、晶面光滑	晶棱清晰、晶面光滑	晶棱清晰、晶面光滑	晶棱清晰、晶面光滑	晶棱清晰、晶面光滑
	发光性	橙黄色荧光	橙黄色荧光	橙黄色荧光	橙黄色荧光	橙黄色荧光
	晶体形态	{100}{110}{111} {100}{111}	{100}{110}{111} {110}{111} {100}{110}{111}	{100}{111} {100}{110}{111}	{100}{111} {100}{110}{111} {100}{110}{111}	{100}{110}{111} {131}{311}{100} {111}
	晶形图	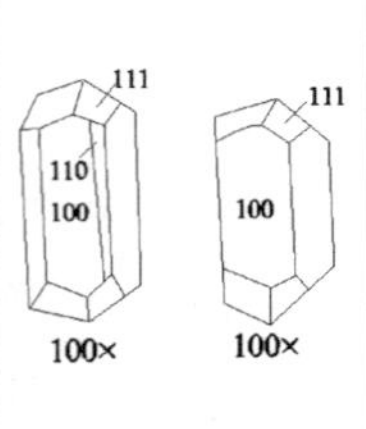	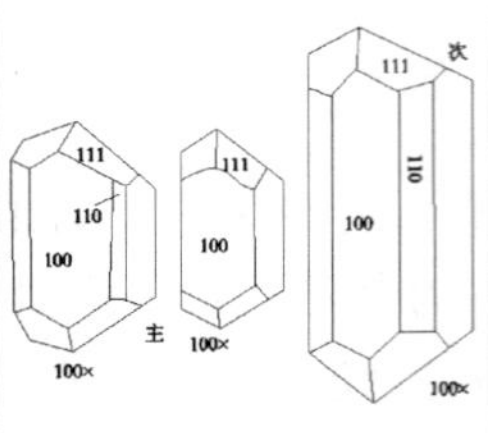	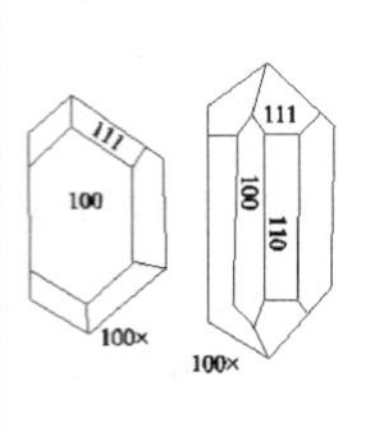	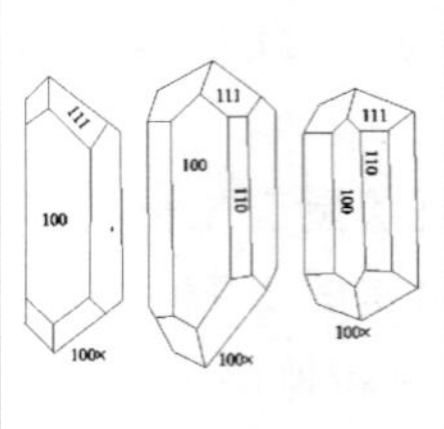	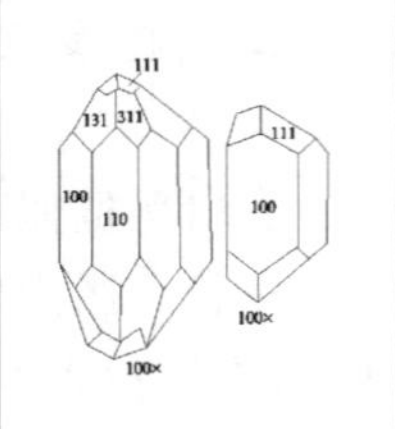

图 3-44　锆石晶形图

主要岩体的岩石化学成分见表3-25，与同类岩石平均化学成分相比，仅CaO偏高，铝碱指数少量为0.9，大部分集中于1～1.1之间，最高1.8。在A－C－F图解(图3-45)中，其投影点主要落于S型花岗岩范围，部分落入I型区。在(Al－Na－K)－Ca－(Fe^{2+}＋MgO)图解(图3-46)中，主要分布于斜长石—黑云母连线的下方，并有落在斜长石—堇青石上方者。在Q－Ab－Or图解(图3-47)中，投影点较密集低温槽内，说明为岩浆成因者(图3-48)，其成岩温度介于750～800℃低温线内，与低熔组分K含量高相吻合。压力多在1～2kb。经两件包体均一温度测定，其结果为690～850℃，与前者基本一致。

表3-25　晚白垩世似斑状黑云二长花岗岩岩石化学成分表

岩石名称	氧化物重量(×10^{-2})												
	SiO_2	TiO_2	Al_2O_3	Fe_2O_3	FeO	MnO	MgO	CaO	Na_2O	K_2O	P_2O_5	灼减	总量
黑云二长花岗岩	69.39	0.39	13.55	0.49	3.78	0.06	0.57	2.16	3.04	5.32	0.11	0.57	99.43
似斑状黑云二长花岗岩	70.48		13.27	3.37	0.89		0.93	1.64	3.40	5.30			99.28
似斑状黑云二长花岗岩	70.91		15.38	0.35	2.02		0.89	1.05	2.87	4.87			98.34
斑状中粗粒黑云二长花岗岩	73.96	0.31	12.66	0.71	2.27	0.03	0.32	0.82	3.14	4.76	0.11	0.36	99.39
似斑状二云二长花岗岩	73.29	0.24	13.86	0.61	2.21	0.04	0.71	1.71	3.60	3.50	0.15	2.59	100.80
似斑状中粒黑云二长花岗岩	71.83	0.36	13.46	0.45	2.89	0.10	0.56	3.02	3.67	3.46	0.04	0.32	100.16
似斑状细中粒黑云二长花岗岩	71.57	0.27	13.86	0.79	2.30	0.08	0.63	3.29	3.78	3.63	0.04	0.25	100.49
似斑状中粒黑云二长花岗岩	70.68	0.23	13.92	0.88	2.85	0.12	0.40	2.17	4.06	3.61	0.03	0.32	99.27
似斑状细粒黑云二长花岗岩	72.47	0.19	13.95	0.73	1.73	0.06	0.25	1.87	3.85	4.56	0.02	0.19	99.87
	73.82	0.12	13.58	0.50	2.13	0.06	0.25	1.38	4.10	4.03	0.07	0.24	100.28
似斑状细中粒黑云二长花岗岩	71.81	0.24	13.27	0.62	2.90	0.06	0.48	1.49	3.50	4.23	0.09	0.38	99.07
似斑状中粒含角闪黑云二长花岩	73.77	0.13	13.06		2.72	0.04	0.27	0.95	3.66	4.67	0.09	0.38	99.74
黑云二长花岗岩	71.08	0.20	15.18	1.00	0.75	0.05	0.61	2.71	4.12	3.16	0.08		98.94
粗中粒黑云二长花岗岩	71.37	0.12	14.31	0.56	2.64	0.03	0.27	2.28	4.10	3.34	0.05	0.44	99.51

岩石名称	CIPW标号准矿物成分(%)										岩石化学参数				
	Q	C	Or	Ab	An	Di	Hy	Mt	Il	Ap	DI	A/CNK	K/(Na+K)	Fe^{3+}/TFe	δ
黑云二长花岗岩	34.57		27.16	22.03	6.94	1.84	5.74	0.72	0.74	0.25	83.8	0.9	0.5	0.1	2.1
似斑状黑云二长花岗岩	36.39		26.95	24.46	4.84	1.93	1.14	2.90			87.8	0.9	0.5	0.8	1.8
似斑状黑云二长花岗岩	40.22	3.53	24.99	20.88	4.79		5.07	0.52			86.1	1.3	0.5	0.2	1.3
斑状中粗粒黑云二长花岗岩	43.50	1.12	24.23	22.67	3.07		3.52	1.04	0.59	0.25	90.4	1.1	0.5	0.2	1
似斑状二云二长花岗岩	42.28	1.14	17.67	25.75	6.77		4.43	0.88	0.46	0.35	85.7	1.1	0.6	0.2	0.9
似斑状中粒黑云二长花岗岩	38.70		17.51	26.32	9.04	3.59	3.42	0.65	0.68	0.09	82.5	0.9	0.6	0.1	1.5
似斑状细中粒黑云二长花岗岩	37.43		18.27	26.96	9.14	4.42	2.03	1.15	0.51	0.09	82.7	0.9	0.6	0.2	1.7
似斑状中粒黑云二长花岗岩	36.79		18.42	29.32	8.31	1.12	4.22	1.29	0.44	0.07	84.5	1.0	0.6	0.2	1.2

续表 3-25

岩石名称	CIPW 标号准矿物成分(%)										岩石化学参数				
	Q	C	Or	Ab	An	Di	Hy	Mt	Il	Ap	DI	A/CNK	K/(Na+K)	Fe^{3+}/TFe	δ
似斑状细粒黑云二长花岗岩	37.85		23.07	27.60	6.63	1.41	1.95	1.06	0.36	0.05	88.5	1.0	0.6	0.3	1.4
	40.76	0.43	21.25	24.89	6.10		5.24	0.90	0.23	0.21	86.9	1.0	0.6	0.2	0.9
似斑状细中粒黑云二长花岗岩	39.55	0.44	21.65	25.39	6.23		5.18	0.91	0.46	0.21	86.6	1.0	0.6	0.2	1.1
似斑状中粒含角闪黑云二长花岩	40.30	0.47	23.72	26.32	3.77		4.97		0.25	0.21	90.3	1.0	0.5	0.0	1
黑云二长花岗岩	38.43	0.25	16.10	29.75	11.80		1.63	1.46	0.38	0.19	84.3	1.0	0.7	0.5	1.2
粗中粒黑云二长花岗岩	37.90		17.01	29.61	9.81	0.17	4.33	0.83	0.23	0.12	84.5	1.0	0.7	0.2	1.1

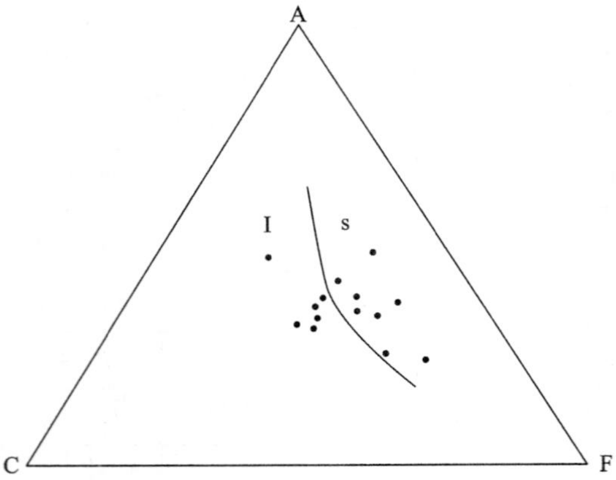

图 3-45 A－C－F 图解

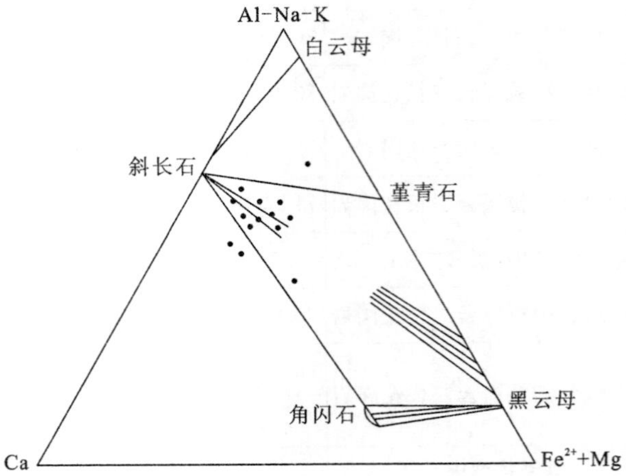

图 3-46 (Al－Na－K)－Ca－(Fe^{2+}＋Mg)图解

(仿 B. W. chappell 等)

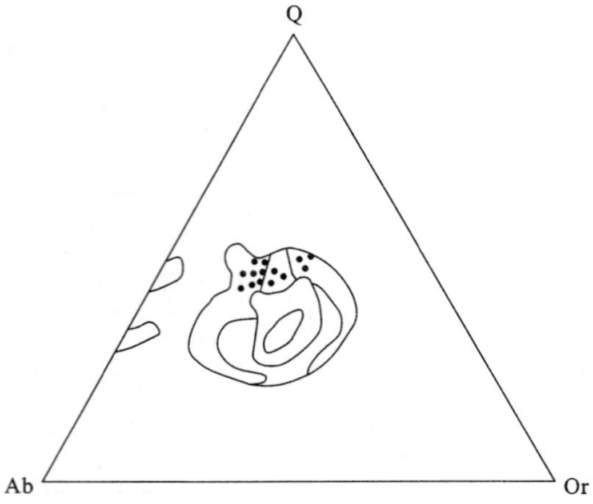

图 3-47 Q－Ab－Or 图

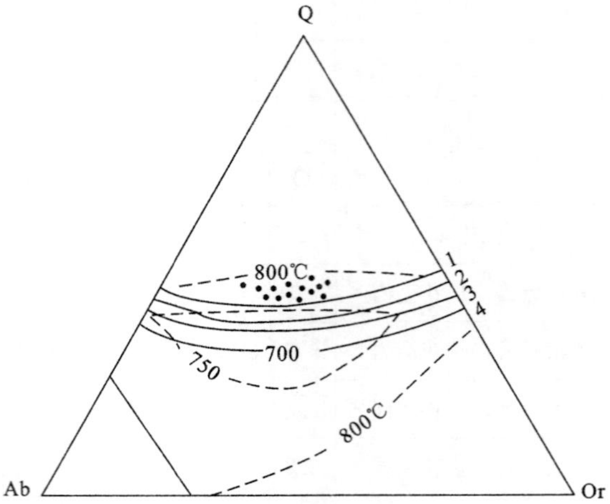

图 3-48 Q－Ab－Or－H_2O 相图

1. PH_2O＝0.5kb；2. PH_2O＝1kb；3. PH_2O＝2kb；4. PH_2O＝3kb

岩石的微量元素含量见表 3-26，与维氏花岗岩相较，V、Hf、Sc 普遍偏高，Th、Cs、Cu 变化大，余者偏低，微量元素蛛网图型式(图 3-49)以富集 Rb、Th、Sm，亏损 Ba、Ta 为特征，与同碰撞花岗岩相 。

表 3-26 现晚白垩世似斑状黑云二长花岗岩微量元素含量表($\times10^{-6}$)

样品编号	LZ2089-1	LZ736-1	LZ5401-11	LZ5403-7	LZ5410-20	LZ1712-1	LZ2137-1		LZ5204-5	LZ1018-1	LZ5308－1
岩石名称	黑云二长花岗岩	似斑状中粗粒黑云二长花岗岩	似斑状中粒黑云二长花岗岩	似斑状细中粒黑云二长花岗岩	似斑状中粒黑云二长花岗岩	似斑状细粒黑云二长花岗岩	似斑状细中粒黑云二长花岗岩		似斑状中粒含角闪黑云二长花岗岩	黑云二长花岗岩	粗中粒黑云二长花岗岩
Ba	454	303	314	343	292	478	558	536	275	316	629
Rb	227	228	157	149	127	193	166	120	248	82.1	60
Sr	171	119	206	238	207	314	300	178	103	393	549
V	27.5	22.2	31	40.5	26.8	17.8	16.2	24.7	25.2	29.7	11.8
Ti	2240	1580	1457	1369	1244	1024	666	1285	710		726
Cu	27.2	15.3	25	16.7	18.1	15.3	17.3	24.7	19.7	8.2	24.8
Zn	46.2	43.6	35.9	33.9	37.4	37.7	28.6	32.3	27.1	39	28.2
Zr	195	196	109	92.8	102	97.1	83.7	111	107	64	83.2
Nb	30.57	25.38	15.57	12.1	14.47	13.41	13	10.37	19.65	5.2	2.75
Ta	1.58	1.5	1.72	1.17	1.14	1	1.02	1.44	1.18	<0.5	1.36
Y	24.73	32.39	30.18	17.78	28.78	16.56	8.7	19.37	32.48	4.86	2.36
Th	17.2	27.8	11.8	12.8	6.6	15.2	8.4	7.5	17.8	3.5	<4
Hf	3.2	6.2	5.9	4.5	4.6	2.3	1.3	6.6	3.9	1.7	5
Sc	6.6	9	8.8	5.7	8.5	4.8	5.1	6.3	6.5	3	7.2
Cs	18.9	10.7	6.6	7.8	4.4	9.1	4.4	5.3	28.3	5	4.3
Ga	20	1.18	17.8	15.1	14.9	16.1	15.3	13.6	17.6	14.1	15.7
Li	33	34.3	29.2	26.5	10	25.7	21.6	8.9	54.3	13.6	3.9
Be	3.8	6	3.8	3.3	2.1	3	2.8	1.5	6.3		0.5
W	3.93	1.18	0.96	0.32	0.8	0.59	1.07	0.91	2.14		0.43
Sn	5	6.5	2.8	2.4	3	2.3	2.6	3.9	10	0.8	2.2
U										0.84	
Ba/Rb	2	1.3	2.2	2.3	2.9	2.5	3.4	4.5	1.1	3.9	10.5
Rb/Sr	1.3	1.9	0.8	0.6	0.6	0.6	0.6	0.7	2.4	0.2	0.1

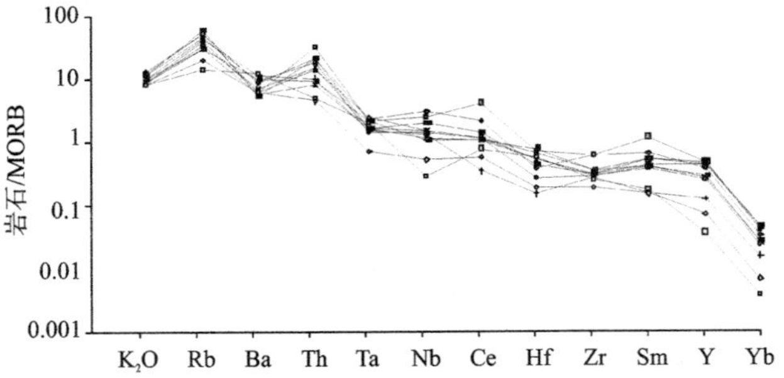

图 3-49 晚白垩世似斑状黑云二长花岗岩微量元素蛛网图

(据 Pearce,1984)

在 Rb -(Y＋Nb)判别图解及 Rb -(Yb＋Ta)判别图解(图 3-50)中,晚白垩世似斑状黑云二长花岗岩除个别落在岛弧花岗岩区外,主要集中落在同碰撞花岗岩区内。

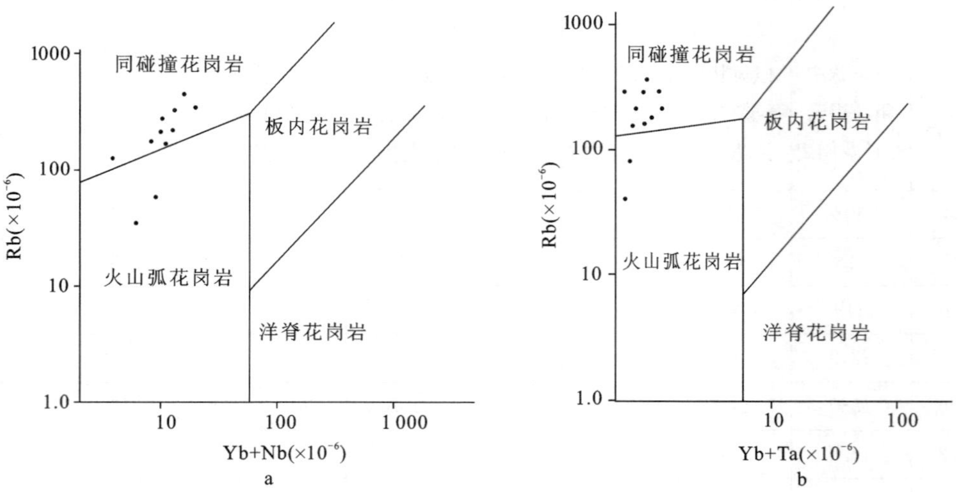

图 3-50　Rb -(Yb＋Nb)判别图(a)及 Rb -(Yb＋Ta)判别图(b)

岩体的稀土元素含量(表 3-27),$\sum$REE108.28$\times10^{-6}$～203.96$\times10^{-6}$,LREE/HREE4.91～13.06,$(La/Yb)_N$3.86～15.7,$(La/Sm)_N$ 2.88～4.26,δEu0.26～0.72,Eu 负异常明显,为右倾轻稀土富集型,与华南 S 型花岗岩特征基本一致(图 3-51)。岩石的全岩 $\delta^{18}O$ 测试为＋9.7‰～10.3‰,属高 $\delta^{18}O$ 花岗岩类,在南岭 S 型花岗岩范围内。

表 3-27　晚白垩世似斑状黑云二长花岗岩稀土元素含量表($\times10^{-6}$)

样品编号	LZ2089－1	LZ736－1	LZ5401－11	LZ5403－7	LZ5410－20		LZ1712－1	LZ5204－5
岩石名称	黑云母微斜花岗岩	斑状中粗粒黑云二长花岗岩	似斑状中粒黑云二长花岗岩	似斑状细中粒黑云二长花岗岩	似斑状细粒黑云二长花岗岩		似斑状细中粒黑云二长花岗岩	似斑状中粒含角闪黑云二长花岗岩
La	41.76	71.26	20.08	18.08	20.48	21.57	19.36	25.41
Ce	74.74	148.1	40.62	36.36	40.96	40.27	36.45	49.55
Pr	8.82	18.65	5.35	4.44	5.24	4.88	4.51	5.9
Nd	30.26	59.73	18.06	15.98	17.87	16.41	16.14	20.91
Sm	5.82	10.52	4.38	3.43	3.88	3.19	3.49	4.51
Eu	0.96	0.79	0.71	0.69	0.63	0.58	0.81	0.57
Gd	4.73	7.64	4.12	2.87	3.83	2.46	3.32	4.31
Tb	0.87	1.26	0.82	0.54	0.7	0.46	0.6	0.81
Dy	4.71	6.34	5.05	3.16	4.55	2.62	3.43	4.91
Ho	0.87	1.16	0.97	0.57	0.93	0.5	0.69	1
Er	2.54	3.24	3.03	1.77	3.02	1.57	2.04	3.26
Tm	0.39	0.49	0.5	0.28	0.49	0.26	0.29	0.51
Yb	2.45	3.06	3.2	2.01	3.58	1.82	1.99	3.53
Lu	0.31	0.45	0.48	0.32	0.52	0.27	0.29	0.54
Y	24.73	32.39	30.18	17.78	28.78	16.56	19.37	32.48
∑REE	203.96	364.72	137.55	108.28	135.46	113.42	112.78	158.2

续表 3-27

样品编号	LZ2089－1	LZ736－1	LZ5401－11	LZ5403－7	LZ5410－20		LZ1712－1	LZ5204－5
岩石名称	黑云母微斜花岗岩	斑状中粗粒黑云二长花岗岩	似斑状中粒黑云二长花岗岩	似斑状细中粒黑云二长花岗岩	似斑状细粒黑云二长花岗岩		似斑状细中粒黑云二长花岗岩	似斑状中粒含角闪黑云二长花岗岩
LREE/HREE	9.62	13.06	4.91	6.86	5.05	8.73	6.38	5.66
δEu	0.54	0.26	0.5	0.65	0.49	0.61	0.72	0.39
$(La/Yb)_N$	11.49	15.7	4.23	6.06	3.86	7.99	6.65	4.85
$(La/Sm)_N$	4.51	4.26	2.88	3.32	3.32	4.25	3.49	3.54
$(Gd/Yb)_N$	1.56	2.01	1.04	1.15	0.86	1.09	1.35	0.99

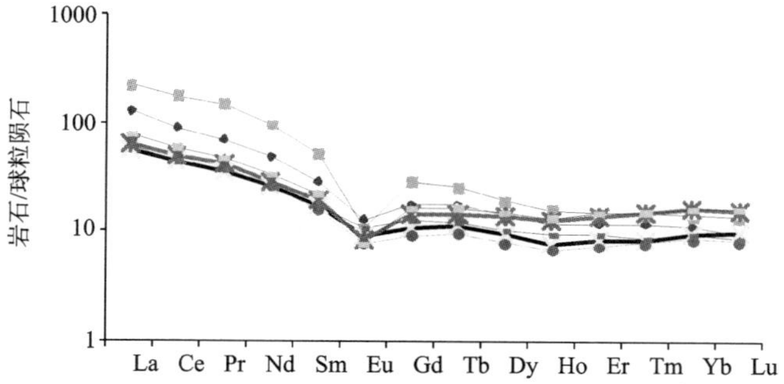

图 3-51　晚白垩世似斑状黑云二长花岗岩稀土配分曲线

(仿 Boynton,1984)

中国科学院地质研究所一室在测区以北甲格东部的日旭附近,在同类岩石中采黑云母经 K－Ar 测试,其年龄为 90.03Ma。湖北省地质所在工布江达西北似斑状花岗岩中,又获得黑云母的 K－Ar 同位数年龄为 99.0Ma,上述年龄值,相当于晚白垩世赛诺曼期—土伦期。故本次将该类岩体的时代划为晚白垩世。

四、中新世花岗岩

测区白云母花岗岩分布于绕让—切当拉断裂以南高喜马拉雅构造区内,出露面积 339km²。在西缘 1:25 万隆子县幅相同岩石类型中已获 K－Ar 同位素年龄 16.7Ma,在库曲一带与拉康组呈明显的侵入接触关系(图版Ⅺ－6),并见有残留顶盖(图版Ⅺ－7)。按两者非常相似的岩石特征,暂将其划分为中新世,属陆内汇聚阶段形成的造山期后花岗岩。

区内有贡布弄(22)和塔河(23)两个白云母花岗岩体。塔河岩基规模较大,岩体呈不规则状,近于东西向展布延伸,长 40km,宽 4～7km,最宽达 13km,出露总面积 315km²。均呈岩株、岩基状侵入古元古代南迦巴瓦岩群中呈岩株和岩基。

岩石以含电气石白云母花岗岩为主,具有中细粒花岗(变晶)结构,块状构造,局部显示片麻状构造。粒径一般 0.1～2mm,少量 2～3mm,矿物成分以更中长石为主,微斜长石 15%,石英 35%,片状黑云母(Ng′—褐色)3%～4%,片状白云母 12%,副矿物有磷灰石、锆石。

据 1981 年中国科学院青藏高原科学考察队《西藏岩浆活动和变质作用》一文,位于西缘 1:25 万隆子县幅中的同类岩石,其中微斜长石(钾钠长石)为他形晶体,偶见半自形斑晶,一般格子双晶和出溶条纹都很少出现,有时见卡斯巴双晶,其 $2V_{NP}$＝67～77,⊥(001)∧Nm＝2～10,有序度 0.62～0.83,三斜度 0.22～0.66,Or 组分 60%～90%。斜长石较自形,具钠长石律和钠长石-卡斯巴复合双晶,偶见肖钠长石律双晶,$2V_{Np}$＝88～99,An5～33,主值 An12,有序度 0.8～1.0。电气石短柱状,具很好的弧状三角形横切面,

No=1.671、暗蓝棕色，Ne=1.636、浅蓝棕色。接触带中的电气石一般为长柱状，No=1.682、暗棕蓝色，Ne=1.652、棕黄色，比前者显示较强的蓝色色调。石英有明显的拉长趋势，呈强烈弧形波状消光。

岩石化学成分(%)：SiO_2 73.50～74.37，TiO_2 0.13～0.17，Al_2O_3 14.56～15.02，Fe_2O_3 0.5～0.53，FeO0.37～0.41，MnO0.02～0.03，MgO0.41～0.51，CaO0.7～0.99，Na_2O 4.17～4.32，K_2O 3.91～4.11，P_2O_5 0.05～0.06，K/Na0.21。与中国花岗岩平均化学成分相比，岩石具贫铁、镁而相对富碱、铝的特征。A/CNK1.2～1.3，属S型花岗岩的范畴。δ指数1.35，为钙碱性岩石系列，分异指数DI65.24～72.2，固结指数SI14.2～5.3，表明岩石结晶分离作用低，而分异程度较高。CIPW标准矿物组合为Q(40.1～42.6)、C(1.83～2.35)、Or(19.8～28)、Ab(30～31)、An(2.84～4.12)、Hy(0.96～1.18)，刚玉分子C>1，表明岩石铝过饱和度高。根据以上特征，结合岩石矿物组合(含高铝的白云母、电气石及铁镁质矿物含量低)，本类岩石为一种强过铝的浅色白云母花岗岩。

在花岗岩碱度划分图(图3-52)上投入碱性区，在Na_2O-K_2O图解(图3-53-a)则靠近碰撞期后碱质较高的A区内。在图3-53-b中均位于S型花岗岩区内。

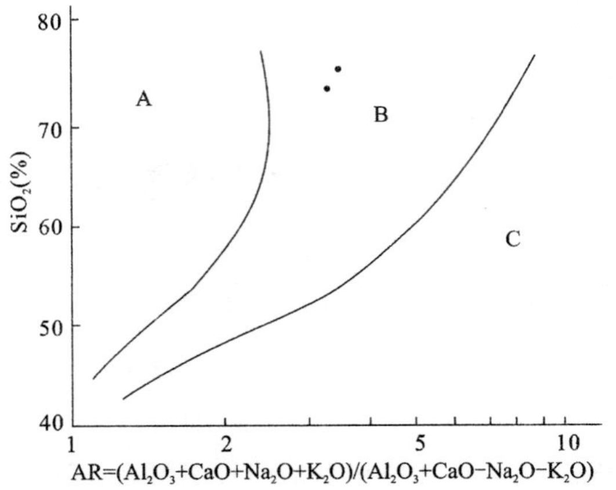

图3-52　中新世花岗岩的碱度划分图

(据Wnght,1961)

A.钙碱性;B.碱性;C.过碱性

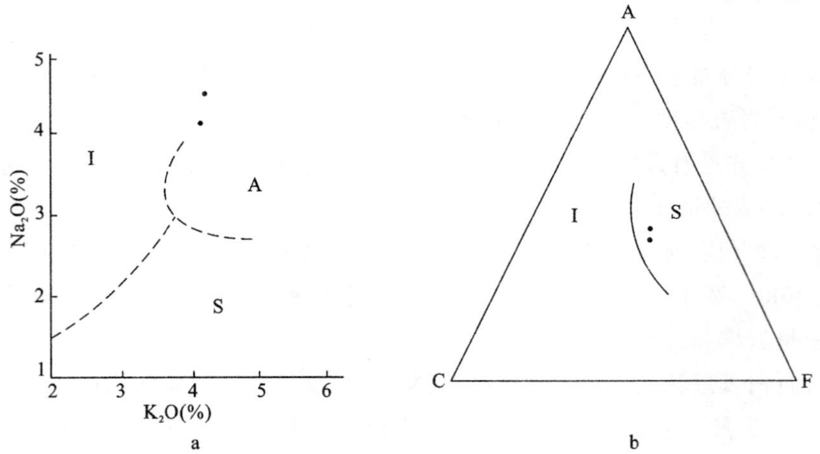

图3-53　中新世花岗岩的I/S划分图

a. Na_2O-K_2O图;b. ACF图解

(据Collins,1982)

在Maniar判别图(图3-54)中，均落在造山期后花岗岩区及裂谷和大陆隆升花岗岩区界限附近。可能为大陆碰撞造山期后局部拉张环境下形成的产物。

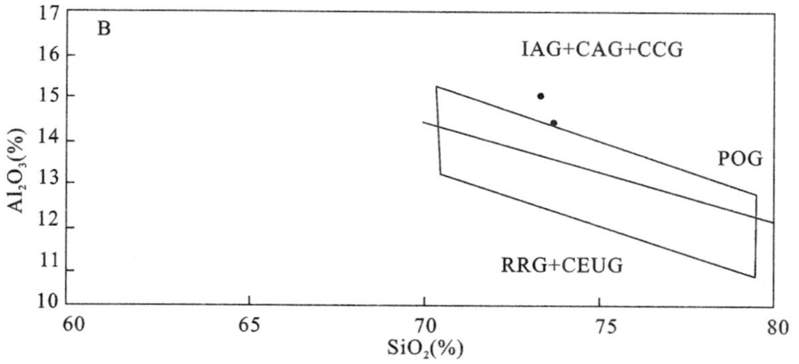

图 3-54 中新世花岗岩的多种构造环境判别图

(据 Maniar eral,1989)

IAG. 岛弧花岗岩;CAG. 陆弧花岗岩;CCG. 大陆碰撞花岗岩;POG. 造山期后花岗岩;

RRG. 裂谷花岗岩;CEUG. 大陆隆升花岗岩;OP. 大洋斜长花岗岩

岩石的微量元素含量($\times10^{-6}$):Sc0.8~1.6、Rb143~190、Sr44~48、Zr30~32、Ba48~69、Hf1~1.3、Th6.1~7.8、U1.9~3.3、V4、Cu3.4~4.1、Zn52~85,Li178~366、Ga44~60、Cs15~47、Sn10~16、W1.5、Be8.7~14,与维氏花岗岩相比,Li、Be、Sn、Cs、Ga 偏高,余者普遍偏低,与 S 形花岗岩的微量元素特征基本一致。

岩石的稀土元素丰度($\times10^{-6}$):La7.46~8.53、Ce15.55~18.08、Pr1.87~2.24、Nd6.47~8.05、Sm2.25~3.21、Eu0.26~0.34、Gd2.39~3.17、Tb0.37~0.41、Dy1.95~1.97、Ho0.26~0.32、Er0.52~0.8、Tm0.06~0.11、Yb0.3~0.67、Lu0.04~0.09、Y6.9~8.73。$\sum$REE49.4~54,LREE/HREE2.2~2.97,$(La/Yb)_N$ 7.51~19.17,$(La/Sm)_N$ 1.67~2.08,$(Gd/Yb)_N$2.88~8.53,δEu0.25~0.45,稀土配分型式为右斜轻稀土富集型(图 3-55),稀土总量较低,Eu 异常强烈亏损,轻稀土分馏程度低,重稀土分馏程度相对较高,与上地壳部分熔融而形成的 S 型花岗岩相同(王中刚,1983),与滇西浅层重熔花岗岩较近似。

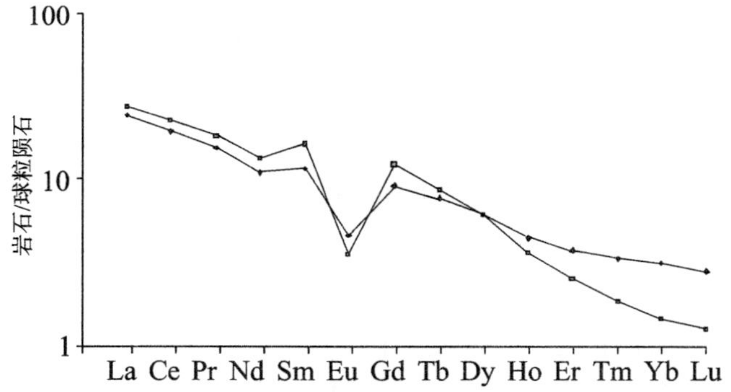

图 3-55 中新世白云母花岗岩稀土元素配分曲线

(据 Boynton,1984)

五、中性脉岩

中性岩脉仅见于章村附近,岩石为闪长岩,呈灰色,具中细粒半自形粒状结构、块状构造。矿物成分包括斜长石 An34(60%),普通角闪石(30%),黑云母(8%),以及副矿物磷灰石、榍石、金属矿物(1%~2%)等。

六、花岗岩的成因、演化及成矿专属性探讨

区内白垩纪花岗岩的形成、演化明显受板块构造控制,主要为冈底斯岩浆弧早期阶段形成的产物。大致可划分为南部雅鲁藏布江复式岩基带、冈底斯山主脊复式岩基带(1:25 林芝县幅)和高喜马拉雅—

拉轨岗日岩基带。其中,北部由早白垩世石英闪长岩—英云闪长岩—花岗闪长岩和晚白垩世似斑状黑云二长花岗岩组成;南部为白云母花岗岩。现将本区晚白垩世—古近世花岗岩的成因、演化及成矿专属性初步探讨如下。

(一)岩石类型及其时空分布特征

综合上述南北岩基带的不同岩石类型之间具有明显的侵入接触关系,其顺序为石英闪长岩、英云闪长岩、花岗闪长岩、似斑状黑云二长花岗岩。

结合邻区较多同位素年龄资料,冈底斯带花岗岩类有 110～80Ma 一组年龄值,为南部岩基带早白垩世石英闪长岩、英云闪长岩和花岗闪长岩的侵位时代;75～50Ma 一组年龄值,为北部岩基带晚白垩世似斑状黑云二长花岗侵位的时代。

从上述各岩类侵入顺序同位素年龄资料,明显地表现出本区花岗岩类具有多期多阶段侵位的特点。从早白垩世到晚白垩世,岩石类型由中酸性到酸性发展;在空间上则由南向北分布;形成时代亦有由南向北逐渐变新的趋势。

(二)岩石、矿物的演化特征

从早白垩世石英闪长岩、英云闪长岩、花岗闪长岩到晚白垩世黑云二长花岗岩,岩石的矿物成分也随之变化,石英含量由 5%～10%逐渐递增到大于 25%,钾长石也由少量增至 25%以上,斜长石牌号则由高变低。早白垩世石英闪长岩—英云闪长岩、花岗闪长岩副矿物组合为磁铁矿±钛铁矿±榍石、褐帘石+锆石型,其中锆石属富稀土锆石,为深源锆石;晚白垩世似斑状黑云二长花岗岩的副矿物组合为磁铁矿+钛铁矿+磷灰石+独居石+锆石,其中锆石以不含铪为特征。

(三)岩石化学演化特征

早白垩世石英闪长岩、英云闪长岩、花岗闪长岩系列,为中酸性—酸性,其 TiO_2、MgO、CaO、Fe_2O_3+FeO 明显地由高变低,随着岩浆演化,进入晚白垩世似斑状黑云二长花岗岩,则进一步明显的降低。SiO_2、Na_2O+K_2O及 K_2O/Na_2O 比依次逐步增高(图 3-56)。其碱指数(AR)、长英指数(FL)及分异指数(DI)等,从早白垩世、渐新世各岩类亦有逐渐增高之趋势。刚玉(C)分子则从不出现、少出现至普遍出现,说明岩浆演化由 I 型逐渐演化到 S 型的特征。值得特别指出的是岩石中的 K_2O 含量、K_2O/SiO_2 比值和 K_2O/Na_2O 比值在南北两个岩基带有着明显的差别,南岩基带的 K_2O/SiO_2 比值一般为 0.02～0.04,而北岩基带一般为 0.04～0.06;K_2O/Na_2O 比值在南岩基带均小于 1,即 $K_2O<Na_2O$,北岩基带两者较为接近,上述 K_2O 组分由南向北、时代由老向新增加的趋势是一致的。

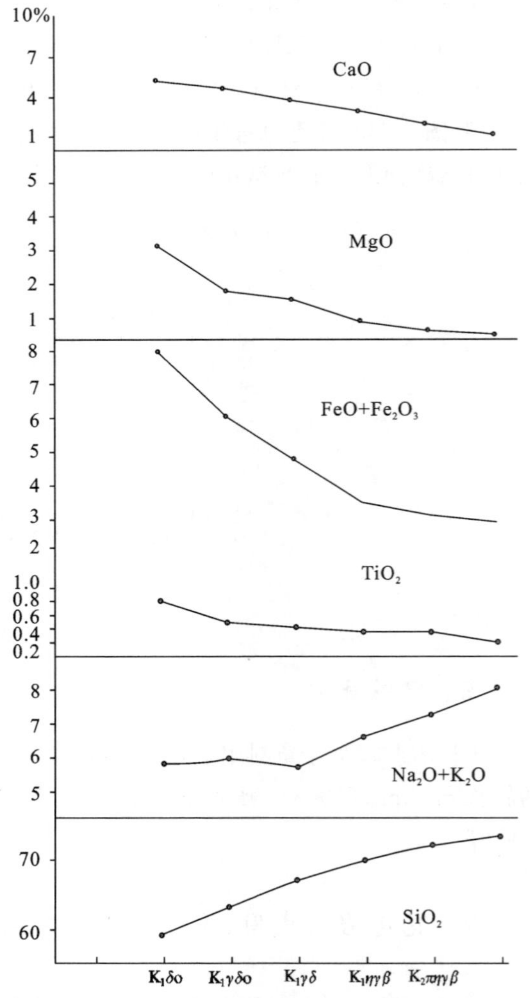

图 3-56　早白垩世—晚白垩世各类岩石成分变异图

(四)岩石地球化学演化特征

从上述由石英闪长岩→英云闪长岩、花岗闪长岩→似斑状黑云二长花岗岩的一系列演化,岩石的微量元素亦显示出明显的演化特征。由老到新,Li、Be、Th、Hf、La、Ce、Cs、Rb、Sc 逐渐上升,其中以 Rb、Cs、Th、Be 特别明显；而 Sr、Zr 则有逐渐降低的趋势(图 3-57)。岩石∑REE 和LREE/HREE 则呈波浪状上升的趋势，δEu 逐渐降低，铕亏损逐步加大，显示出由中酸性—酸性岩浆分异、演化的特征(图 3-58)。从岩石的分异指数 DI 与岩石的铕亏损 δEu 值的变化看，呈明显的负相关关系(图 3-59)，也明显的表现出从中酸性—酸性岩浆分异演化的特征。

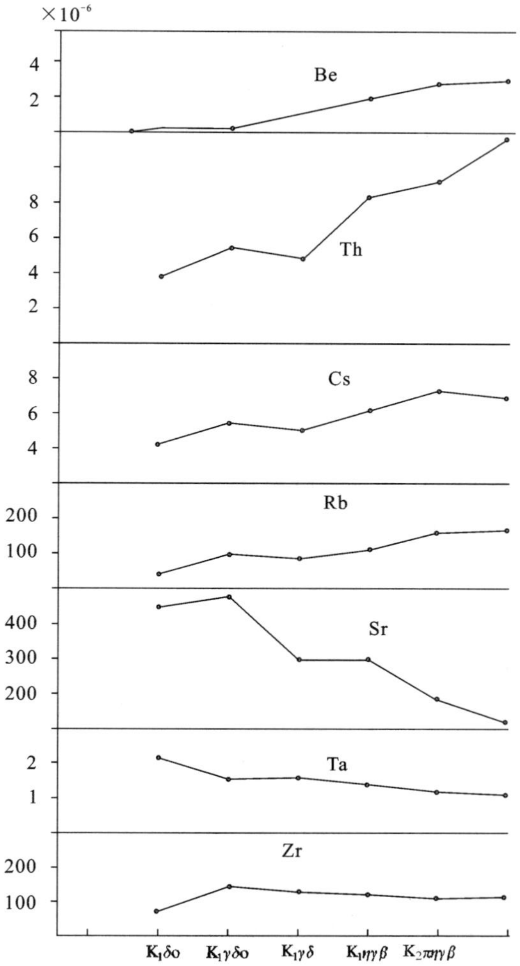

图 3-57　早白垩世—晚白垩世各类岩石部分微量元素平均值变异图

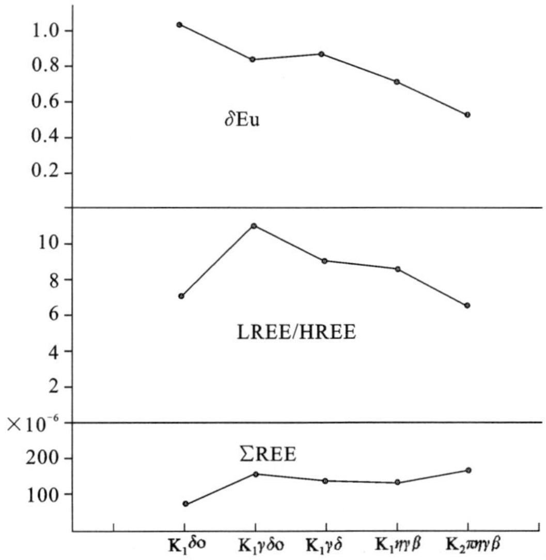

图 3-58　早白垩世—晚白垩世各类岩石稀土元素变异图

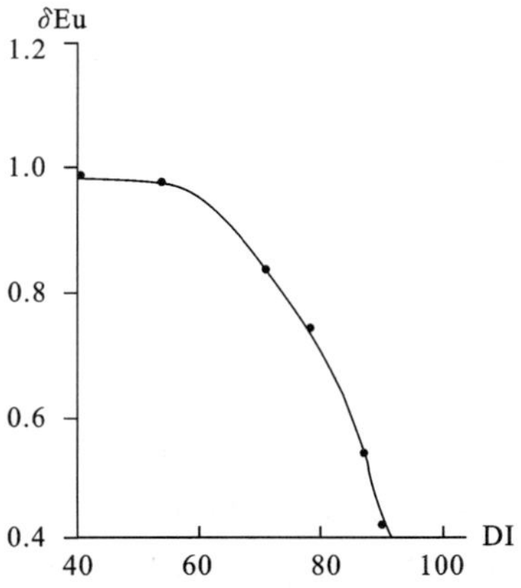

图 3-59　早白垩世—晚白垩世各类岩石 δEu－DI 相关图

（五）成因及就位机制探讨

综合前述南北岩基带各类岩石演化特征及所处构造位置，南岩基带早白垩世石英闪长岩、英云闪长岩、花岗闪长岩的演化为一套深源同熔型花岗岩系列。在冈底斯岩浆弧南部，岩体与围岩热变质不明显，岩脉不甚发育，岩体内部发育变形组构，反映岩体具有深成强力就位特点。岩石以 SiO_2 低、MgO 及 MgO/(FeO+MnO+MgO+CaO)高、$K_2O<Na_2O$ 为特征，在 Q、Ab、Or 图解中均落在低温槽内的岩浆岩，在 ACF 图解多落在 I 型花岗岩区内。碱金属元素 K/Rb、K/Cs、Rb/Cs 与华南同熔型花岗岩相近，并显著高于华南改造型花岗岩。岩石的∑REE79.98×10^{-6}～146.71×10^{-6}、LREE/HREE2.74～14.72，δEu 多为 0.8～0.92，稀土配分型式为轻稀土富集右倾铕弱亏损者，与广西本洞英云闪长岩相同。上述表明冈底斯南岩基带早白垩世石英闪长岩、英云闪长岩、花岗闪长岩系列为雅鲁藏布江洋盆向北俯冲消减时，在冈底斯陆块南部活动大陆边缘来自下地壳和地幔物质加入的同源岩浆，可能由热轻气球多次膨胀上涌强力就位而形成。

北岩基带晚白垩世似斑状黑云二长花岗岩，主要具 S 型重熔型花岗岩特征。邻区同类岩体与围岩热变质不甚明显，角岩不甚发育，有少量矽卡岩化，内部变形组构仍较发育，具有中部强力就位特点。岩石的 SiO_2、K_2O+Na_2O、K_2O/Na_2O、$K_2O>Na_2O$ 较南岩基带显著增高。岩石的∑REE158.2×10^{-6}～364.72×10^{-6}、LREE/HREE6.38～13.06，δEu 为 0.5 左右，稀土配分为轻稀土富集右倾铕亏损型，与上述地壳不同程度的部分熔融所形成的 S 型花岗岩之稀土配分模式相一致，接近滇西腾冲燕山晚期重熔花岗岩。上述特征表明，白垩世花岗岩可能受印度板块在晚白垩世向北推移，使雅鲁藏布江洋盆封闭并发生碰撞而导致的重熔岩浆沿冈底斯弧中部断裂带强力就位机制下分异演化而形成。

沿高喜马拉雅分布的中新世含电气石白云母花岗岩，呈小岩株、岩基近于东西向分布。围岩热变质较明显，岩石以高 SiO_2、K_2O 为特征，为大陆碰撞造山期后拉强环境下形成的产物。

（六）冈底斯东部花岗岩类的成矿作用

从前述本区北岩基带的分带特征，内生矿产成矿作用与之关系较密切，早白垩世石英闪长岩、英云闪长岩、花岗闪长岩系列，其岩石化学特征与世界及中国同类花岗岩的平均值相近似，但其中 MgO、MgO/(FeO+MnO+MgO+CaO)显著偏高，微量元素 Cu、Pb、Zn、Mo、Au、Ni 亦明显较高，与长江中下游同熔型花岗岩类较为相似。其稀土配分为轻稀土富集具弱铕负异常的右倾曲线，与华南深源同熔型花岗岩成矿系列 Fe－Cu、Mo－Pb－Zn－S－Au－Ag 相同，具有与之有关接触交代型铁及斑岩型金、钼矿化的有利条件。晚白垩世富硅碱/二价元素的高酸碱度、高分异程度和演化成熟度的二长花岗岩系列，其稀土、微量元素、副矿物等特征，应属改造型花岗岩 W－Sn－Be－Nb－Ta－U 成矿系列者，具有寻找 Li、Sn、Ta、Be 伟晶岩和透明绿柱石、黄玉宝石矿的有利条件。

第三节　火　山　岩

调查区火山活动频繁，从新元古代—寒武纪开始一直持续到白垩纪。火山岩分布广泛，出露总面积约4618km^2，占测区面积的 28%(图 3-1)。

火山岩的时空分布明显受板块构造制约，分带性较为明显。按其所处的构造位置，由南往北可依次划分为低喜马拉雅、高喜马拉雅、玉门、章村及朗县 5 个构造火山岩带；按时代从老到新计有新元古代—寒武纪米里群、肉切村岩群、晚三叠世玉门混杂岩、章村组及白垩纪朗县混杂岩 5 个火山岩层位。

由于遭受区域动力热流变质作用、区域动力变质作用和接触变质作用的改造，区内部分火山岩变质变形较明显，原岩结构、构造特征基本消失，主要依据其岩石化学、岩石地球化学、变质矿物组合、残留的结构构造特征及其野外产状分析等进行原岩恢复。

一、新元古代—寒武纪火山岩

新元古代—寒武纪火山岩分布于图幅南缘低喜马拉雅和图区中东部高喜马拉雅中。前者产于米里群中部英肯组($Pt_3 \in y$)、上部达里组($Pt_3 \in d$)中；后者则赋存于肉切村岩群a亚群中。

（一）米里群火山岩

米里群火山岩分布于图区南缘米里山、丽达、柴肯和路东、林根一带。火山岩有英肯组、达里组两个层位。

英肯组由砂岩、页岩韵律层和绿色、红色页岩，夹少量石英砂岩和火山岩组成。火山岩呈层状和席状，岩性、厚度不详(《西藏自治区区域地质志》,1993)。

达里组上部阿波尔(Abor)火山岩，主要由暗绿色具缟状构造的杏仁状玄武岩、火山角砾岩组成，厚度达1000m。阿波尔火山岩系具有由火山角砾岩—杏仁状玄武岩—钙质页岩构成的爆发—喷溢—沉积的喷发—沉积旋回。火山角砾岩层一般厚30～150m，并有向上逐渐变薄的趋势，显示其爆发强度逐渐减弱。杏仁状玄武岩的杏仁构造，其间被绿泥石和黑色燧石充填，杏仁体为圆形和椭圆形，长0.3～2.5cm。从上述宏观特征分析，米里山火山岩可能属陆缘陆表海强烈拉张而形成的浅海基性火山活动的产物。

（二）肉切村岩群火山岩

肉切村岩群火山岩赋存于肉切村岩群a亚群中，分布于图区中东部绕让、错嘎、白卡底通和西巴霞曲、梅楚卡村一带。

肉切村岩群a亚群主要岩石为一套斜长角闪片岩、绿泥片岩、钠长绿泥片岩、绿泥钠长片岩、阳起石片岩等，变质达高绿片岩相之变质火山岩系，假厚度达948m以上。

现将其岩石学、岩石化学及地球化学特征初步讨论如下。

其岩石化学成分(%)：$SiO_2$50.93，$TiO_2$3.98，$Al_2O_3$14.75，$Fe_2O_3$3.45，FeO11.06，MnO0.23，MgO8.82，CaO10.22，Na_2O1.64，K_2O0.88，$P_2O_5$0.54，K/Na0.21，与中国岩浆岩玄武岩平均化学成分(黎彤，1962，下同)相比，FeO、MgO、CaO较高，Na_2O、K_2O明显偏低，固结指数SI36.51，铁质指数高(84.07)，镁质指数低(15.93)，其化学定量分类属玄武岩类。δ指数3.33，属钙碱性高钛铁质玄武岩。CIPW标准矿物组合为Q(15)、Or(4.49)、Ab(31)、An(17)、Di(4.39)、Hy(14.0)，属正常类型。

岩石的微量元素含量($\times 10^{-6}$)：Sc19.1、Rb5.6、Sr279、Zr333、Nb4.72、Ba188、Hf10.7、Ta3.95、Th<4、V342、Cr98、Co37.5、Ni27.8、Cu20.4、Pt5、Pd4.3，与维氏值相比，Rb、Sr、Ba大离子亲石元素，Nb、Zr、Hf非活动性元素和相容元素Cr、Co、Ni较低，亲铁元素V高Cu低，与板内碱性玄武岩微量元素特征大体一致(Pearce，1982)。微量元素蛛网图型式(图3-60)明显地为Th、Ta强烈富集和Yb、Sc、Sr、Y亏损，从而显示出碱性玄武岩的特征。

岩石的稀土元素丰度($\times 10^{-6}$)：La35.20、Ce83.07、Pr10.73、Nd45.29、Sm10.12、Eu3.40、Gd8.83、Tb1.43、Dy7.24、Ho1.23、Er3.07、Tm0.45、Yb2.47、Lu0.33、Y29.25。$\sum$REE206.64，LREE/

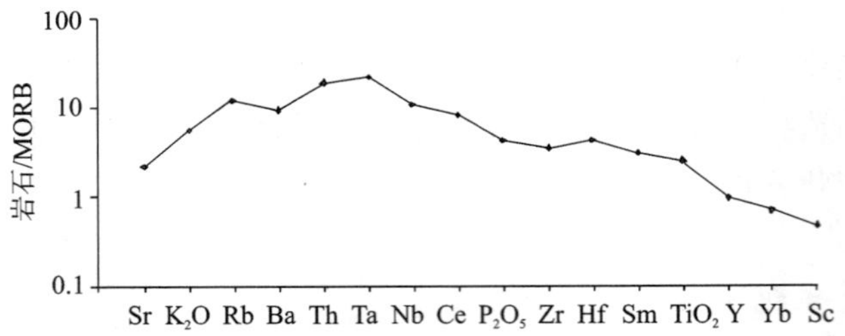

图 3-60 新元古代—寒武纪肉切村岩群火山岩微量元素蛛网图
（据 Peace，1982）

HREE3.46，$(La/Yb)_N$9.61，$(La/Sm)_N$2.19，$(Gd/Yb)_N$2.88，δEu1.16，稀土配分型式为右斜轻稀土弱富集平坦型（图 3-61），具稀土总量较高，Eu 略显正异常，轻稀土分馏程度和重稀土分馏程度中等，与板内碱性玄武岩的稀土配分型式相似。

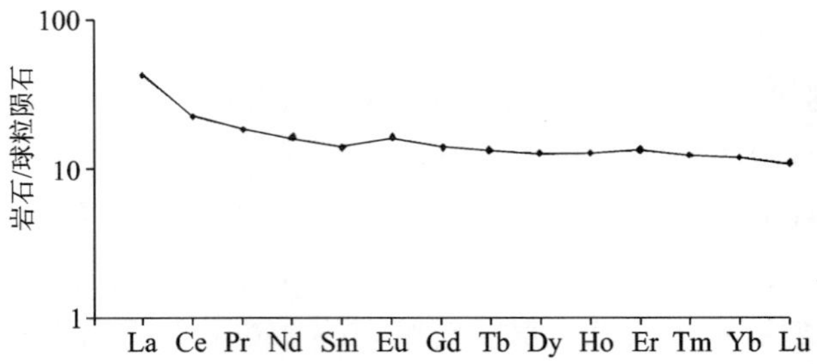

图 3-61 新元古代—寒武纪肉切村岩群稀土元素配分曲线
（据 Boynton，1984）

综上所述，区内新元古代—寒武纪肉切村岩群 a 亚群变质基性火山岩，其岩石化学、岩石地球化学均反映了板内碱性玄武岩特征，据饶让剖面斜长绿泥角闪片岩中获角闪石^{39}Ar-^{40}Ar 法等时线年龄 921.17±0.32Ma，故将其置于泛非较晚时期大陆裂谷作用形成的产物。

二、晚三叠世火山岩

晚三叠世火山岩为雅鲁藏布江结合带的重要组成部分，亦为区内火山活动最强烈的时期之一。按其构造背景，进一步划分为玉门混杂岩和朗杰学群两个火山岩带。其中前者规模较大，出露面积 1356km^2。

（一）晚三叠世朗杰学群章村组火山岩

章村组按岩石特征划分为两个岩性段，其火山岩主要见于二段中，含火山岩的岩系出露于扭麦拉—江京则断裂以南与寺木寨断裂间东西向的狭长地带内，南北宽 5～12km，长大于 180km，面积约 427km^2，由中基性、基性熔岩组成。在朗县拉多剖面上，含火山岩的岩系厚度大于 5897m。火山岩主要赋存于中下部，可划分为 1 个喷发旋回和 14 个喷发—沉积韵律（图 3-62），韵律主要有强蚀变玄武安山岩—长石杂砂岩、强蚀变玄武岩—长石杂砂岩两种类型，火山活动总体表现出由强至弱喷溢—间歇的特征。在路线上，发育少量玄武安山质火山角砾岩—玄武安山岩—长石杂砂岩组成的爆发—喷溢—间歇的韵律。据含火山岩的岩系中采获的双壳、牙形石等化石，其时代为晚三叠世，故将其时代置于晚三叠世时期。

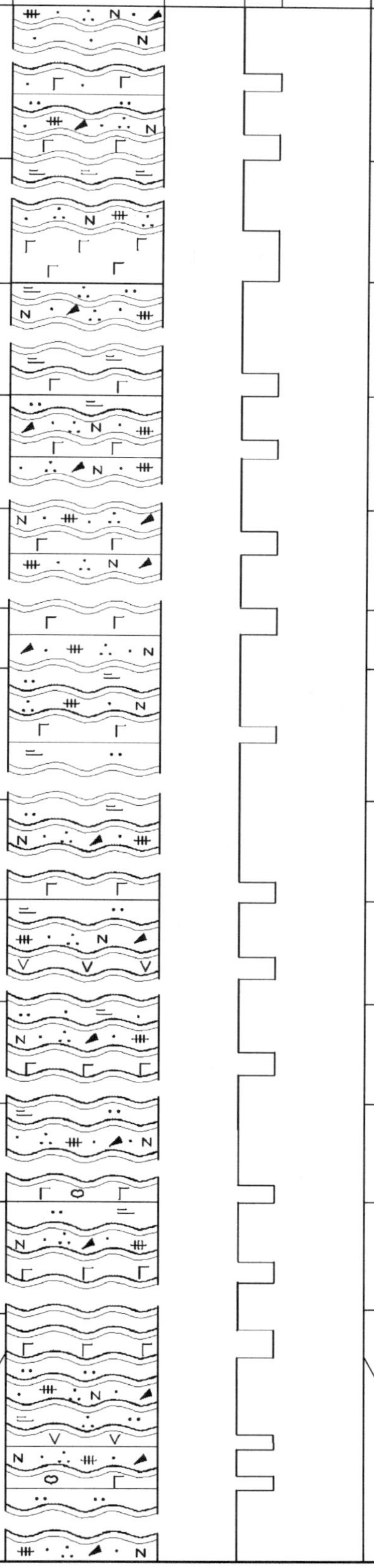

旋回	韵律	层号	厚度(m)	柱状图	结构图（间歇 溢流）	岩性描述	岩相
	14	90—76	>745.78			变质含长岩屑石英杂砂岩、绢云粉砂质板岩夹玄武岩	间歇 溢流 间歇
	13	75—69	685.46			变质石英杂砂岩、板岩，底部玄武岩	间歇 溢流
	12	68—65	97.65			变质石英杂砂岩、变质粉砂岩、板岩，底部玄武岩	间歇 溢流
	11	64—60				变质石英杂砂岩、板岩，夹玄武岩	间歇 溢流 间歇
	10	59—57	147.89			变质石英杂砂岩夹玄武岩	间歇 溢流 间歇
	9	56	36.92			变质石英杂砂岩与玄武岩互层	间歇 溢流
	8	55—53	301.35			变质石英杂砂岩、板岩夹玄武岩	间歇 溢流 间歇
	7	52—50	243.27			变质石英杂砂岩、板岩，底部玄武岩	间歇 溢流
	6	49—48	213.27			变质石英杂砂岩、板岩夹玄武岩、安山岩	间歇 溢流 间歇
	5	47—44	288.68			变质石英杂砂岩、板岩夹玄武岩	间歇 溢流 间歇
	4	43—39	487.62			变质石英杂砂岩、板岩，底部玄武岩	间歇 溢流
	3	38	320.47			变质石英杂砂岩、板岩夹玄武岩	间歇 溢流 间歇
	2	37	25.70			板岩与玄武岩互层	间歇 溢流
	1	36—26	>1063.77			变质石英杂砂岩、板岩夹玄武岩、安山岩 0 50 100 m	间歇 溢流 间歇

图 3-62 章村组二段火山岩柱状图

主要岩石有变玄武岩、变杏仁状中基性火山岩、蚀变安山玄武质火山角砾岩、蚀变玄武安山岩等。

变玄武岩，变火山结构、变余间隐结构(图版Ⅹ-2)、填间结构(图版Ⅹ-3)，块状构造，矿物成分均由次生的绿泥石(35%)、绿帘石(50%)所取代，石英小于10%。

变杏仁状中基性火山岩，变火山结构(次变鳞片粒状结构)，变余杏仁构造，主要矿物成分微粒状钠长石(55%)，鳞片雏晶状黑云母(20%)，鳞片集合体绿泥石(10%)，针柱状次闪石(2%)，微粒状绿帘石(3%)。杏仁体呈椭圆状、不规则状，其充填物(10%)主要为沸石类及少量绿帘、绿泥石、方解石。

蚀变玄武岩，变余斑状结构，基质填间(间粒)结构，块状构造，主要矿物成分基性斜长石(55%)，普通辉石(45%)，副矿物有钛铁矿、磁铁矿(4%～5%)，磷灰石。

强蚀变玄武安山质角砾岩，蚀变熔岩角砾状结构，半定向构造，主要成分尖棱角状玄武安山质火山角砾(58%)，熔岩胶结物(40%)，次生蚀变矿物(2%)有方解石、白云石、绿泥石、微粒状磁铁矿等。

蚀变安山玄武质火山角砾熔岩，火山角砾状结构，块状构造，主要矿物成分以安山玄武质火山角砾为主，呈尖—棱角状，胶结物(25%～30%)由同成分的岩屑及细小火山灰组成，石英(1%～2%)，次生矿物有方解石(3%～4%)。

蚀变玄武安山岩，变余交织—填间结构，块状构造，主要矿物成分小板条状中基性斜长石(62%)，暗色矿物为次生绿泥石(35%)所取代，副矿物有钛铁矿、磁铁矿、磷灰石等。

蚀变杏仁状玄武安山岩，变余斑状结构，基质交织—填间结构，杏仁状构造，主要矿物成分板柱状斑晶中基性斜长石(20%)，基质以小板条状中基性斜长石为主，暗色矿物为次生绿泥石(32%)所取代，副矿物有钛铁矿、磁铁矿、磷灰石等。

蚀变安山岩，变余交织结构，块状构造，主要矿物成分小条状微晶斜长石(45%)，假象暗色矿物微粒状次生绿泥石(10%)，玻璃质(43%)，副矿物有钛铁矿、磁铁矿、磷灰石等。

岩石化学成分含量见表3-28，与中国同类岩石平均化学成分相比，SiO_2、K_2O明显偏低，部分TiO_2、MgO、CaO、Na_2O较高。δ指数变化较大，既有钙碱性系列，又有碱性系列。含铁指数51.84～65.89，镁质指数34.11～48.16，固结指数SI一般为34.11～48.16，总体显示较富铁的原始岩浆。CIPW标准矿物组合为Q、An、Ab、Or、Di、Hy，属正常类型。在硅-碱图解图(图3-63)中，仅有两件投入碱性系列，而大部分属亚碱性系列者；在里特曼-戈蒂里图解(图3-64)中，大部分样品落入C区碱性、偏碱性火山岩内，个别投入非造山带火山岩A区；在火山岩$TiO_2-P_2O_5$相关图(图3-65)中，主要投入洋脊和洋岛玄武岩区；在$Zr-TiO_2$相关图(图3-66)中，分别投入板内玄武岩区、洋脊和岛弧玄武岩区，变化大。

表3-28　晚三叠世章村组火山岩化学成分表

样号	岩石名称	氧化物含量(%)												
		SiO_2	TiO_2	Al_2O_3	Fe_2O_3	FeO	MnO	MgO	CaO	Na_2O	K_2O	P_2O_5	烧失量	总量
ZR571-1	变杏仁状中基性火山岩	46.07	1.56	13.75	1.75	7.48	0.18	4.87	11.61	4.1	0.73	0.16	7.12	99.38
ZR599-1	变基性火山岩	42.25	2.87	16.33	6.79	7.62	0.27	7.46	9.86	1.41	0.08	0.45	4.41	99.80
ZR1049-4	蚀变玄武岩	46.97	2.20	16.97	1.94	9.38	0.16	7.06	6.11	4.20	0.17	0.28	3.38	98.82
ZR5009-1	全蚀变玄武岩	45.72	0.82	15.64	1.90	7.42	0.17	8.66	10.18	1.3	0.12	0.08	7.41	99.43
ZR5010-2	蚀变玄武岩	39.56	0.91	16.96	5.27	8.34	0.23	8.82	10.22	1.64	0.09	0.09	7.38	99.51

续表 3-28

样号	CIPW 标准矿物含量(%)									岩石化学指数			
	Q	An	Di	Hy	Ab	Or	Ap	Il	Mt	δ	SI	MgO/(FeO)	f/m
ZR571-1	4.30	16.66	31.10	5.89	31.80	3.99	0.39	3.21	2.75	7.5	25.7	0.4	1
ZR599-1	11.80	35.09	5.84	18.40	10.60	0.40	1.09	5.7	10.3	0.87	31.9	0.4	1.2
ZR1049-4	6.04	25.50	1.17	26.90	31.50	0.91	0.67	4.39	2.94	4.81	31	0.4	1.2
ZR5009-1	12.14	35.81	10.41	25.99	10.08	0.66	0.21	1.69	2.99	0.62	48.16	04	1.4
ZR5010-2	3.67	37.87	8.82	26.01	12.73	0.51	0.23	1.88	8.29	1.19	39.32	0.3	1.4

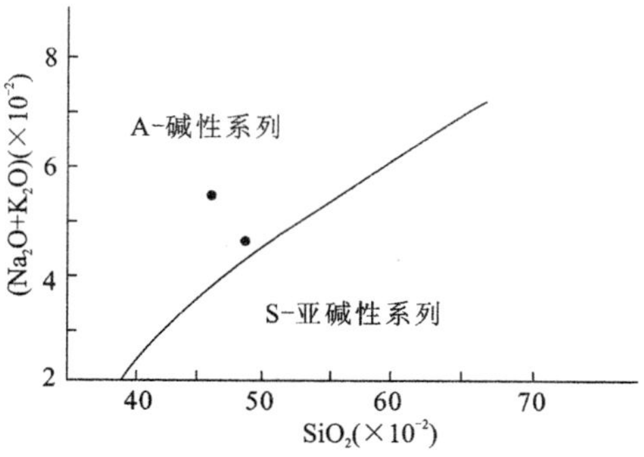

图 3-63 火山岩硅-碱图解

(据 T. N. Irvine, 1971)

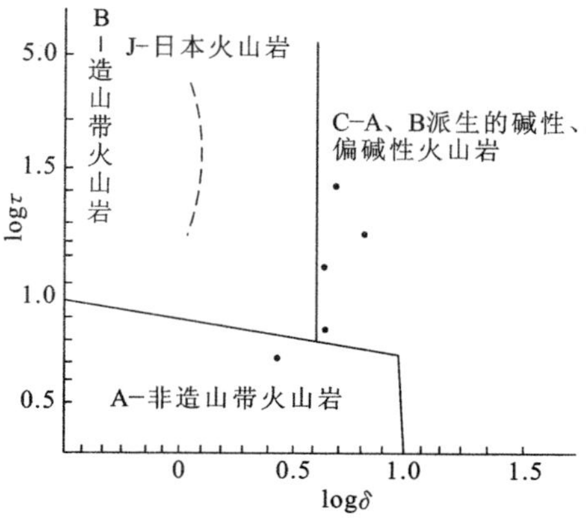

图 3-64 里特曼-戈蒂里图解

(据里特曼, 1973)

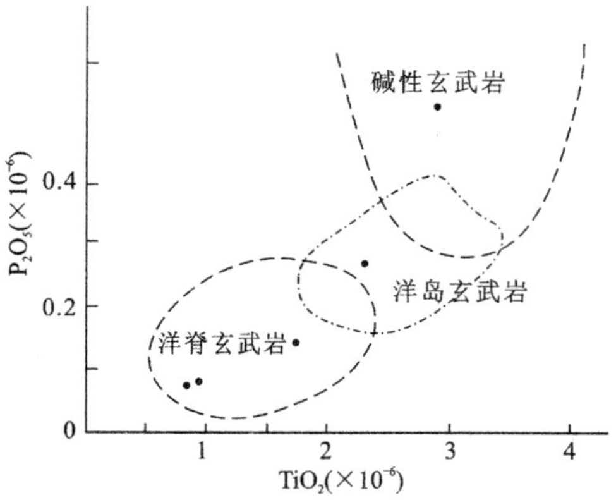

图 3-65 $TiO_2-P_2O_5$ 相关图

(据 Bass 等, 1973)

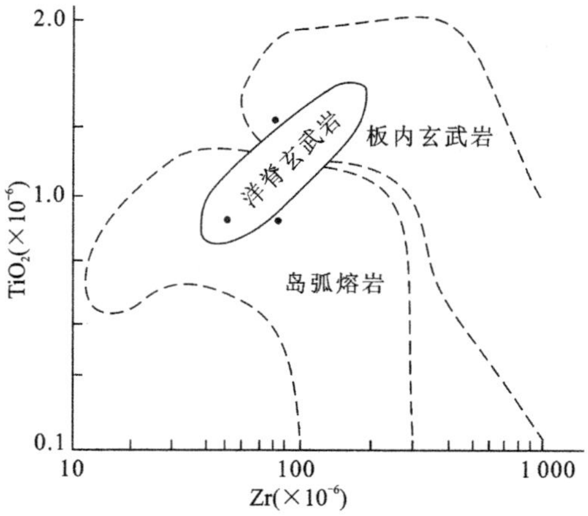

图 3-66 $Zr-TiO_2$ 相关图

(据 J. A. Pearce, 1982)

岩石微量元素含量见表 3-29，与维氏值相比，Rb、Sr、Ba 大离子亲石元素，Hf 和亲铁元素 Ni 普遍偏低，非活动性元素 Ta 较高，Cu 变化大，一般较低，部分高达 10 余倍，对铜成矿有利。微量元素中 Hf/Ta 为 0.1～0.6<5，Nb/La0.5～1.5，Hf/Th1.2～1.6<8，与 Condie 于 1989 年给出的构造背景判别板内和洋中脊玄武岩限定的范围一致。在 Hf-Th-Ta 判别图(图 3-19)中，主要落入板内碱性玄武岩 C 区和富集型洋中脊玄武岩 B 区；在 Nb-Zr-Y 判别图(图 3-20)中，主要投入板内碱性玄武岩区内；在 Zr-Zr/Y 图(图 3-67)中，投入板内玄武岩区。其微量元素蛛网图型式(图 3-68)普遍表现为 Sr 和强不相溶元素 Th、Ta 强烈富集及 K_2O 亏损的特征，从 P_2O_5 到 Sc 分馏不明显，与冰岛和夏威夷地幔柱成因

玄武质岩石的微量元素蛛网图型式相似(Brandon,1988)。

表 3-29 章村组火山岩微量元素含量表($\times10^{-6}$)

样号	ZR571－1	ZR599－1	ZR1049－4	ZR5009－1	ZR5010－2
岩石名称	蚀变玄武岩	变杏仁状中基性火山岩	蚀变玄武岩	全蚀变玄武岩	蚀变玄武岩
Sc	17.40	27.70	23.40	46.60	44.10
Rb	18.40	5.50	9.7	4.65	3.90
Sr	202.00	196.00	707.00	440.00	554.00
Zr	95.30	197.00	146.00	92.7	61.00
Nb	14.60	40.10	23.90	4.43	4.72
Ba	170.00	30	89.20	85.00	118.00
Hf	5.10	6.30	4.90	2.96	2.33
Ta	2.14	3.67	3.11	0.50	0.50
Th	<4	<4	<4	2.01	1.72
U				0.92	0.92
V	245.00	271.00	272.00	265.00	257.00
Cr	275.00	226.00		282.00	359.00
Co	26.80	53.80		65.60	53.40
Ni	64.80	66.30		71.40	75.80
Cu	19.80	85.20	56.90	2160	1280
Pb				364	176.00
Zn			98.70	279	295.00
Cs			4.30		
Rb/Ba	9.2	5.5	9.2	18.3	30.3
Rb/Sr	0.091	0.011	0.014	0.011	0.007

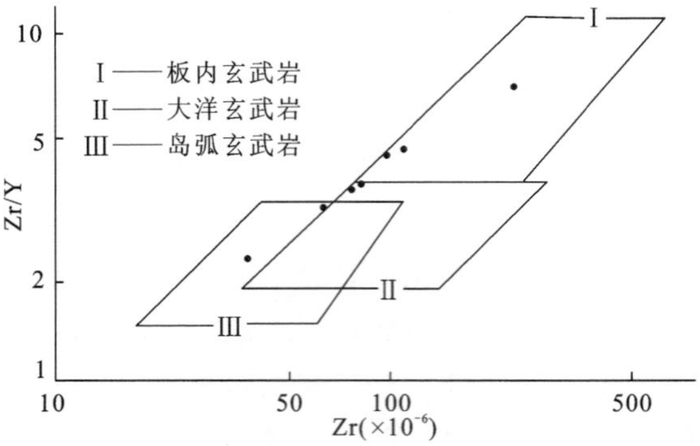

图 3-67 不同构造环境玄武岩的 Zr－Zr/Y 判别图

(据 Pearce,1979)

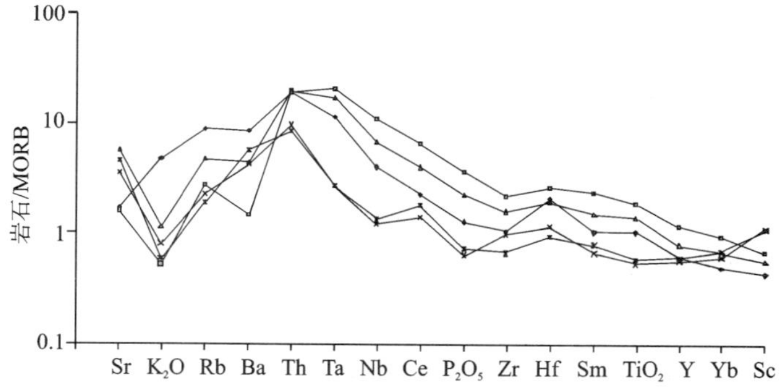

图 3-68 晚三叠世章村组火山岩微量元素蛛网图

(据 Pearce,1982)

岩石的稀土元素丰度见表 3-30,$\sum$REE 56.83$\times10^{-6}$～173.31$\times10^{-6}$,$\sum$Ce/$\sum$Y1.39～2.51,$(La/Yb)_N$2.87～6.62,$(La/Sm)_N$ 1.79～3.09,$(Gd/Yb)_N$1.16～1.97,δEu1.00～1.16,稀土配分型式主要为向右缓倾斜轻稀土弱富集型,个别呈平坦型(图 3-69),其稀土总量变化范围较宽,Eu 异常不明显,轻稀土分馏程度和重稀土分馏程度均较弱。二者间分馏程度亦较低,总的势态与过渡型洋岛(夏威夷)拉斑玄武岩相似(Frey,1968)。

表 3-30 章村组玄武岩稀土元素含量表($\times10^{-6}$)

样号	ZR571-1	ZR599-1	ZR1049-4	ZR5009-1	ZR5010-2
岩石名称	蚀变玄武岩	变杏仁状中基性火山岩	蚀变玄武岩	全蚀变玄武岩	蚀变玄武岩
La	10.07	31.99	18.62	8.91	13.20
Ce	23.73	67.61	41.21	14.60	18.40
Pr	3.33	8.96	5.41	2.15	2.28
Nd	13.45	35.68	22.03	8.27	9.93
Sm	3.54	8.13	5.25	2.25	2.69
Eu	1.20	2.68	1.86	0.97	1.17
Gd	3.75	7.97	5.22	2.91	3.53
Tb	0.62	1.37	0.86	0.55	0.62
Dy	3.79	7.57	5.03	3.95	4.10
Ho	0.69	1.35	0.90	0.77	0.91
Er	1.96	3.72	2.62	2.48	2.79
Tm	0.29	0.55	0.39	0.35	0.39
Yb	1.69	3.26	2.28	2.09	2.46
Lu	0.24	0.47	0.33	0.25	0.35
Y	18.67	35.55	24.81	17.00	19.10
$\sum$REE	64.17	173.31	106.39	45.33	56.83
$\sum$Ce/$\sum$Y	1.75	2.51	2.22	1.22	1.39
δEu	1.00	1.01	1.08	1.16	1.16
La/Yb	4.02	6.62	5.51	2.87	3.62
La/Sm	1.79	2.48	2.23	2.49	3.09
Gd/Yb	1.79	1.97	1.85	1.12	1.16

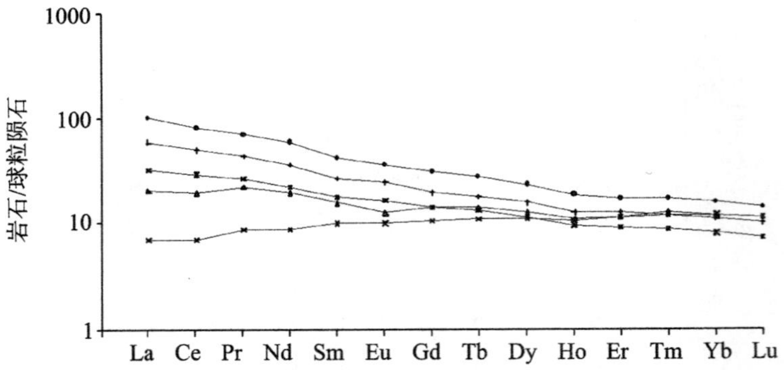

图 3-69　晚三叠世章村组火山岩稀土元素配分曲线

（据 Pearce，1984）

第四章　变　质　岩

调查区内除第四系松散沉积外，其他各时代的岩石均有不同程度的变质。其变质作用类型及多期次叠加变质作用，形成了本区多条岩石类型复杂的变质岩带（图 4-1）。

区内具有复杂叠加复合的变质岩带，其主要变质时期由老至新可划分为新元古代早期、早加里东期、印支期、燕山期和喜马拉雅期。新元古代早期使古元古代地层发生区域动力热流变质作用，形成了低角闪岩相→高角闪岩相→麻粒岩相变质；早加里东期区域动力热流变质作用，形成了西巴霞曲和准巴—东拉两个高绿片岩相变质岩亚带；印支—燕山期雅鲁藏布江洋盆巨厚沉积俯冲消减→碰撞逆冲，形成了雅鲁藏布江低温高压埋深变质岩带；燕山—喜马拉雅期碰撞—造山期后隆升、伸展，形成了低喜马拉雅低温动力变质岩带和准巴—东拉、则莫浪—金东 2 个韧性剪切糜棱岩带（表 4-1）。现将区内 5 个区域变质岩带和 2 个韧性剪切糜棱岩带的基本特征，由南向北依次叙述如后。

表 4-1　扎日区幅变质岩带变质作用特征表

变质岩（亚）带		变质期	变质地（岩）层	变质相	变质矿物	原岩建造	花岗岩及混合岩
低喜马拉雅区域低温动力变质岩带（Ⅰ）		喜马拉雅期	CPG、$Pt_3\in y$、$Pt_3\in b$	低绿片岩相	绢云母 绿泥石	碳酸盐类火山岩泥砂质复理石建造	
高喜马拉雅区域动力热流变质岩带（Ⅱ）	南迦巴瓦变质岩亚带（$Ⅱ_1$）	新元古代早期	$Pt_1Nj.$	角闪岩相—麻粒岩相	十字石、蓝晶石、夕线石、钾长石	火山—碎屑岩夹碳酸盐岩建造	花岗质片麻岩、混合带化
	西巴霞曲变质岩亚带（$Ⅱ_2$）	早加里东期	$Pt_3\in R.$	高绿片岩相	铁铝榴石、黑云母、角闪石	火山—碎屑岩建造	
	准巴—东拉变质岩亚带（$Ⅱ_3$）	早加里东期	$Pt_3\in R.$	高绿片岩相	铁铝榴石、黑云母、角闪石	基性火山岩—碎屑岩建造	
拉轨岗日—隆子区域动力热流变质岩带（Ⅲ）		燕山—喜马拉雅期	T_3n	低绿片岩相	绢云母、绿泥石	被动陆缘泥砂质建造	
雅鲁藏布江低温高压埋深变质岩带（Ⅳ）	玉门—塔马敦变质岩亚带（$Ⅳ_1$）	印支—燕山期	T_3Y	亚绿片岩相	沸石、葡萄石、绢云母、绿泥石、蛇纹石	裂谷拉张蛇绿混杂岩建造	
	琼果—章村变质岩亚带（$Ⅳ_2$）	印支—燕山期	T_3jx $T_3\hat{z}$	低绿片岩相	绢云母、绿泥石、阳起石	印支期弧前复理石建造	
	洗贡—莫洛变质岩亚带（$Ⅳ_3$）	印支—燕山期	KL	低绿片岩相	绿泥石、阳起石、硬绿泥石、黑云母、多硅白云母、蛇纹石、铁铝榴石	俯冲—碰撞—逆冲蛇绿—泥质构造混杂岩建造	

续表 4-1

变质岩(亚)带	变质期	变质地(岩)层	变质相	变质矿物	原岩建造	花岗岩及混合岩
冈底斯区域动力热流变质岩带(Ⅴ)	新元古代早期、早加里东期、燕山期	$Pt_1b.$	角闪岩相	蓝晶石、夕线石	碎屑岩夹碳酸盐岩建造	花岗岩、闪长岩、混合岩
准巴—东拉韧性剪切糜棱岩带(1)	喜马拉雅期	$Pt_1Nj.$ $Pt_3\in R.$	低绿片岩相	绢云母、绿泥石		
则莫浪—金东韧性剪切糜棱岩带(2)	燕山—喜马拉雅期	KL	低绿片岩相	绢云母、绿泥石、黑云母		

本书所用变质矿物代号,列于表 4-2 中。

表 4-2　变质矿物代号表

矿物名称	代号	矿物名称	代号	矿物名称	代号	矿物名称	代号	矿物名称	代号	矿物名称	代号
钠长石	Ab	方解石	Cal	透辉石	Di	角闪石	Hb	斜方辉石	Opx	蛇纹石	Sep
阳起石	Act	绿泥石	Chl	白云石	Do	紫苏辉石	Hy	金云母	Phl	绢云母	Ser
红柱石	Ad	硬绿泥石	Cht	绿帘石	Ep	钾长石	Kf	斜长石	Pl	夕线石	Sil
中长石	Ads	刚玉	Cor	镁橄榄石	Fo	蓝晶石	Ky	葡萄石	Pre	锰铝榴石	Spe
铁铝榴石	Alm	堇青石	Cord	石墨	Gph	浊沸石	Lau	镁铝榴石	Pyr	十字石	St
钙长石	An	单斜辉石	Cpx	钙铝榴石	Gro	蒙托石	Mtr	石英	Qz	滑石	Tc
黑云母	Bit	斜黝帘石	Cz	石榴石	Gt	白云母	Mu	方柱石	Scp	透闪石	Tr

第一节　低喜马拉雅区域低温动力变质岩带(Ⅰ)

低喜马拉雅区域低温动力变质岩带位于图幅南部稠贴—丽达主中央逆掩断裂以南,图内面积约 1500km^2,为一区域性面型低绿片岩相的单相变质岩带(图 4-2)。

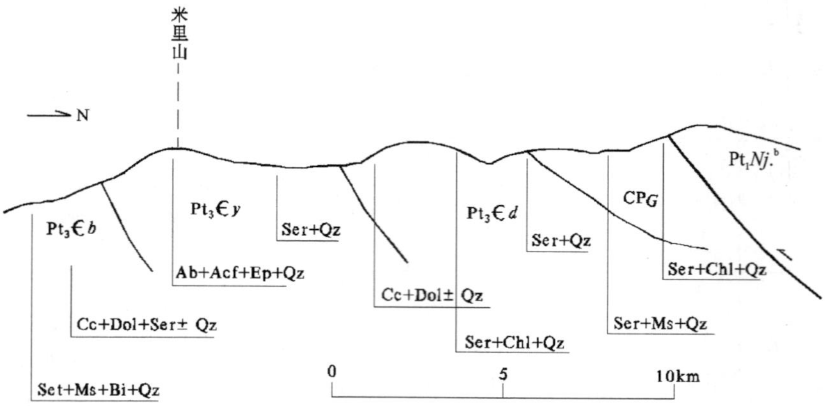

图 4-2　低喜马拉雅米里山变质地质剖面图

带内出露地层为新元古代—寒武纪米里群波木多组($Pt_3\in b$)、英肯组($Pt_3\in y$)、达里组($Pt_3\in d$)和石炭—二叠纪冈瓦纳群(CPG)。米里群为一套黑云石英片岩、二云片岩、石英片岩、石英岩、板岩、千枚岩、变质砂岩、结晶灰岩、大理岩夹变基性火山岩,总厚达2870m以上。冈瓦纳群为一套含砾板岩、变质砂岩、板岩,厚400m以上。上述变质岩矿物共生组合以绢云母+绿泥石+石英和绿泥石+钠长石+绢云母+石英为主。在波木多组和英肯组下部和主中央逆掩断裂带附近,岩石的变质程度有所增强,并出现少量雏晶黑云母和黑云母变晶,表明该变质岩带仅部分接近低绿片岩相之上限温度500℃。

上述米里群、冈瓦纳群为一套在强应力和低温条件下形成的具有劈理和片理的低级变质岩系,在这一宽阔地带内无明显递增变质的单一低绿片岩相,其形成可能为印度陆块与喜马拉雅陆块发生陆内汇聚,在陆壳增厚缩短过程中受主中央断裂和主边界断裂两条巨大逆掩断裂的强烈挤压、推覆,使该区的米里群、冈瓦纳群产生强烈的平卧、倒转褶皱变形和动力变质作用的结果(Gansser,1977)。

第二节　高喜马拉雅区域动力热流变质岩带(Ⅱ)

高喜马拉雅区域动力热流变质岩带位于图幅中南部,夹持于藏南拆离系斗玉—绕让主剥离断裂和稠贴—丽达主中央逆掩断裂之间,图内面积达9050km²以上。依据变质作用特征可进一步划分为南迦巴瓦、西巴霞曲和准巴—东拉3个变质岩亚带。

一、南迦巴瓦变质岩亚带($Ⅱ_1$)

南迦巴瓦变质岩亚带为墨脱县幅、林芝县幅南迦巴瓦变质岩带之南西延,北界为藏南拆离系准巴—夏格勒桥基底剥离断裂,南以稠贴—丽达主中央逆掩断裂为界,在中东部有一北东向西巴霞曲变质岩亚带叠覆其上。带内出露地层为古元古代南迦巴瓦岩群,其间尚有部分花岗岩,总面积达7000km²。受变质地层为古元古代南迦巴瓦岩群,为一套由石榴透辉石岩、榴闪岩、石榴蓝晶黑云二长片麻岩、黑云二长浅粒岩、黑云斜长变粒岩、角闪岩类、夕线石榴黑云片岩、含蓝晶黑云二长片岩、二云片岩及混合岩等组成的结晶岩系,由南向北具有明显递增变质作用特点,在复式背形构造核部出现中高压麻粒岩相(图4-3)。

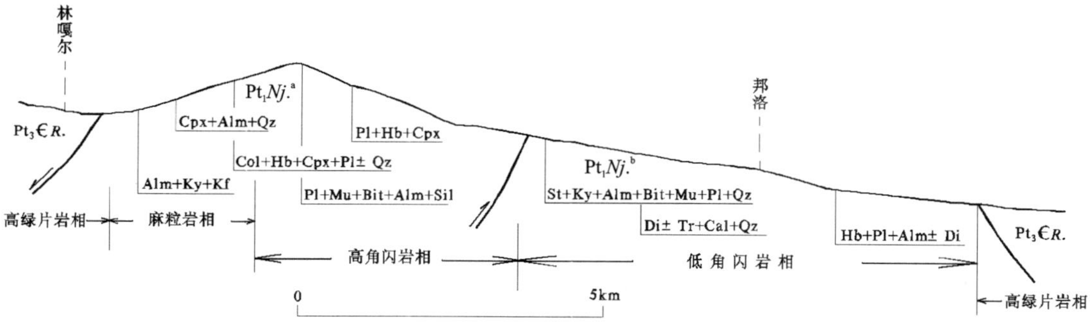

图4-3　林嘎尔—邦热南迦巴瓦变质岩带图切示意剖面图

(一) 主要岩石类型特征

带内主要岩石类型有透辉岩类、片麻岩类、变粒岩类、角闪质岩类、片岩类、大理岩类、钙硅酸岩类及混合岩类等(表4-3)。

表 4-3　南迦巴瓦岩群主要岩石类型特征表

岩石名称	结构构造	特征矿物	标型矿物特征	矿物共生组合
含榴夕线黑云片岩	鳞片粒状变晶结构，片状构造	夕线石、石榴石	夕线石：针柱状，平行消光，中突起，负延性；石榴石：他形粒状变晶，正高突起，均质性	Sil+Alm+Pl+Bit+Qz
斜长角闪岩	柱状变晶结构，块状构造	角闪石	角闪石：柱状变晶，浅棕—棕色多色性，斜消光 C∧Ng=15°～20°	Hb+Pl+Bit
透辉角闪岩	柱状变晶结构，块状构造	角闪石、透辉石	角闪石：柱状变晶，浅棕—棕色多色性，斜消光，C∧Ng=15°～25°；透辉石：柱状变晶，Ng 黄绿、蓝绿色，Np 浅黄绿色，C∧Ng=43°	Hb+Di+Pl+Bit+Qz
含角闪黑云斜长变粒岩	柱粒鳞片粒状变晶结构，块状构造	角闪石、斜长石、黑云母	角闪石：粒状变晶；斜长石：粒状变晶；黑云母：鳞片变晶，Ng 红褐色	Hb+Pl+Bit+Qz
含蓝晶石榴黑云二长变粒岩	鳞片粒状变晶结构、变斑晶结构，定向构造	蓝晶石、石榴石	蓝晶石：柱粒状变晶，正高突起，斜消光，−2V≥80°～90°；石榴石：变斑晶，正高突起，均质性	Ky+Alm+Bit+Ab+Kf+Qz
含蓝晶石榴夕线黑云片麻岩	纤柱状鳞片粒状变晶结构、变斑状结构，片麻状构造	蓝晶石、夕线石、石榴石	蓝晶石：柱状变晶，正延性，−2V≥85°；夕线石：细纤变晶；石榴石：变斑晶，包嵌黑云母和石英	Ky+Sil+Alm+Bit+Pl+Kf+Qz
石榴透辉斜长角闪片麻岩	粒状柱粒状变晶结构、变斑状结构，片麻状构造	石榴石、斜长石、角闪石、透辉石	石榴石：斑晶包嵌长石、石英和闪石，正高突起，均质性；斜长石为中长石，粒状变晶；角闪石：粒状变晶，内包嵌透辉石	Hb+Di+Alm+Pl+Qz
含金云透辉大理岩	花岗变晶结构，块状构造	透辉石、金云母	透辉石：柱粒状变晶；金云母：鳞片状变晶	Di+Phl+Cal+Do
方柱透辉钙榴岩	粒柱状变晶结构，块状构造	方柱石、透辉石、石榴石	方柱石：柱状变晶，正中突起，无色，发育两组直交解理，一轴晶，负延性；透辉石：柱粒状变晶，正高突起，浅绿色；石榴石：正高突起，浅淡红色，非均质性普遍	Ads+Sep+Di+Cal
石榴透辉岩	花岗变晶结构，块状构造	透辉石、石榴石	透辉石：短柱—粒状，斜消光，C∧Ng=15°；石榴石：变斑晶，均质性	Di+Pl+Gt+Bit+Qz
眼球状夕线黑云片麻岩	纤柱状鳞片状变晶结构，片麻状构造，眼球变斑构造	夕线石、钾长石	夕线石：纤柱状、束状、放射状变晶，正中突起，平行消光，负延性	Sil+Kf+Pl+Bit+Qt
条带状混合岩	鳞片粒状变晶结构，条带状构造	石榴石、角闪石	石榴石：粒状变晶，正高突起，均质性；角闪石：正中突起，Ng 黄绿、蓝绿色，Np 浅黄色，具闪石解理	Kf+Alm+Hb+Pl+Bit+Qz
眼球状混合岩	鳞片粒状变晶结构，眼球状构造	角闪石	角闪石：粒状变晶，半自形—他形，正中突起，Ng 黄绿、蓝绿色，Np 浅黄绿色，具闪石解理	Hb+Bit+Pl+Qz

1. 透辉岩类

该类岩石多呈透镜状残留体产于高角闪岩相片麻岩和斜长角闪岩中，残留体边缘具白色环带。石榴透辉岩具花岗变晶结构、柱粒状变晶结构，块状构造。主要矿物成分(%)有透辉石(23～95)、透闪石(0～37)、斜长石(0～49)及石榴石、方柱石、黑云母等。主要岩石有石榴透辉岩、含榴方柱透辉岩、石榴透闪黑云透辉岩、方柱透辉岩、斜长透辉岩、石榴透闪辉岩等。其中石榴透辉岩经历了早期高压麻粒岩相变质阶段，其共生矿物组合为 Di＋Alm＋Qz，峰期中压麻粒岩相变质矿物组合为 Di＋Pl±Hb(褐色)，晚期为 Hb(褐色)＋Pl，使麻粒岩矿物组合完全转变为斜长角闪岩，显示区内麻粒岩经历了晚期隆升降压、降温的演化过程(成都地质矿产研究所 1∶25 万墨脱县幅，2003)。

2. 片麻岩类

该类岩石为带内最主要的岩石类型。岩石具斑状变晶结构、鳞片粒状变晶结构，片麻状构造、眼球状构造。主要矿物成分(%)为：中长石和更长石(28～50)，微斜长石(0～50)，黑云母(10～30)，石英(具波状消光，5～25)及石榴石、蓝晶石、夕线石、十字石、透辉石、角闪石等。主要岩石有夕线黑云斜长片麻岩、夕线石榴黑云斜长片麻岩、石榴蓝晶夕线黑云二长片麻岩、石榴夕线黑云钾长片麻岩等。

3. 变粒岩类

该类岩石为带内重要岩石类型之一。岩石具鳞片粒状变晶结构，块状构造，部分具定向构造。主要矿物成分(%)有更长石和中长石(12～75)，微斜长石具格子双晶(0～60)，石英(10～40)，黑云母(0～15)和石榴石、角闪石、夕线石等。主要岩石有黑云斜长变粒岩、夕线石白云斜长变粒岩、含角闪黑云斜长变粒岩、含石榴黑云二长变粒岩、石榴角闪二长变粒岩、夕线钾长石英浅粒岩、石榴钾长浅粒岩等。

4. 角闪质岩类

岩石具粒柱状变晶结构、花岗变晶结构，片麻状、片状、块状构造。主要矿物成分(%)为角闪石(30～94)、中长石(35～48)、黑云母(2～16)、石英(0～3)、透辉石(0～12)及石榴石、磁铁矿等。主要岩石有透辉石榴透闪岩、粗晶角闪石岩、斜长角闪岩、石榴斜长角闪岩、透辉角闪岩、石榴黑云角闪岩、角闪石岩等。

5. 片岩类

岩石具细粒粒状鳞片变晶结构，片状构造。主要矿物成分(%)为石英(7～70)、黑(白)云母(15～75)、长石(2～35)和夕线石、蓝晶石、十字石、石榴石、石墨及钾长石等。主要岩石有夕线石榴黑云片岩、含蓝晶夕线黑云片岩、夕线长石二云片岩、蓝晶夕线黑云石英片岩、含石墨蓝晶黑云石英片岩等。

6. 大理岩类

岩石具花岗变晶结构、粗晶结构，块状构造。主要矿物成分(%)为方解石(2～99)、白云石(0～90)、石英(0～16)及透辉石、透闪石、金云母、镁橄榄石、方柱石等。主要岩石有粗晶大理岩、透辉大理岩、透闪大理岩、金云透辉大理岩、含金云透闪白云石大理岩、含透辉方柱大理岩、含金云镁橄榄大理岩等。

7. 混合岩类

带内发育条带状混合岩、眼球状混合岩和肠状混合岩。岩石具片麻状、条带状、眼球状构造。眼球多为钾长石，脉体成分以长英质为主。条带状混合岩的基质为由暗色角闪石、黑云母和中长石组成的斜长黑云角闪岩构成；眼球状混合岩的基质常为云母片岩和富铝片麻岩；肠状混合岩中长英质脉体占30%～50%，由于塑性流变而呈弯曲的肠状。

（二）特征变质矿物

南迦巴瓦岩群中主要特征变质矿物有辉石、蓝晶石、夕线石、石榴石、十字石、角闪石、黑云母等。成都地质矿产研究所对1∶25万墨脱县幅作了较为深入的矿物学研究，现简介如下。

辉石主要产于南迦巴瓦岩群的高压麻粒岩相的石榴透辉麻粒岩、石榴透辉斜长角闪岩中，与石榴石、角闪石平衡共生。据辉石电子探针分析，其化学成分均属 Poldervaart 和 Hess(1951)分类中的次透辉石或普通辉石。辉石中 Na_2O 含量极低，表明麻粒岩的原岩可能为不纯的碳酸盐岩，在高温高压条件下形成。

蓝晶石主要产于十字石—蓝晶石带和夕线石带的石榴蓝晶片麻岩中。在十字石—蓝晶石带中，蓝晶石和石榴石、黑云母等共生。在夕线石带中，蓝晶石绝大部分转变为夕线石而保留蓝晶石外形。

夕线石在南迦巴瓦岩群中分布在夕线石带和夕线石—钾长石带的富铝片麻岩及含榴夕线黑云片岩中。夕线石带中的夕线石尚保留蓝晶石外形，并与白云母、黑云母、石榴石共生，呈粒状和针柱状集合体。夕线石—钾长石带中的夕线石和钾长石、石榴石、黑云母共生，并呈单晶状沿片麻理分布。

十字石产于十字石—蓝晶石带的云母片岩、片麻岩中。呈不规则状，其间常见有石英和黑云母包体。

石榴石是南迦巴瓦岩群中最常见的变质矿物，以片麻岩和长英质变粒岩中最为普遍。而在高压变质的石榴单斜辉石岩和石榴角闪岩残留体中含量非常高，最高可达20%～30%。石榴单斜辉石岩、石榴角闪岩、蓝晶石榴二长片麻岩中的石榴石经电子探针分析，均为铁铝榴石。其＜FeO＞变化较大(21.4%～33.4%)，MgO 4%～5.5%，CaO 1.2%～8.2%。石榴石环带由核向边缘＜FeO＞渐增，CaO渐减，Mg/(Mg＋Fe)则降低，上述表明石榴石曾经历了一个减压过程(Koziol，*et al*，1989)。在 Alm－Spe－Gro 图解中，大部分落在D区，而且比较密集，表明这种和蓝晶石共生的石榴石是在高压麻粒岩相条件下形成的(Coleman，*et al*，1965；Lovering，White，1969；卢良兆，1992)。

角闪石主要产于基性高压麻粒岩和角闪岩中。多为主变质期形成的斑晶，多色性为褐绿—黄绿色，与石榴石、单斜辉石、斜长石等平衡共生。后期角闪石常沿辉石、主期角闪石、石榴石颗粒边缘，呈细粒集合体，多色性为绿色。角闪石经电子探针分析，后期角闪石的＜FeO＞、MgO、Al_2O_3、Na＋K 较主期角闪石明显降低，而 CaO 则显著增高。主期角闪石在 Na＋K－Ti 及 Ti－Al^{IV} 图解中均投在麻粒岩相—高角闪岩相区内，而后期角闪石则落入低角闪岩相—高角闪岩相区范围。

黑云母在南迦巴瓦岩群中有早期石榴石、蓝晶变斑晶中的包体，基质中与石榴石、蓝晶石、长石平衡共生和晚期石榴石转变的3种类型。前两者经电子探针分析，黑云母的 X_{Mg} 多在51%～66%之间，个别为45%～47%。TiO_2 和 $FeO/(FeO+Fe_2O_3)$ 随温度的升高而增加，而包体中黑云母的 TiO_2 和 X_{Fe} 明显低于基质中的黑云母，说明基质黑云母形成于高温的峰期阶段，黑云母显示棕色、红棕色。

（三）原岩建造恢复

除大理岩、石英片岩外，对南迦巴瓦岩群中各类岩石的原岩及原岩建造进行岩石化学及地球化学特征的研究，以探讨原岩建造类型。据成都地质矿产研究所对1∶25万墨脱县幅的研究，在K－A图解(周世泰，1979)中，21件富铝的片麻岩多数落在沉积岩区，少数投在火成岩区；斜长角闪岩、透辉岩则多数落入火山岩区，部分则分布在碳酸盐区内。

在尼格里图解(图4-4)中，大部分富铝片麻岩落在粘土质沉积岩区；斜长角闪岩则大部分落在火成岩区，部分落在石灰岩区；透辉岩类半数以上在火成岩区，部分则落在碳酸盐区；变粒岩多数投在粘土质沉积岩区。

在 La/Yb－∑REE 图解(图4-5)中，富铝片麻岩均落在沉积岩区的砂质岩和杂砂岩区及页岩和粘土岩区。

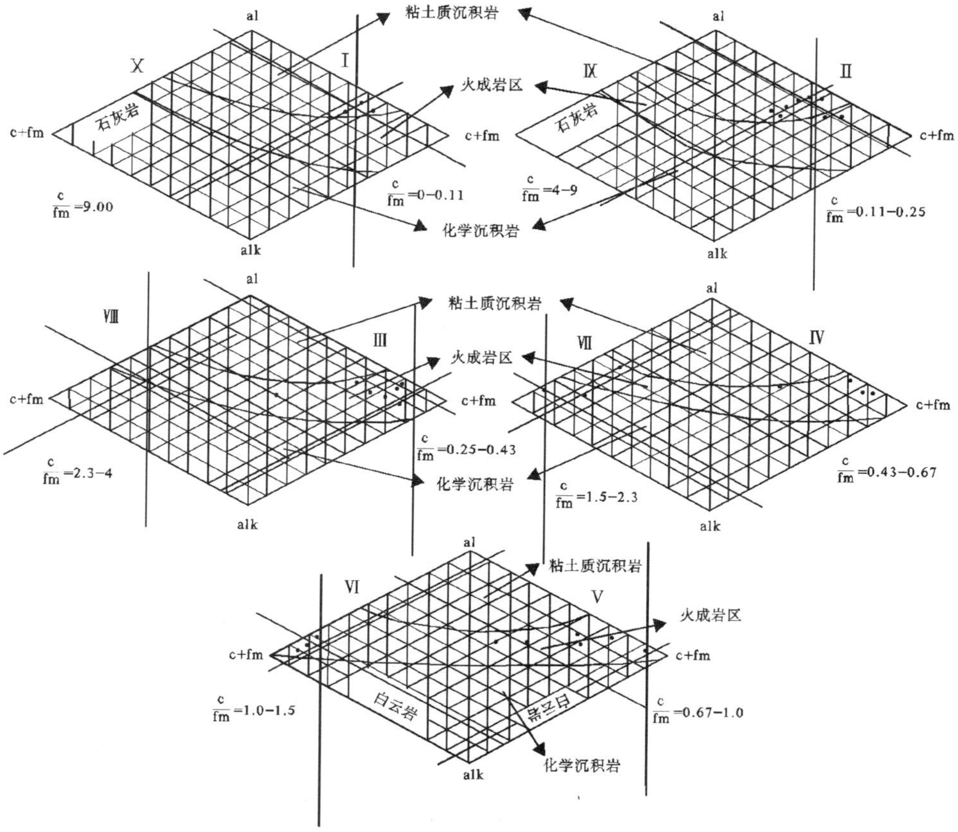

图 4-4　尼格里四面体图解

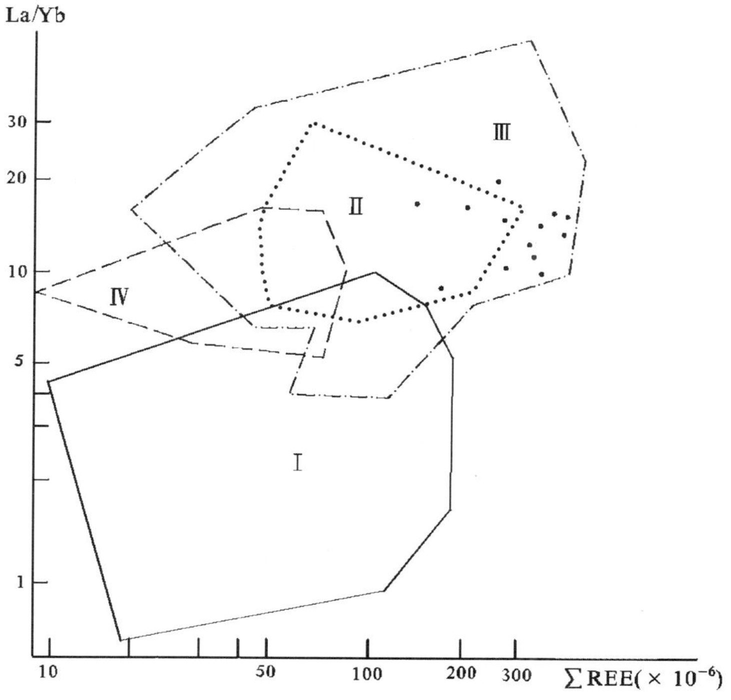

图 4-5　La/Yb－ΣREE 图解

（据巴拉绍夫等，1972）

Ⅰ.斜长角闪岩区；Ⅱ.砂质岩和杂砂岩区；Ⅲ.页岩和粘土岩区；Ⅳ.碳酸盐岩区

南迦巴瓦岩群中富铝片麻岩的稀土为轻稀土弱富集型，具铕弱负异常，与俄罗斯地台粘土岩和北美页岩的稀土分配型式甚为相似(图 4-6)。

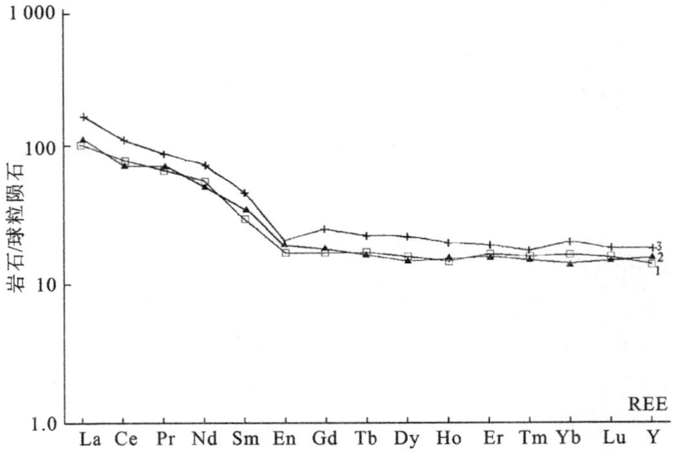

图 4-6　南迦巴瓦岩群富铝片麻岩与俄罗斯地台粘土岩北美页岩的 REE 分布型式

1.俄罗斯地台粘土岩；2.北美页岩；3.南迦巴瓦岩群富铝片麻岩平均值

南迦巴瓦岩群中透辉斜长角闪岩为轻稀土富集和平坦型(图 4-7)，前者与洋岛拉斑玄武岩相似，后者则类同于现代岛弧钙碱性拉斑玄武岩。含辉石角闪石榴黑云片麻岩和石榴角闪黑云二长片麻岩为轻稀土富集和明显铕负异常(图 4-8)，与被动大陆边缘构造环境形成的现代和显生宙沉积岩的稀土分布型式相似(《微量元素地球化学原理》，赵振华，1997)。

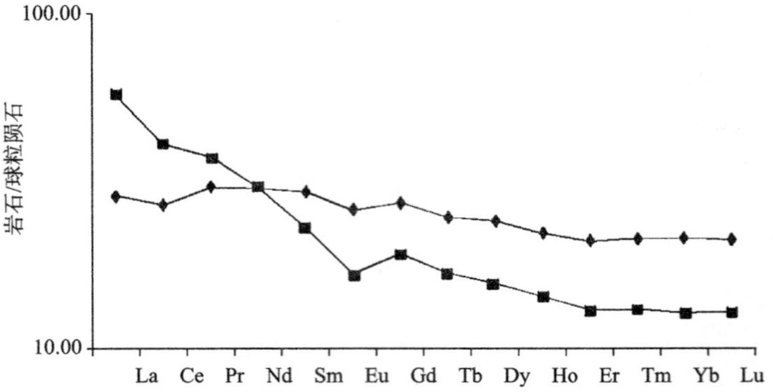

图 4-7　南迦巴瓦岩群透辉斜长角闪岩稀土配分曲线

(仿 Boynton，1984)

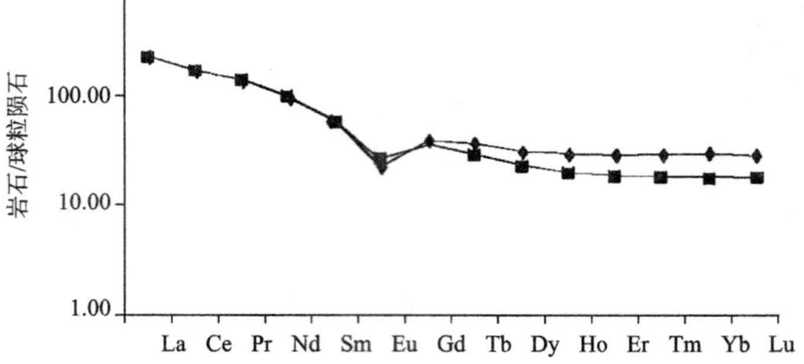

图 4-8　南迦巴瓦岩群黑云二长片麻岩稀土配分曲线

(仿 Boynton，1984)

综合上述南迦巴瓦岩群的变质岩石学、岩石化学及地球化学特征，该低角闪岩相、高角闪岩相、麻粒岩相变质岩石，其原岩可能为一套被动大陆边缘较为稳定的泥质碎屑岩、碳酸盐岩沉积向边缘裂谷过渡的大陆拉斑玄武岩及杂砂岩类复理石沉积，即边缘浅海泥质碳酸盐岩—中基性火山岩、杂砂岩类复理石建造。

（四）变质带、变质相和变质相系

测区南迦巴瓦岩群角闪质岩石和大理岩类较少，在变粒岩、片麻岩、片岩类中发育十字石、铁铝榴石、蓝晶石、夕线石和钾长石等特征变质矿物。在邦热、林嘎尔一带，自南向北呈现明显的由低角闪岩相→高角闪岩相→麻粒岩相递增变质现象(图 4-9)。据 1∶25 万墨脱县幅的研究，南迦巴瓦岩群麻粒岩相温度 $T>700\sim850$℃，压力 $P=1.65\sim1.8$GPa。

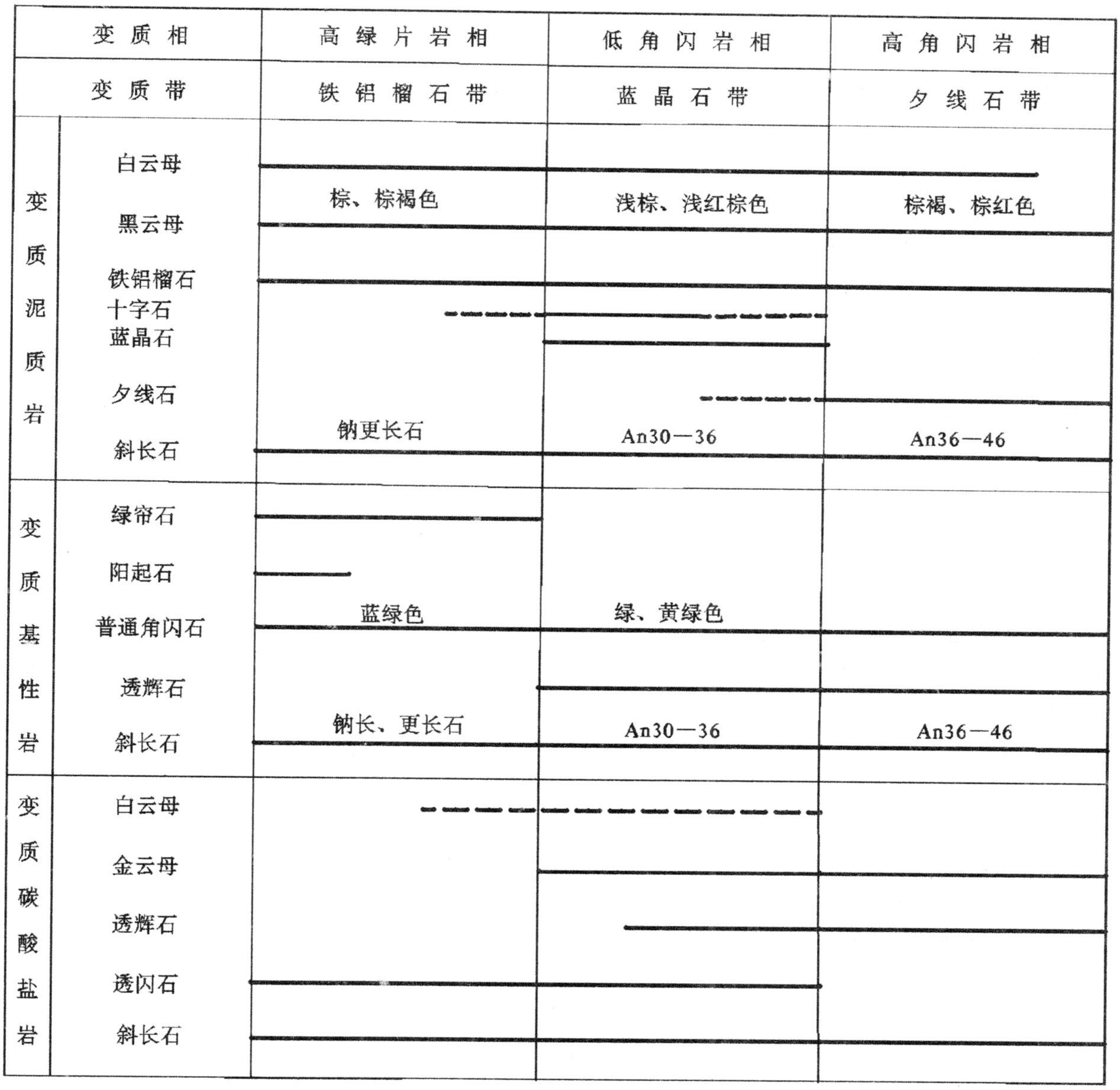

图 4-9　南迦巴瓦变质岩带前进矿物变化

低角闪岩相分布于邦热、坎拉河和锡约姆河、下达一带，角闪石为绿色和黄绿色，黑云母为浅棕—浅红棕色，斜长石为 An30—36，钾长石为微斜长石。变质相图(图 4-10)及矿物共生组合如下。

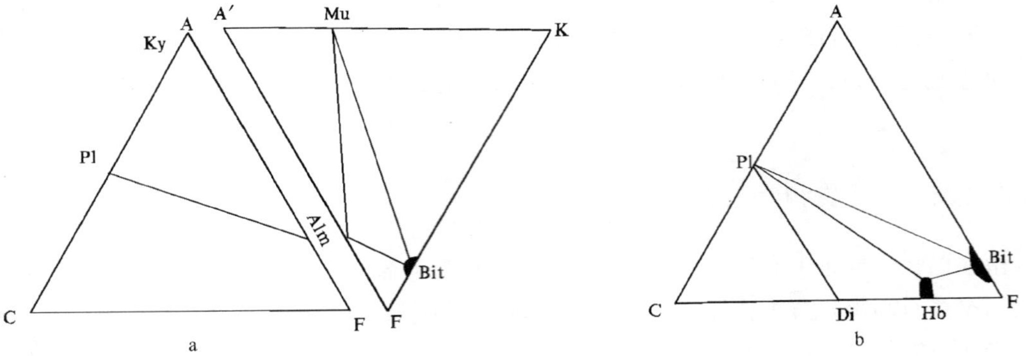

图 4-10　低角闪岩相矿物共生图解

a. 泥质岩；b. 基性岩

变质泥质岩：

Sil＋Alm＋Bit±Mu＋Pl＋Qz

Ky＋Alm＋Bit＋Mu＋Pl＋Qz

St＋Bit＋Pl＋Kf＋Qz±Gt

Bit＋Pl＋Qz＋Kf

Sil＋Gt＋Bit＋Qz±Pl

Bit＋Alm＋Pl＋Kf＋Qz

Bit＋Hb±Gt±Di＋Pl＋Kf＋Qz

Sil＋Bit＋Pl＋Qz

Ky＋Alm＋Bit＋Pl＋Qz

变质基性岩：

Pl＋Hb＋Qz

Pl＋Hb±Bit±Qz

Di＋Pl＋Hb±Qz

Bit＋Gt＋Pl＋Hb±Qz

变质碳酸盐岩：

Cal＋Fo＋Di＋Tr＋Phl

Phl＋Cal＋Fo

Cal＋Fo

Phl＋Cal＋Fo＋Di＋Do

Phl＋Cal＋Fo＋Do

高角闪岩相夕线石—钾长石带，分布于林嘎尔南喜马拉雅分水岭、巴加西仁河、木比丁至拉底格列一带。角闪石为褐绿色和黄绿色，黑云母棕—棕红色，斜长石大于 An36，(—)2V＜45°，钾长石为微斜长石，其矿物共生组合如下。

变质泥质岩：

Sil＋Alm＋Bit±Mu＋Pl＋Kf＋Qz

Sil＋Bit＋Pl＋Kf＋Qz

Gt＋Ky＋Sil＋Bit＋Pl＋Kf＋Qz

变质碳酸盐岩：

Cal＋Fo＋Di＋Tr＋Phl

Phl＋Cal＋Fo＋Di＋Do

根据上述矿物组合，1∶25 万墨脱县幅在南迦巴瓦岩群中采用石榴石、黑云母共生矿物对，其温度大致为 614～800℃，压力为 0.78～0.98GPa。采用石榴石、斜方辉石共生矿物对，其温度为 727～848℃，压力为 16.5kb，则代表变质岩带变质峰期阶段的温压条件。从变质岩带蓝晶石的普遍出现，表明南迦巴瓦变质岩带属都城秋惠划分的 3 种压力类型中的蓝晶石—夕线石型系列，为中压相系。

（五）变质变形作用期次探讨

调查区南迦巴瓦岩群经历了多期次的变质变形改造和叠加，使之更加复杂化。根据变质岩石学、矿物共生组合、矿物反应的世代关系及岩相学特征，结合同位素年龄资料等的综合分析，大致可归纳为新元古代早期、早加里东期和喜马拉雅期 3 个主要变质变形期。

新元古代早期为南迦巴瓦变质岩亚带基底结晶岩系形成的主变质变形期，具区域动力热流递增变质作用特征，发育顺层固态流变构造，并构成喜马拉雅陆块的结晶基底。南迦巴瓦岩群最古老的年龄为成都地质矿产研究所 1997 年在米林县直白布弄隆石榴蓝晶麻粒岩中所获锆石 U－Pb 年龄 1312±16Ma。

许荣华(1985)在聂拉木亚里聂拉木岩群黑云斜长片麻岩中获锆石 U－Pb 等时代年龄为 1250Ma，与 Daling—Buxa 岩系中的 Lingtse 花岗岩 Rb－Sr 等时线年龄 1050Ma(Achargga S. K.，1980)比较接近，表明聂拉木岩群原岩时代可能为中元古代。此外，许荣华(1986)曾在聂拉木岩群中取得了 3 个花岗岩和 1 个片麻岩的锆石数据，其中最老者为 2250Ma，它仅仅代表锆石的最小结晶作用年龄，表明原岩时代具有古元古代甚至更老的可能。

中国地质大学(武汉)(2004)在 1:25 万定结县幅、陈塘区幅聂拉木岩群马卡鲁杂岩的花岗闪长质片麻岩中获残余锆石 U－Pb 年龄 2.1～2.5Ga 和 $^{206}Pb/^{238}U$ 年龄数据平均值 1827±25Ma，亦表明聂拉木岩群的原岩时代可能为古元古代或更老。

据 1:20 万波密幅在南迦巴瓦岩群片麻岩中所获 Rb－Sr 等时线年龄 961±139Ma 和 1:25 万林芝县幅在南迦巴瓦岩群中所获 Sm－Nd 模式年龄 696Ma，上述可能为新元古代早期(1～0.7Ga)一次强烈的泛非早期造山运动热事件的反映，形成了南迦巴瓦低角闪岩相→高角闪岩相→麻粒岩相变质岩带，在南迦巴瓦岩群中普遍发育了紧密同斜褶皱、钩状无根褶皱和“N”型、“W”型面理置换。

早加里东期变质作用表现为前期南迦巴瓦岩群高级变质岩中夕线石退变为白云母，透辉石退变为角闪石、黑云母，角闪石退变为黑云母，局部退变出现十字石等。在米林县丹娘花岗质片麻岩中获锆石 U－Pb 年龄 525～552Ma(成都地质矿产研究所，1997)，在米林县直白角闪石岩中获 $^{40}Ar-^{39}Ar$ 坪年龄 575.20±5.2Ma，可能为早加里东泛非末期一次造山运动的变质作用。

喜马拉雅早期造山推覆挤压，在区内显示左行斜向-水平走滑剪切特征，并使南迦巴瓦岩群发生糜棱岩化，形成条纹条带状构造、眼球状构造、塑性流变、S－C 组构、“σ”和“δ”碎斑构造。喜马拉雅晚期受大陆壳加积增厚，使藏南拆离系在南迦巴瓦构造结外围发生顺时针旋扭快速抬升，伴有浅源重熔花岗岩、伟晶岩和混合岩化的形成。

二、西巴霞曲变质岩亚带(Ⅱ$_2$)、准巴—东拉变质岩亚带(Ⅱ$_3$)

西巴霞曲变质岩亚带(Ⅱ$_2$)位于图幅东部，呈一北东向梭状，长 75km，宽 10～28km，面积 1450km^2。准巴—东拉变质岩亚带(Ⅱ$_3$)，呈北东向狭长条带状斜贯图幅中北部，宽 2～10km，北东延入 1:25 万林芝县幅，南西延入 1:25 万隆子县幅，图内长 145km，夹持于绕让—切当拉伸展断裂和夏格勒桥伸展断裂之间，面积约 600km^2。两变质岩亚带均由肉切村岩群($Pt_3 \in R.$)组成，由一套二云片岩、白云母片岩、二云石英片岩、黑云石英片岩、斜长角闪片岩、绿泥片岩、绿泥石英片岩、钠长绿泥片岩、黑云斜长变粒岩等组成，叠置厚度达 2800m 以上。

（一）主要岩石类型特征

主要岩石类型有片岩类、角闪质岩类和变粒岩类。

片岩类，岩石具细粒粒状鳞片变晶结构，片状构造。主要矿物成分石英含量15%～75%，云母15%～75%，长石2%～35%。主要岩石有含榴绢云片岩、绿泥片岩、二云片岩、含榴红柱二云片岩、含十字石榴二云片岩、二云石英片岩、黑云石英片岩、含榴二云片岩等。

角闪质岩类，岩石具中细粒鳞片柱粒状变晶结构，块状或片状构造。主要矿物成分角闪石含量30%～40%，斜长石为中长石35%～50%，黑云母2%～16%，石英0～3%。主要岩石为黑云斜长角闪片岩、斜长角闪岩、角闪片岩。

变粒岩类，岩石具鳞片粒状变晶结构，块状或弱定向构造。暗色矿物以黑云母为主，含量5%～15%；斜长石以更长石为主，部分为钠长石，含量15%～75%；钾长石为微斜长石，含量0%～35%；石英10%～30%。主要岩石以黑云斜长变粒岩、含榴黑云斜长变粒岩为主，有少量含榴黑云二长变粒岩。

（二）主要特征变质矿物

特征变质矿物有铁铝榴石、十字石、黑云母、角闪石等。

铁铝榴石呈近等轴状斑状变晶，无色—微粉红色，正高突起，粒径0.15～0.4mm，常见较多石英及黑云母包体。

十字石多呈不规则变斑状，粒径0.5～1.8mm，Ng金黄色，Nm淡黄色，正高突起，平行消光，二轴晶，正延性，含有较多炭质包体。

黑云母呈片状定向分布，Ng红褐色，Np淡黄色。

角闪石，绿色角闪石，不规则柱粒状变晶，Ng绿色，Nm黄绿色，Np淡黄色。

（三）原岩恢复及原岩建造

通过对上述各类岩石的岩石学、岩石化学及地球化学的综合研究，其中角闪质岩石和部分变粒岩在尼格里图解中落在火成岩区(图4-11)。角闪质岩石的岩石化学成分与中国岩浆岩玄武岩相近(黎彤，1962)，在硅-碱图解中属碱性系列，在里特曼-戈蒂里图解中，落在偏碱性火山岩区内。

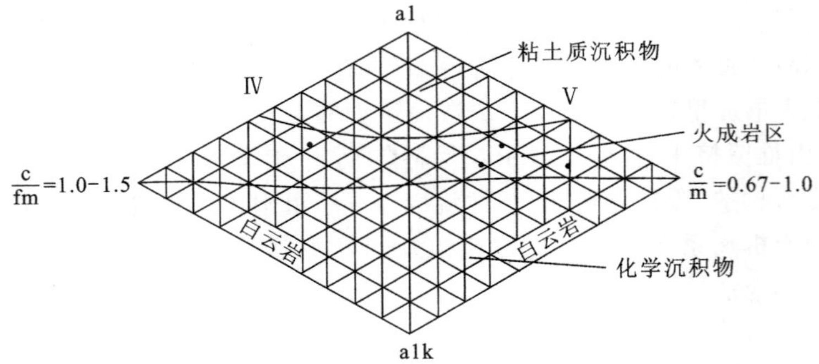

图4-11　尼格里四面体图解

(仿Boynton，1984)

斜长角闪质岩石的稀土配分型式为轻稀土弱富集平坦型，类似于现代岛弧钙碱性拉斑玄武岩系列(图4-12)。变粒岩则为轻稀土富集右倾曲线，铕异常不明显，总体与被动大陆边缘构造环境形成的现代和显生宙沉积岩的稀土特征一致(图4-13)。

综上所述，高喜马拉雅带的肉切村岩群为一套岛弧中基性火山岩及边缘浅海陆源杂砂岩建造。

（四）变质带、变质相和变质相系

依据变质矿物可划分出黑云母带、石榴石＋十字石带。矿物共生组合显示中低压区域动力热流变质高绿片相特征。

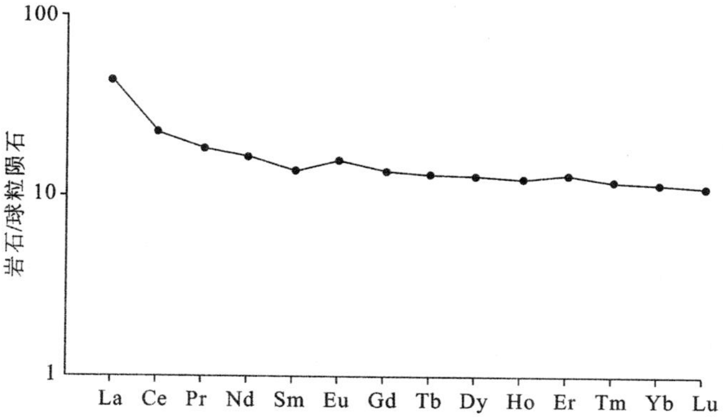

图 4-12　肉切村岩群斜长角闪质岩稀土配分曲线
（仿 Boynton，1984）

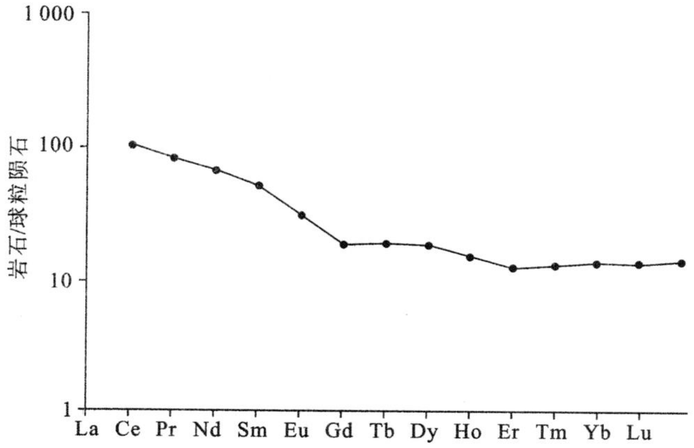

图 4-13　肉切村岩群变粒岩稀土配分曲线
（仿 Boynton，1984）

变质泥质岩：

Mu＋Bit＋Alm＋Qz

Mu＋Bit＋Alm±Ab＋Qz

St＋Bit＋Mu＋Alm＋Qz

St＋Bit＋Mu±Ab＋Qz

Alm＋Bit＋Mu＋Qz

Alm＋Bit＋Pl＋Qz

变质基性岩：

Hb＋Ab＋Ep±Qz

Hb＋Bit＋Ad±Qz

Hb＋Bit＋Ad

Hb＋Bit＋Tr

Hb＋Di＋Bit

（五）变质变形作用期次讨论

根据使用多种同位素定年方法测定的结果，高喜马拉雅地区肉切村岩群经历了两期变质作用。早期为早加东期锆石 U－Pb 同位素年龄 525～553Ma，表明肉切村岩群经历了一次泛非末期造山高绿片岩相区域动力热流变质作用和岩浆活动；晚期为燕山晚期—喜马拉雅期，黑云母 Ar－Ar 法坪年龄 18.2±0.11Ma 和等时线年龄 18.63±0.63Ma，可能与喜马拉雅期强烈伸展拆离作用有关。

第三节　拉轨岗日—隆子区域动力热流变质岩带(Ⅲ)

测区内仅出露拉轨岗日—隆子区域动力热流变质岩带的外部亚带的一部分,由一单一的低绿片岩相组成。北以玉门断裂与雅鲁藏布江低温高压埋深变质岩带为界,南东被绕让—切当拉剥离断裂所截,呈一锐角向东突出的三角形,面积约 500km^2。

带内受变质地层为晚三叠世涅如组,岩性比较单一。主要由含炭质粉砂质板岩、变质长石石英砂岩、变质长石石英杂砂岩、变质粉砂岩和少量变基性火山岩夹层组成(图 4-14)。

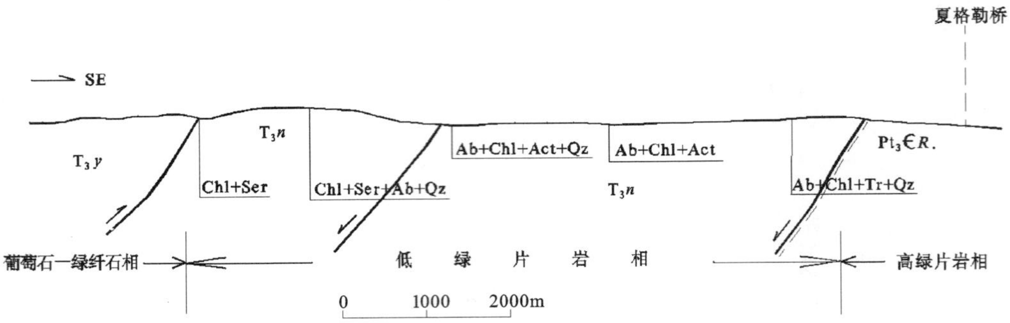

图 4-14　夏格勒桥变质地质剖面图

T_3Y. 玉门混杂岩变基性火山岩及砂板岩;T_3n. 涅如组变质砂板岩;$Pt_3\in R$.. 肉切村岩群含榴二云石英片岩

从总体看,涅如组变质程度很低,绝大部分为变质砂岩和板岩,有少部分绿泥片岩和千枚岩,其新生矿物共生组合为:Ser+Chl+Qz,属低绿片岩相的绢云母-绿泥石带,其变质程度接近低绿片岩相的下限(350℃)。

由于涅如组的变质程度很低,原岩中的原生结构构造基本保留,碎屑物接触紧密而略具定向拉长,胶结物均变为绢云母。其中绢云板岩具鳞片变晶结构,平行排列,具条纹状、板状、千枚状构造。综合上述岩石组合特征及古构造环境分析,涅如组的原岩建造应属大陆边缘深海—次深海夹基性火山岩的陆源碎屑岩建造。

从区域上看,拉轨岗日—隆子变质岩带为一区域动力热流变质岩带,具有明显的递增变质特征,但在本图幅内仅出露其外围最上部层次,其变质作用表现最弱。而向西延至隆子县幅内发育完整,该变质岩带最终形成,应为燕山—喜马拉雅期陆内调整阶段的地壳伸展作用,地幔热流上涌过程中最主要的一次区域动力热流变作用的产物。

第四节　雅鲁藏布江低温高压埋深变质岩带(Ⅳ)

雅鲁藏布江低温高压埋深变质岩带,北界秀村—朗拉岗则断裂,南界玉门断裂,东为绕让—切当拉伸展断裂所截,西延经 1∶25 万隆子县幅至日喀则一带。西藏区调队在 1∶100 万日喀则幅首次发现蓝闪石,其后肖序常和高延林等相继发现了硬柱石、黑硬绿泥石等高压矿物。1995 年陕西区调队又在泽当—罗布莎发现蓝闪石族矿物钠闪石类、黑硬绿泥石、绿纤石、多硅白云母等高压矿物,进一步确定了雅鲁藏布江高压变质岩带的存在。

通过 1∶25 万扎日区幅对雅鲁藏布江变质岩带的研究,首次从南向北划分出沸石-葡萄石相、绿片岩相和铁铝榴石+黑云母+多硅白云母组成的高压低绿片岩相 3 个具渐进变质特征的变质岩亚带。

一、玉门—塔马敦变质岩亚带（Ⅳ$_1$）

玉门—塔马敦变质岩亚带位于玉门断裂和朗贡断裂之间，呈近东西向长条状分布在雅鲁藏布江变质岩带最南边部，西延至1∶25万隆子县幅内，东端被绕让—切当拉伸展断裂所截，测区内宽4～8km，长100km以上，面积约600km^2。

受变质地层为晚三叠世玉门混杂岩，由辉橄岩、橄榄岩、枕状-块状玄武岩、硅质岩和三叠纪泥砂质复理石沉积组成。受板块俯冲、碰撞及不同期次、性质、规模和层次断裂的破坏，一般呈构造块体或席状冲断岩片和三叠纪泥砂质基质混杂产出（图4-15）。岩石变质很浅，变形作用较弱，片理化不发育，原岩成分及组构保存较好，具埋深变质特征。带内常见变质矿物为绿泥石、绢云母、钠长石、浊沸石、葡萄石等。主要变质矿物共生组合，基性岩：Chl＋Ab，Lau＋Pre＋Ab＋Chl，Lau＋Pre＋Chl±Cal，Ab＋Ser＋Chl，Ab＋Chl＋Lau＋Cal，Lau＋Pre＋Chl±Qz；泥质岩：Ser＋Do＋Qz，Ser＋Chl。

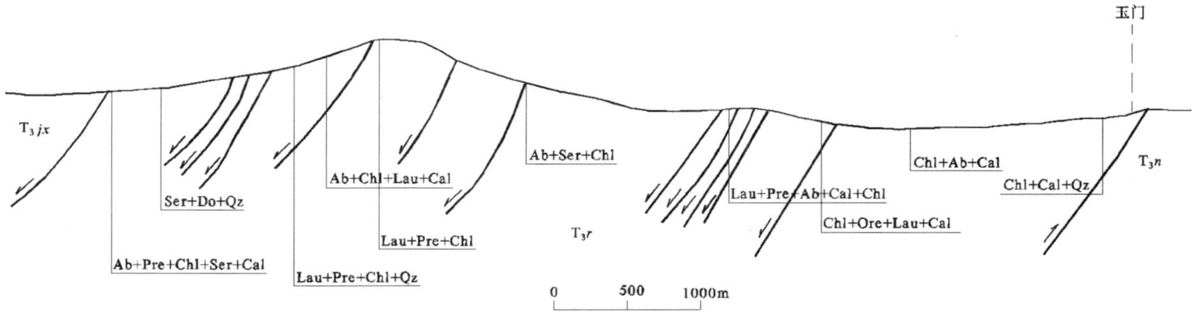

图4-15　玉门—塔马敦变质岩亚带玉门混杂岩变质地质剖面图

Tr_3jx. 江雄组；T_3Y. 玉门混杂岩；T_3n. 涅如组

上述相当于温克勒浊沸石相典型组合的浊沸石＋葡萄石＋绿泥石＋石英组合。其形成条件大致为2～3kb，200～360℃（温克勒，1976）。其变质相图如图4-16所示。

综合上述，玉门混杂岩的原岩为一套以浊积岩、燧石岩、基性碎屑岩、枕状—块状玄武岩及蛇纹岩等组成的洋壳上沉积，以高压低温变质为特征的亚绿片岩相，属高压相系，其构造环境为海洋板块俯冲带。据近年来对雅鲁藏布江蛇绿岩带的研究，除较多发现有属亚绿片岩相的蓝闪石-硬柱石片岩相外，在雅鲁藏布江变质岩带发现浊沸石-葡萄石相尚属首次。

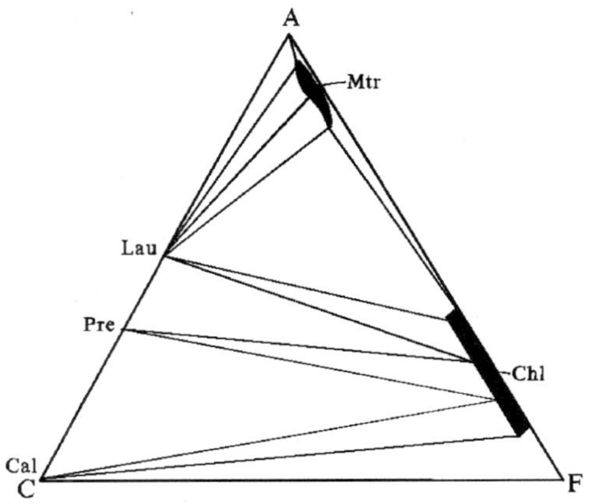

图4-16　浊沸石相ACF图

（仿Coombs，1961）

二、琼果—章村变质岩亚带（Ⅳ$_2$）

琼果—章村变质岩亚带位于白露断裂和朗贡断裂之间，洗贡—莫洛变质岩亚带南侧，南北宽10～20km，东西长达100km，西延至1∶25万隆子县幅内，向东有变窄的趋势，测区面积约1350km^2。

受变质地层为晚三叠世章村组和江雄组，岩性为灰色变质杂砂岩、变质含泥砾杂砂岩、绢云板岩互层，夹变基性火山角砾岩及变质玄武岩。其变质程度仅达亚绿片岩相的葡萄石-绿纤石相（图4-17）。在区内变基性岩葡萄石-绿纤石相矿物组合有葡萄石、绿帘石、阳起石、绿泥石等。阳起石的出现接近于绿片岩相的过渡带，其矿物共生组合有：Pre＋Chl＋Ab＋Qz，Chl＋Act＋Ab＋Ep±Qz，Chl＋Mu＋Ab＋Q，在白露断裂带附近尚出现Bit、Alm、Cht等。上述则与新西兰南部Taringatura山地典型的埋深变质作用相似。

章村组、江雄组为一套浊积岩、变基性火山碎屑岩、变基性熔岩组成的洋壳上沉积，其变质程度达低

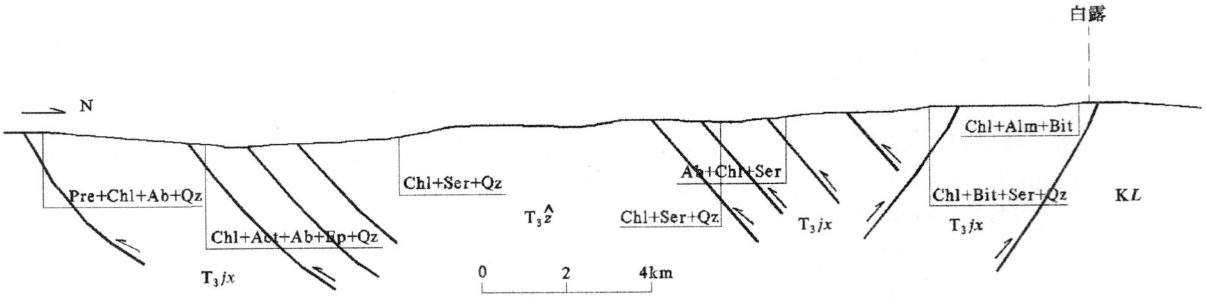

图 4-17　变质地质剖面图

KL. 朗县混杂岩；$T_3\hat{z}$. 章村组；T_3jx. 江雄组

温高压埋深变质特征的亚绿片岩相的葡萄石-绿纤石相，其形成条件大致为 3kb，300℃。由于洋壳板块的俯冲、碰撞活动，随之发生的高压相系埋深变质作用形成亚绿片岩相变质岩亚带。

三、洗贡—莫洛变质岩亚带（$Ⅳ_3$）

洗贡—莫洛变质岩亚带为雅鲁藏布江变质岩带北部高压低绿片岩相亚带，夹持于秀村—朗拉岗则断裂和白露断裂之间，大致沿雅鲁藏布江河谷南岸呈带状延伸，东西长约 110km，宽 10～20km，西延至 1∶25 万隆子县幅内，区内面积约 $1650km^2$。

受变质地层为白垩纪朗县混杂岩，由变形橄榄岩、堆晶杂岩、变基性熔岩、硅质岩和外来变质基底岩片、灰岩块体，以及白垩纪泥砂质复理石基体组成，为一套构造-沉积混杂岩。依据在邻区硅质岩发现的白垩纪放射虫：*Praeonocaryomma* sp.，*Trillus* sp.，*Podobursa* sp.，*Pantanillium* sp.，*Archaeodictyomitra* sp.，*Paronaella* sp.，*Hsuum* sp.，*Crucella* sp.，*Alievium* sp. 等，及白垩纪古孢粉：*Pinuspollenites elongus*，P. *labdosus* cf. *maximus*，*Cedropites sp.*，*Piceites* sp.，*Piceaepollenites gigantea*，*Podocarpidites* cf.，*amplus*，*Paleoconiferus* sp.，*Erlianpollis* sp.，*Brevimonosulcites* sp.，*Triporopollites* sp. 等，该构造-沉积混杂岩的时代应属白垩纪晚期。

（一）主要岩石类型特征

区内白垩纪朗县混杂岩变质程度较低，变质矿物带最高达低绿片岩相黑云母带。现结合邻区资料，将本亚带主要变质岩的基本特征列表 4-4 中。

表 4-4　洗贡—莫洛变质岩亚带主要变质岩石特征简表

岩石名称	结构	构造	变质矿物组合	变质特征	备注
变质辉长辉绿岩	变余辉长辉绿结构	条带状构造，略具平行定向—定向构造	绿泥石、绿帘石、阳起石、次闪石、纤闪石、蛇纹石、水镁石等	斜长石变为石榴石、绿泥石、绿帘石、葡萄石的充填假象，辉石变为绿泥石、阳起石、纤闪石、水镁石，单斜辉石变为次闪石和蛇纹石	原岩成分、结构尚保留，辉石多具波状消光、解理弯曲状
变质基性火山熔岩	变余斑状结构，基质变余间隐结构	变形平行构造，平行定向构造，条纹构造	青铝闪石、钠长石、绢云母、绿帘石、绿泥石、绿纤石、方解石、阳起石	斜长石变为钠长石、隐晶状绿帘石、绿泥石、绢云母，辉石变为纤闪石、阳起石、绿泥石、方解石	部分变基性火山岩中含钠铁闪石
变质基性火山碎屑岩	显微花岗鳞片变晶结构	千枚状构造，定向构造	绿泥石、绢云母、钠长石、石英、方解石	仅存部分变余结构及原岩成分	
千枚岩	显微鳞片变晶结构	千枚状构造	钠长石、绢云母、绿泥石、石英	原岩成分及组构很少保留	原岩为粘土岩、粉砂质粘土岩

续表 4-4

岩石名称	结构	构造	变质矿物组合	变质特征	备注
绿泥绿帘钠长阳起片岩	粒状纤柱粒状变晶结构、残缕结构		绿泥石、钠长石、阳起石、斜黝帘石、绿帘石、黑云母、石英	原岩成分及结构均无残留	原岩可能为火山岩或火山碎屑岩
含榴二云英片岩	鳞片粒状变晶结构、变斑晶结构	片状构造、定向构造、显微褶皱构造	绿泥石、黑云母、白云母、石榴石、绿帘石、钠长石	变质彻底,原岩成分及结构完全改变	原岩为砂、泥质岩石
含黑硬绿泥石硅质岩	均质间隐结构、显微粒状结构	块状构造、微片状构造	绢云母、绿泥石、黑硬绿泥石	变质很浅,变质矿物均达不到平衡均一化	原岩为硅质岩、泥质硅质岩

据西藏地质志,在雅鲁藏布江蛇绿混杂岩变质岩带中,尚发现有蓝闪绿泥片岩、黑硬绿泥片岩、蓝闪钠长阳起片岩、黑硬绿泥阳起片岩、含硬柱变辉长岩、含绿纤变基性岩、绿纤板岩、阳起黑硬绿泥硅质板岩等。

(二)特征变质矿物

据邻区资料,亚带内多处发现蓝闪石族矿物、黑硬绿泥石、绿纤石、多硅白云母等。而区内多出现黑云母、阳起石、石榴石等变质矿物,显然已超出冻蓝闪石带的温度范围。通过上述变质矿物的研究,对岩带变质作用温度、压力条件的深入讨论具有十分重要的意义。

蓝闪石族矿物:在西邻罗布莎变质玄武岩中,青铝闪石呈针状、毛发状、纤维状集合体,具明显的多色性,Ng′淡蓝色,个别稍显淡紫蓝色,Np′淡黄色,消光角 $C\wedge Ng5^\circ\sim10^\circ$,部分达 $15^\circ\sim20^\circ$,正延性。上述与达吉岭、昂仁、孜松等地所见的冻蓝闪石相似。

黑硬绿泥石:亦见于西邻罗布莎硅质岩、板岩中,黑硬绿泥石呈束状、针状、鳞片状及放射状,多色性显著,Ng 红褐色,Np 金黄色,异常干涉色,平行消光,正延性。黑硬绿泥石多沿片理分布,与绿泥石、方解石、绿帘石、绢云母共生。

绿纤石:为 0.2mm 以下的集合体,无色,柱状晶体,解理完全,异常干涉色,斜消光 $C\wedge Np=35^\circ\pm$,正延性,二轴晶 $2V=7^\circ\sim8^\circ$,折光率 Ng=1.6873,Nm=1.6752,Np=1.6722。

多硅白云母:多硅白云母为带内重要高压矿物之一。在秀村、莫洛等剖面的泥质岩变质的二云英片岩和白云母石英片岩中,白云母经电子探针能谱分析(图 4-18),在拉多一带白云母的 SiO_2 高达 51.15%～58.77%,秀村一带白云母的 SiO_2 为 49.27%～51.13%,莫洛一带白云母的 SiO_2 亦高达 48.97%,属多硅白云母;经 X 衍射分析(图 4-19),多硅白云母为 $2M_1$ 型,其 bo 值为 9.03Å 以上,与张旗等(1981)在朗县一带进行泥质岩中多硅白云母的研究,其 bo 值累积频率曲线在新西兰东奥塔戈和日本三波川之间相一致(图 4-20)。据刘国惠等(1984)研究,多硅白云母的 Si^{4+} 值为 3.4～3.6,按 Velde 的 $P-t$ 图解,其形成压力为 $7\times10^8\sim8\times10^8$ Pa,其 bo=9.055Å,属高压型无疑。

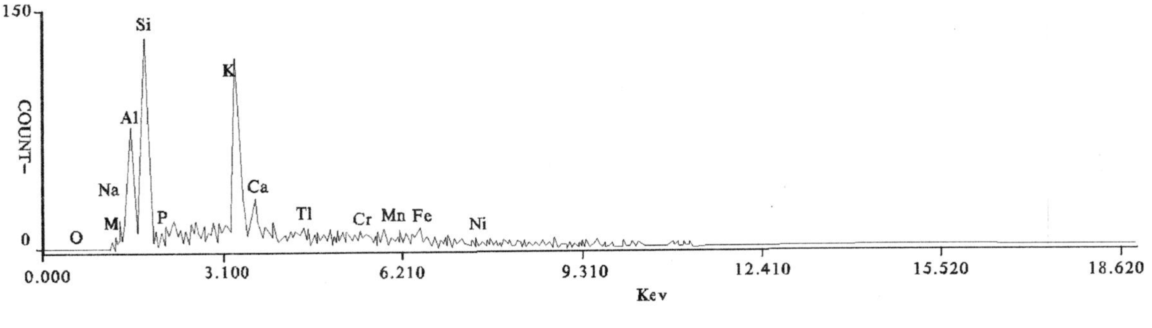

图 4-18　洗贡—莫洛变质岩亚带多硅白云母 Finder 能谱图

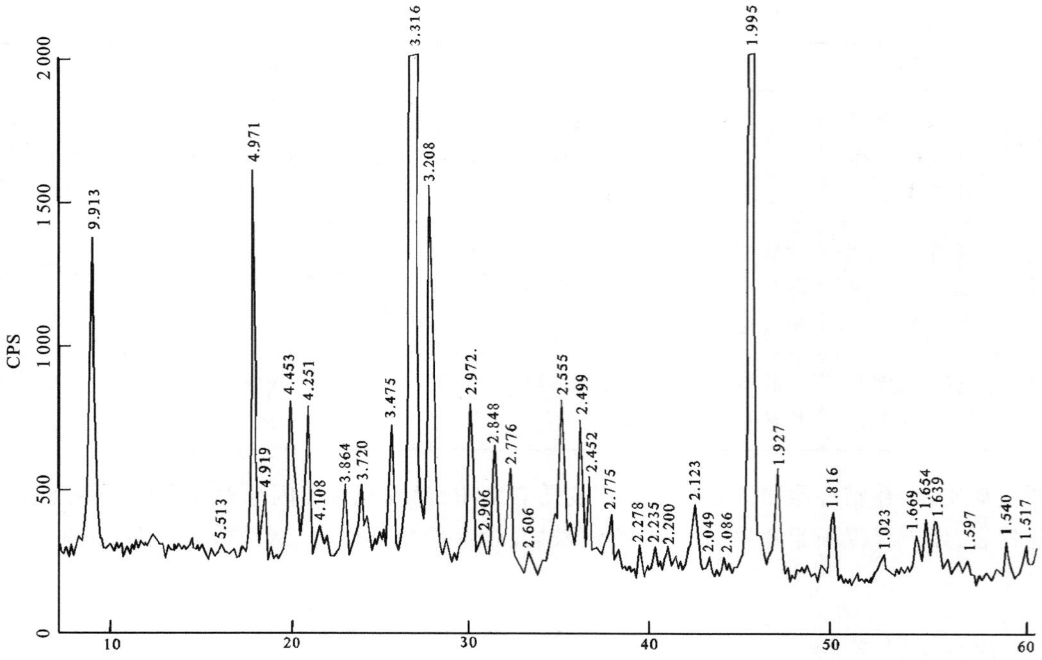

图 4-19　朗县混杂岩中多硅白云母 X 衍射图

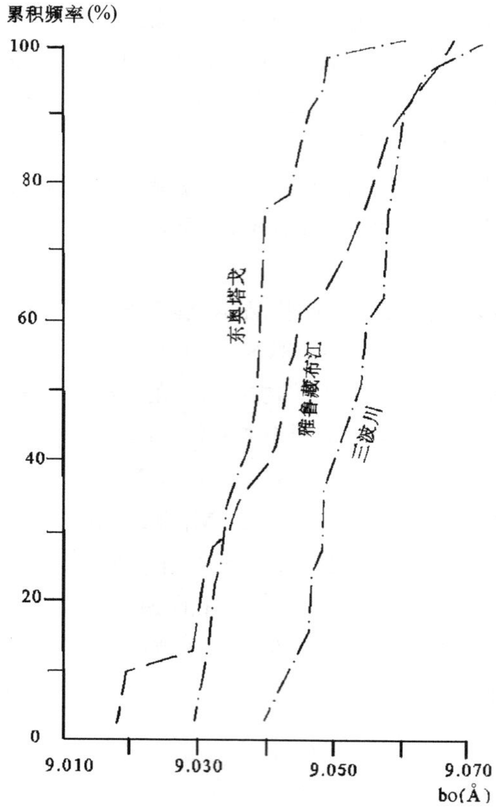

图 4-20　白云母 bo(Å)值累积频率曲线

(据张旗,1981)

(三波川和东奥塔戈的资料,据 Sassi *et al.*,1974)

铁铝榴石:铁铝榴石为带内常见的变质矿物,与钠长石共生,并和黑云母同时出现,同新西兰东奥塔戈所见相类似(Turner,1968)。日本的坂野(Banno,1964)对不同变质地质体中上述指示矿物和普通角闪石的生成顺序上的差别，认为铁铝榴石生成的越早，变质作用的压力就越大(图 4-21)。从图 4-21 中可以看出，铁铝榴石随温度增高而压力降低，压力越高铁铝榴石形成的温度就越低，与普通角闪石、斜长石、黑云母相较则生成得越早。雅鲁藏布江变质带的压力类型，其地热梯度曲线则介于中压相系巴罗型和高压相系新西兰的东奥塔戈之间。

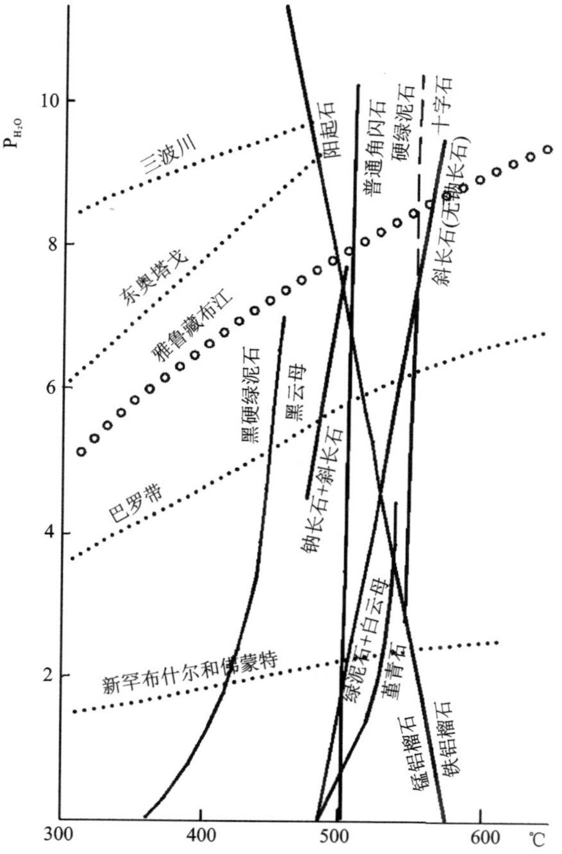

图 4-21 不同变质地质体地热梯度图

各矿物之间的反应曲线据 yndmam(1972)，不同变质地体的地热梯度曲线据 Turner(1968)，雅鲁藏布江变质带据张旗(1981)

(三) 变质相、变质相系

依据亚带内特征变质矿物及矿物共生组合，将变质带划分为绿泥石-阳起石带和黑云母-铁铝榴石带，具有由南向北的递增变质现象(图 4-22)。

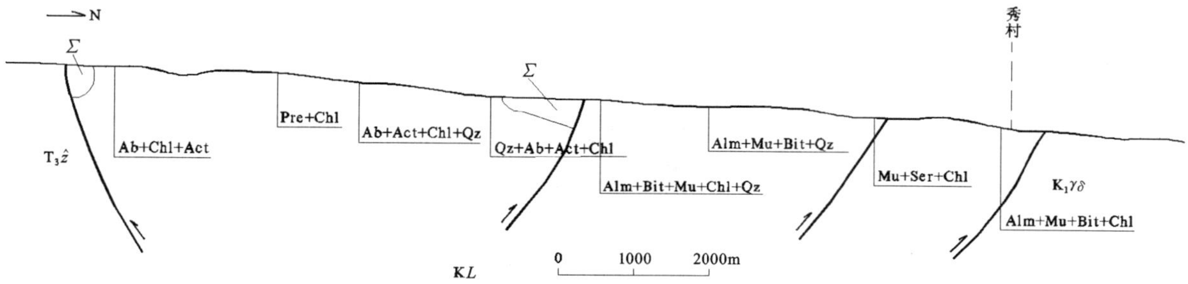

图 4-22 洗贡—莫洛变质岩亚带秀村变质地质剖面图

绿泥石-阳起石带的变质矿物共生组合如下。

变质泥质岩：

Ab+Ser+Chl+Qz

Ser+Mu+Qz

Ser+Chl+Qz

变质基性岩：

Ab+Chl+Act

Pre+Chl

Ab+Act+Chl+Ep±Qz

黑云母-铁铝榴石带的变质矿物共生组合如下。

变质泥质岩：

Alm+Mu+Bit+Qz

Alm+Bit+Mu+Chl+Qz

变质基性岩：

Ab+Act+Alm+Cal

Ab+Ep+Act+Chl+Alm

Ab+Act+Ep+Chl+Qz

从上述变质矿物共生组合看，朗县西延罗布莎一带有蓝闪石族和黑硬绿泥石、多硅白云母等高压矿物产出，拉多、秀村、莫洛均有 $2M_1$ 型多硅白云母分布，其 bo 值为 9.032～9.055Å，以及与新西兰东奥塔戈高压相系相类似的铁铝榴石带的出现，表明洗贡—莫洛变质岩亚带应属高压相系的低绿岩相。

第五节　冈底斯区域动力热流变质岩带（Ⅴ）

图区内仅出露变质岩带的最南部边缘，呈一细长条状，面积约 $100km^2$。

受变质地层为古元古代念青唐古拉岩群片麻岩系。它是组成冈底斯陆块的基底岩系，在带内多呈残留体、捕虏体、残盖产于白垩纪花岗岩、花岗闪长岩、英云闪长岩、石英闪长岩组成的复式岩基中，为北邻林芝县幅林芝变质岩亚带的南缘部分。据 1∶25 万林芝县幅研究(2003)，变质亚带的主体为角闪岩相，局部尚残存高角闪岩相-麻粒岩相。主要岩石有石榴二云透辉斜长片麻岩、斜长角闪片麻岩、含榴黑云斜长片麻岩、黑云斜长变粒岩、斜长变粒岩、含榴二长浅粒岩、黑云二长变粒岩、黑云夕线石英片岩、透闪透辉大理岩及紫苏角闪斜长片麻岩、紫苏透辉角闪斜长麻粒岩、紫苏角闪麻粒岩等。

麻粒岩具粒状变晶结构、镶嵌变晶结构、冠状反应边结构，块状构造。主要矿物成分为斜长石(0～67%)、普通角闪石(18%～40%)、透闪石(0%～15%)、透辉石(1%～57%)、紫苏辉石(2%～8%)及少量黑云母、钾长石等。紫苏透辉麻粒岩具紫苏辉石→透辉石→普通角闪石→黑云母反应边，透辉石中包含浑圆紫苏辉石，出现早世代 Hy+Di 组合和晚世代 Bit+Pl+Hb 组合，从而反映本区麻粒岩曾经历过降温、降压作用。

片麻岩具斑状变晶结构、粒状鳞片变晶结构、变余嵌晶结构，片麻状构造。主要矿物成分为中长石和更长石(20%～58%)、微斜长石(0%～56%)、黑云母(6%～30%)、石英(5%～25%)和夕线石、透辉石、角闪石，以及少量磷灰石、磁铁矿、锆石、褐帘石、金红石、榍石等。片麻岩中常见普通角闪石→阳起石→绿泥石反应边。

变粒岩、浅粒岩具鳞片粒状变晶结构，块状-弱定向构造。主要矿物成分为更长石和中长石(15%～75%)、微斜长石(0%～60%)、石英(3%～40%)、黑云母(0～15%)和蓝晶石、夕线石、角闪石，以及少量磷灰石、锆石、褐帘石、磁铁矿等。

大理岩具粒状变晶结构，块状构造，主要矿物成分为方解石(2%～99%)、白云石(0～30%)，以及金云母、透辉石、透闪石、石英、斜长石、榍石、磁铁矿等。

主要特征变质矿物有紫苏辉石、透辉石、普通角闪石、铁铝榴石、蓝晶石、夕线石等。

紫苏辉石，产于麻粒岩中，残留于透辉石、角闪石核部。具正高突起，Ng 淡蓝绿色，Np 浅红色，平行消光，正延性，具透辉石→透闪石→普通角闪或黑云母冠状反应边。麻粒岩相二辉石带形成温度为1118～1300℃，压力为38.2kb，深度约200km，属超高压变质环境。

透辉石，正高突起，无色—淡蓝绿色，辉石式解理，$Ng\wedge C=40°\sim42°$，与角闪石、长石、石榴石共生，也可由紫苏辉石退变而成。透辉石往往被透闪石、普通角闪石包绕，形成反应边结构。

普通角闪石，正中突起，闪石式解理，$Ng\wedge C=22°$，Ng 黄绿、蓝绿色，Np 浅黄绿色、黄色，与黑云母、白云母、石榴石、长石共生。退变质被黑云母、白云母、阳起石、绿帘石等包绕形成反应边结构。

铁铝榴石，正高突起，均质性，无色，常包有石英、长石、黑云母、角闪石包体，形成筛状变晶结构，部分退变形成冠状反应边结构。电子探针分析，其中 MnO、CaO 由中心向边部含量渐减，表明石榴石经历了一个减压变质过程。

蓝晶石，呈柱状变晶残留在具纤维状夕线石假象的绢-白云母中，与白云母、黑云母、石榴石、长石平衡共生。

夕线石，纤柱状、长柱状变晶，正高突起，正延性，菱形横切面上可见平行对角线方向的解理。分布于绢-白云母中呈交代残余状，沿片理面生长。

依据上述特征矿物，变质岩带可划分为二辉石带、夕线石＋钾长石带、斜长石＋普通角闪石带和蓝晶石带。依据特征变质矿物和岩石中的矿物平衡共生组合特点，可划分为低角闪岩相、高角闪岩相和麻粒岩相。各类岩石矿物共生组合如下。

变质泥质岩：

Sil＋Alm＋Bit±Mu＋Pl＋Qz

Ky＋Alm＋Bit＋Mu＋Pl±Ep＋Qz

St＋Bit＋Pl＋Kf±Gt＋Qz

Bit＋Alm＋Pl＋Gt＋Qz

Ky＋Bit＋Pl＋Qz

变质基性岩：

Pl＋Hb±Qz

Pl＋Hb＋Bit±Qz

Di＋Pl＋Hb±Qz

变质碳酸盐岩：

Phl＋Cal＋Di±Tr

Di＋Tr＋Cal

Di＋Cal

Di＋Sep＋Cal±Qz

Phl＋Tr＋Cal

高角闪岩相各类岩石矿物共生组合为：

Sil＋Alm＋Bit＋Mu＋Pl＋Kf＋Qz

Sil＋Bit＋Pl＋Kf＋Qz

Gt＋Sil＋Bit＋Pl＋Kf＋Qz

麻粒岩相二辉石带，原岩为变质基性岩、变质超基性岩，其矿物共生组合为：

Hy＋Di＋Pl＋Hb

Hy＋Di＋Hb

Hy＋Di＋Hb＋Bit

上述麻粒岩相二辉石带的温压条件属高压环境，结合变质带内蓝晶石的普遍出现，变质岩带应属都城秋惠划分的三重压力类型中的蓝晶石-夕线石型系列的中—中高压相系。

通过对变质岩带岩石的叠加变形构造解析，以及各世代矿物共生组合、地球化学和同位素年龄、变质作用类型、变质相、变质相系的综合研究，本变质岩带经历了新元古代早期、早加里东期、燕山晚期和早喜马拉雅期4期变质作用。

新元古代早期变质作用为冈底斯变质岩带的主要变形期，形成了带内具渐进变质特征的由低角闪岩相、高角闪岩相、麻粒岩相组成的区域动力热流变质岩带，并构成冈底斯陆块结晶基底的主体。

早加里东期区域动力热流变质作用，使陆块基底结晶岩系产生退变，表现为夕线石退变为白云母、透辉石退变为角闪石和黑云母。

燕山晚期由于喜马拉雅陆块向北强烈挤压，产生低温强应力的区域低温动力变质作用，在本区形成了低绿片岩相单相变质带，而在基底结晶岩系中叠加了强烈变形和糜棱岩化，在强应变带中发育Sn+1条纹条带状构造、眼球状构造、塑性流变、S-C组构、“σ”和“δ”碎斑等。

早喜马拉雅期印度板块持续向北与欧亚板块发生陆内汇聚，再次叠加强烈变形和糜棱岩化，沿伸展断裂并有壳源重熔浅色花岗岩的形成和接触变质作用的发生。

第六节　动力变质作用及韧性剪切糜棱岩带

测区内动力变质作用普遍而强烈，除第四系外，几乎其他所有岩石、地层均有不同程度的卷入，并具多期次叠加活动的特点。脆性动力变质多发生在浅部层次断裂带旁侧，一般规模不大，以断续分布的构造角砾岩、碎裂岩、碎粉岩和断层为特征。

韧性剪切糜棱岩带在区内普遍发育在中深层次内。其中较大型韧性剪切糜棱岩带主要分布于古老变质结晶基底岩系的边部，构成主要构造单元的边界；次级韧性剪切糜棱岩带常构成构造岩石地层单位的分界；规模较小者，多分散在规模不大的韧性剪切断裂和层间韧性剪切带中。依据糜棱岩带形成的机制，可分为挤压性质、伸展性质、走滑性质等。现将区内规模最大的准巴—东拉韧性剪切糜棱岩带(1)和则莫浪—金东韧性剪切糜棱岩带(2)分述如后。

一、准巴—东拉韧性剪切糜棱岩带(1)

准巴—东拉韧性剪切糜棱岩带呈北东向斜贯图区中北部，北东延入1∶25万林芝县幅，南西延至1∶25万隆子县幅，图内长达130km，宽5～10km，呈一向北东分开的丫叉状，构成高喜马拉雅基底逆冲带的北界。

糜棱岩带有由南向北减弱的趋势，在夏格勒桥基底剥离断裂的下盘，岩石处于韧性变形环境，为在较高温和中压条件下变质而形成的糜棱岩系列和构造片岩系列，其残斑结构及其产状与区域变质片麻岩不同，残斑矿物具有聚合斑晶的特点，基质全部重结晶。矿物成分中黑云母、白云母、微斜长石明显增多，反映韧性剪切变质作用具有明显的钾交代。斜长石变为钠长石和白云母，石榴石变为黑云母及绿泥石，糜棱岩新生矿物共生组合为：Ab+Mu+Bit+Chl，推测其变质温度为450°±，总压力为0.35～0.5GPa，属中温韧性剪切变质带。

向北逐渐减弱，至绕让—切当拉主剥离断裂带下盘，以出现糜棱岩—超糜棱岩为特征，原岩细粒化明显，阳起石、绿帘石、碳酸盐矿物明显增多。变基性岩的辉石变为角闪石，角闪石变为绿泥石，斜长石变为钠长石和白云母、方解石、绿帘石，其新生矿物共生组合为：Ab+Bit+Chl+Ep、Ab+Bit+Mu+Chl、Ab+Bit+Mu+Act+Chl、Ab+Ep+Bit+Chl+Cal等，其变形变质温度在200～400℃，总压力为0.15～0.4GPa，属低温脆韧性变质带。

准巴—东拉韧性剪切糜棱岩带，属藏南滑脱剥离系的北东延部分，由基底剥离断裂和主剥离断裂二者之间的层间剥离韧性剪切糜棱岩带组成，其变形变质具多层次、多期次叠加复合特征。岩石变形变质显示其温压条件由高温韧性变质作用向低温韧性变质作用演化，对金矿化的形成十分有利，值得进一步研究。

二、则莫浪—金东韧性剪切糜棱岩带(2)

则莫浪—金东韧性剪切糜棱岩带位于秀村—朗拉岗则断裂南侧，呈东西向延展，出露宽 2～4km。东端被绕让—切当拉伸展断裂所截，西延入 1∶25 万隆子县幅内，图内长 100km 以上。

本带地处雅鲁藏布江结合带内，不同期次、多层次、不同性质和级别的断裂复合叠加，形成了复杂多样的动力变形变质的构造块体，发育了不同层次的韧性剪切变形变质地质体。

超镁铁质糜棱岩，弱带由变形变质较弱的糜棱岩化纯橄岩组成，原岩组构基本保留，橄榄石呈自形，仅具波状消光；强带为糜棱岩，橄榄石斑晶被压扁拉长呈扁豆状，具波状消光、亚颗粒和扭折带，基质定向分布，呈动态重结晶的新生颗粒或细片状；极强带为超糜棱岩，残碎斑明显减少，呈拔丝状，基质细粒化并动态重结晶。据李德威研究(1993)，雅鲁藏布江结合带超镁铁岩韧性剪切变形变质作用的温压条件为温度 850～950℃，压力 10～13kb。

韧性剪切糜棱岩中部强应变带，各岩块间为宽窄不一的糜棱岩，超镁铁质岩强蛇纹石化，纤维蛇纹石揉皱。糜棱岩的残碎斑具不对称拖尾及 σ 型旋转碎斑系。糜棱面理由定向的细粒橄榄石和片状、纤维状蛇纹石组成。高压变质特征矿物青铝闪石、黑硬绿泥石、绿纤石在带内产出，表明该韧性剪切糜棱岩带形成于低温高压环境。

韧性剪切带的边部，由长英质、云英质糜棱岩、碳酸盐岩质糜棱岩、千枚状糜棱岩和千糜岩组成。石英被定向压扁拉长呈扁豆状、拔丝状，并普遍发育动态重结晶。绢云母呈条纹状聚集，平行定向排列，具 S－C 组构特征。碳酸盐岩质糜棱岩内，方解石碎裂化，部分重结晶，并保存定向排列的拔丝状构造。布丁状透闪石、方解石双晶呈“S”形变曲。其变形变质作用温度为 200～400℃，总压力为 0.15～0.4GPa，属低温韧性变形变质带(刘喜山、李树勋，1989)。

第五章　地质构造及构造演化史

调查区位于青藏高原南部喜马拉雅特提斯造山带中东部，地跨喜马拉雅陆块、雅鲁藏布江结合带及冈底斯陆块。经历了冈瓦纳古陆北缘自泛非运动以来长期的沉积一构造演变，特别是受三叠纪以来特提斯洋盆的扩张、消减闭合以及喜马拉雅陆块与冈底斯陆块的强烈碰撞造山和大规模的伸展拆离、旋扭走滑作用，造成了区内沉积作用类型复杂，岩浆活动、变质作用强烈，构造层次、构造相、构造样式、构造组合复杂多样。因此，本区是研究陆内汇聚、板块动力学，以及探讨高原隆升机制的理想场所，并为国内外地学界所瞩目。

测区依据《青藏高原及邻区大地构造单元初步划分》(潘桂棠等，2002)，结合本区实际由北至南划分为冈底斯陆块(Ⅰ)、雅鲁藏布江结合带(Ⅱ)、康马隆子褶冲带(Ⅲ)、高喜马拉雅基底逆冲带(Ⅳ)和低喜马拉雅褶冲带(Ⅴ)5个二级构造单元，并进一步划分出冈底斯岩浆弧(Ⅰ$_1$)、朗县构造混杂岩(Ⅱ$_1$)、章村褶冲束(Ⅱ$_2$)、玉门构造混杂岩(Ⅱ$_3$)、达拉三安曲林褶冲束(Ⅲ$_1$)、甲曲河断隆(Ⅳ$_1$)、米里山褶皱束(Ⅴ$_1$)7个三级构造单元(表5-1)。各构造单元的构造形迹分别受构造相、动力学机制及岩层能干性等多因素控制，在构造形迹规模大小、构造样式、构造组合等方向均存在一定的差异，构造线方向以近东西向、北东向为主，伴有少量南北向、北西向断裂(图5-1)。

表5-1　构造单元划分简表

二级构造单元		三级构造单元	
冈底斯陆块	Ⅰ	冈底斯岩浆弧	Ⅰ$_1$
雅鲁藏布江结合带	Ⅱ	朗县构造混杂岩	Ⅱ$_1$
		章村褶冲束	Ⅱ$_2$
		玉门构造混杂岩	Ⅱ$_3$
康马隆子褶冲带	Ⅲ	达拉三安曲林褶冲束	Ⅲ$_1$
高喜马拉雅基底逆冲带	Ⅳ	甲曲河断隆	Ⅳ$_1$
低喜马拉雅褶冲带	Ⅴ	米里山褶皱束	Ⅴ$_1$

据拉萨—南迦巴瓦地区2—360阶卫星重力异常图(图5-2)，测区处在北东向雅鲁藏布江正、负异常梯度变化带的交接部位。图幅北西部特提斯沉积区与重力异常高带重合，中南部元古界—寒武系增生基底分布区与重力异常低带分布一致，而重力异常高带与重力异常低带转换跳跃界线与藏南拆离系主剥离断层基本吻合。因此，重力场的异常变化反映了本区在地层分布、地壳物质密度、厚度等方面的基本特征。

另据13—36阶卫星重力异常图，重力高带在雅鲁藏布江以北，重力低带则沿喜马拉雅山南缘的恒河和雅鲁藏布江下游(布拉马普特拉河)分布。重力场反映了深部密度结构特征，即在青藏高原深部(岩石圈层及软流圈层之下)存在物质密度的变化。在37—100阶卫星重力异常图上，与2—360阶大致相同，反映了岩石圈内部物质的密度分布不均匀性。在101—180阶卫星重力异常图上，在雅鲁藏布江两侧，由地壳内部物质密度异常引起的重力高带、重力低带与低阶异常所反映的岩石圈—软流圈物质密度的不均匀性相重叠，反映出印度板块向北俯冲不仅导致了上地幔物质的密度变化，也是地壳内部物质密

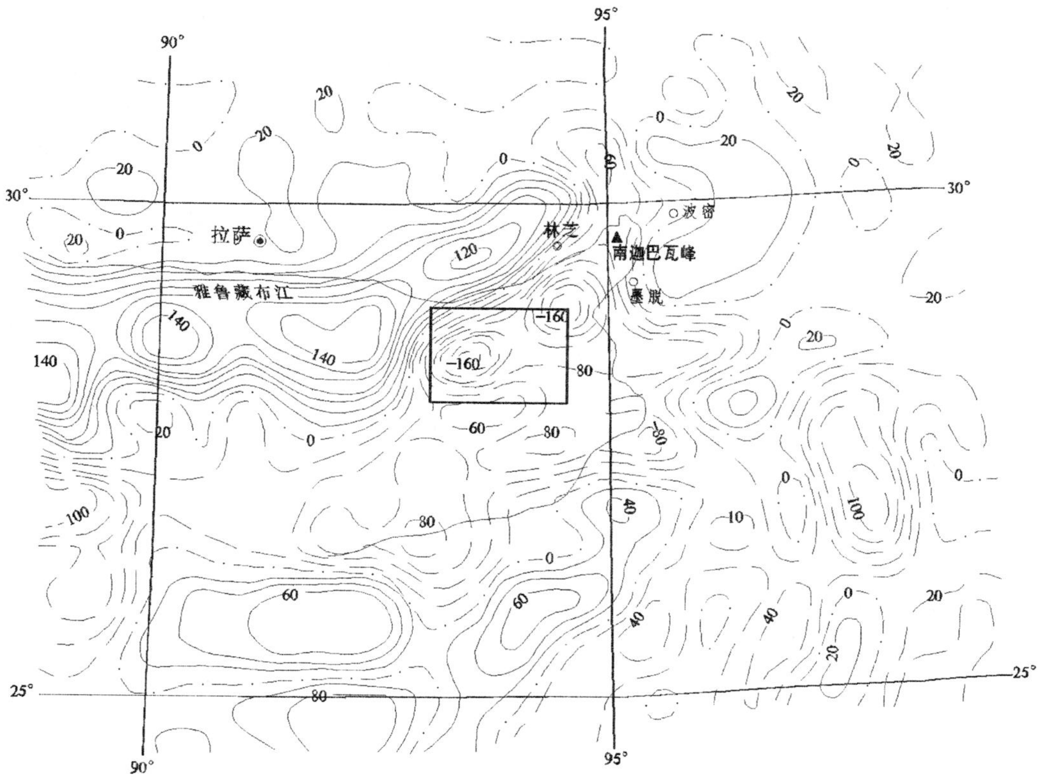

图 5-2　拉萨—南迦巴瓦地区 2—360 阶卫星重力异常场

（据宁津生，等）

实线为正异常；虚线为负异常；□为测区范围

度不均匀的主要根源。因此，青藏高原区重力场所显示的不同深度密度结构特征的相似性，反映其形成、演化都与板块活动的深部过程有关。

第一节　沉积建造

沉积建造是特定的构造演化阶段的物质表现，沉积建造特征受相应的大地构造演化阶段和构造带、单元的制约。因此，研究区域沉积建造序列及其分布规律是研究区域地质构造演变的重要基础。测区各单元沉积建造及其时空演变均与冈瓦纳古陆北缘的沉积增生，特提斯洋盆的发展、消亡及陆陆碰撞造山有着密切的联系（图 5-3）。现结合邻区资料将冈底斯陆块、雅鲁藏布江结合带和喜马拉雅陆块的建造特征分述如下。

一、冈底斯陆块

本构造单元位于图幅北缘，区内分布范围狭小，仅出露有少量早白垩世石英闪长岩、英云闪长岩、花岗闪长岩等Ⅰ型花岗岩建造。而在其北延和 1∶25 万林芝县幅范围内，出露有元古代结晶基底变质杂岩——念青唐古拉岩群，由一套具科马提岩特征的基性—超基性火山绿岩建造、富钠质基性—中酸性火山—沉积建造和陆源碎屑岩夹碳酸盐岩建造组成。在冈底斯岩浆弧上，尚有呈帽盖状残留的中、上侏罗统岛弧火山—沉积建造、渐新世—中新世磨拉石建造及广泛分布的Ⅰ型和 S 型花岗岩建造。

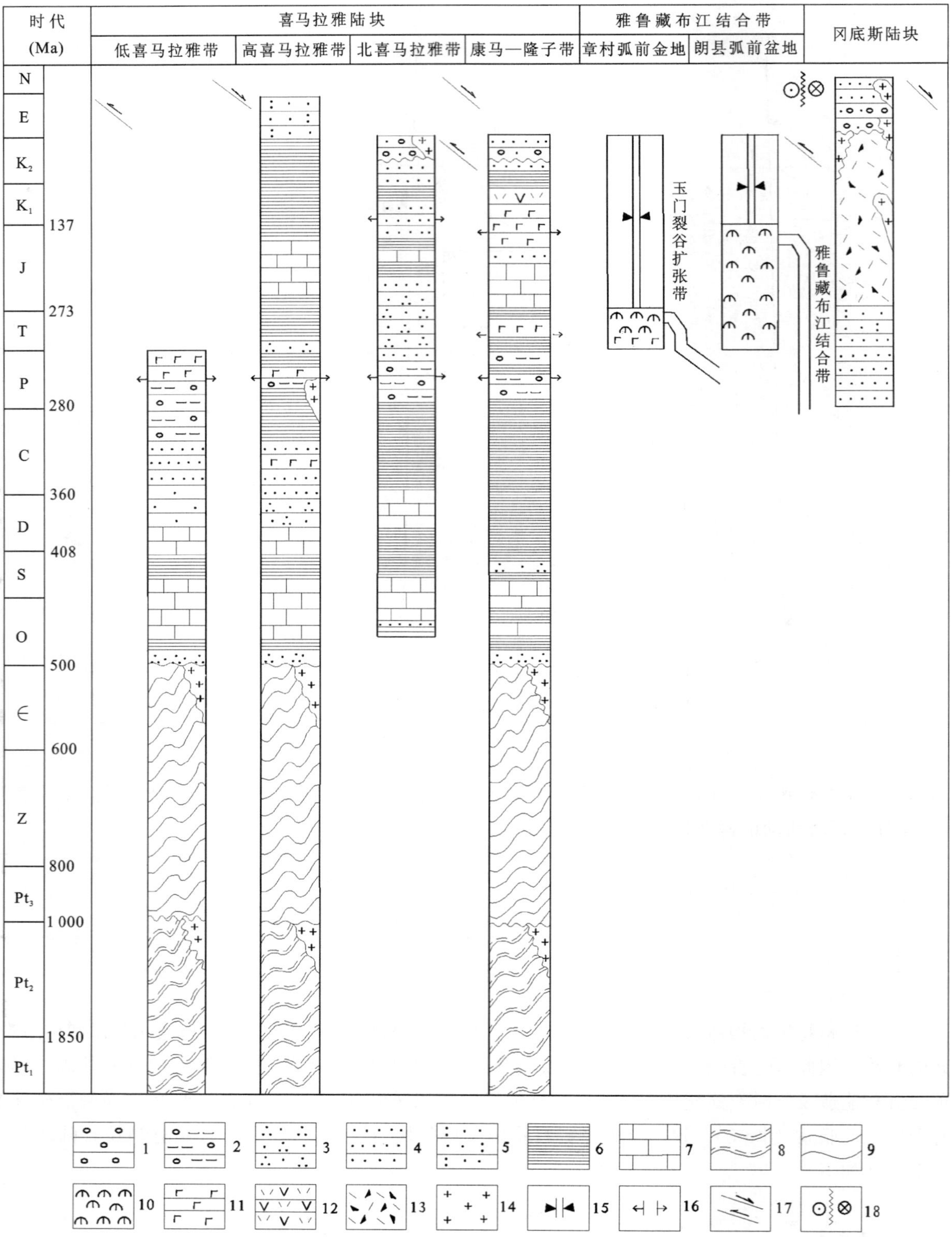

图 5-3　喜马拉雅—冈底斯带沉积—构造演化示意图

1. 砾岩；2. 含砾板岩；3. 石英砂岩；4. 砂岩；5. 凝灰质砂岩；6. 浅海砂页岩；7. 碳酸盐岩；8. 片麻岩；9. 片岩；10. 蛇绿岩；11. 玄武岩；12. 英安岩；13. 岛弧火山岩；14. 花岗岩；15. 闭合；16. 张陷；17. 推覆、伸展；18. 左行走滑

二、雅鲁藏布江结合带

本区沉积建造较为复杂，为雅鲁藏布江洋盆自三叠纪以来经历了长期裂陷拉张、俯冲消减拼合而成的构造混杂带。根据其沉积建造特征变化、沉积基质时代、构造混杂块体性质、变质变形特征等，将雅鲁藏布江结合带由北至南划分为朗县构造混杂岩(KL)、章村弧前楔形体($T_3s—T_3\hat{z}$)、玉门构造混杂岩(T_3Y)3个构造岩片。

(1) 朗县构造混杂岩(KL)：由J—K罗布莎蛇绿混杂岩和白垩纪弧前泥质混杂岩组成。朗县白垩纪弧前盆地斜坡扇一盆地相类复理石沉积，由岩屑长石石英砂岩、粉砂岩、含炭质泥页岩组成，沉积厚度达2000m以上。构造混杂有早二叠世稳定型浅海台地相碳酸盐岩建造、中—晚三叠世远洋深水含放射虫硅泥质建造、三叠纪基性熔岩、侏罗纪枕状拉斑玄武岩、侏罗纪—白垩纪远洋深水含放射虫硅泥质建造，以及大量的变形橄榄岩、堆晶辉长岩等构造混杂块体。该混杂岩为白垩纪末雅鲁藏布江洋盆消减封闭并持续挤压逆冲形成的。

(2) 章村弧前楔形体($T_3s-T_3\hat{z}$)：系晚三叠世玉门陆间裂谷初始洋盆与冈底斯岩浆弧间弧前盆地沉积，由一套沉积厚度达7484m的陆坡及三角洲浊流沉积组成。其碎屑成熟度低，含安山岩一玄武岩成分，且冈底斯岩浆弧的物源供给充足，盆地快速被填满。

(3) 玉门构造混杂岩(T_3Y)：是三叠纪拉张裂开的玉门陆间裂谷初始洋盆产物。陆间裂谷早期阶段，沿裂谷轴部伴有的由炽热地幔物质上涌形成的辉橄岩、辉长辉绿岩及火山活动形成的枕状玄武岩、火山碎屑岩，以及裂谷中深水相硅质沉积和浊流沉积等，在其后俯冲消减过程中被刮下来，从而形成的增生楔形体——构造混杂体，其叠置厚度达5208m以上。

三、达拉三安曲林褶冲束

达拉三安曲林褶冲束呈楔形分布于图幅西侧的折木岗—米帕一带，为喜马拉雅陆块被动大陆边缘北部过渡带。出露地层为晚三叠世涅如组，其岩性组合单一、稳定，以岩屑石英砂岩、含泥砾岩屑石英砂岩、粉砂岩、泥岩互层为特点。岩石已遭浅变质，为一套盆地—斜坡—浅海陆棚相的次稳定—稳定型陆源碎屑岩建造，建造厚度大于5120m，产较丰富的晚三叠世双壳类和菊石化石。

四、甲曲河断隆

甲曲河断隆呈北东向展布于绕让—切当拉断裂(STDS)和稠贴—丽达断裂(MCT)之间，分布范围广，占图幅面积的二分之一以上，为喜马拉雅陆块被动大陆边缘南缘。出露地层有古元古代南迦巴瓦岩群($Pt_1Nj.$)、新元古代—寒武纪肉切村岩群($Pt_3\in R.$)，为喜马拉雅陆块的结晶基底和泛非末期的增生基底。

南迦巴瓦岩群($Pt_1Nj.$)：由a、b两个亚群组成。a亚群($Pt_1Nj.^a$)由蓝晶夕线石榴斜长片麻岩、斜长角闪岩、角闪石岩、花岗质片麻岩、夕线石榴黑云长英质糜棱岩组成。其原岩建造可能为一套含火山一碎屑岩夹碳酸盐岩建造，叠置厚度大于6484m。b亚群($Pt_1Nj.^b$)岩性组合为石榴蓝晶夕线斜长片麻岩、黑云斜长变粒岩、大理岩组合。其原岩可能为含基性火山一中酸盐火山一碎屑岩夹碳酸盐岩建造，叠置厚度大于5916m。

肉切村岩群($Pt_3\in R.$)：根据岩性组合特征划分为a亚群和b亚群。a亚群主要岩性为石英片岩、二云片岩、变粒岩、大理岩。原岩为一套浅海台地相细碎屑岩夹碳酸盐岩建造，厚度大于948m。b亚群岩性为角闪片岩、斜长角闪岩夹变粒岩，其原岩建造为大陆边缘斜坡相含火山复理石建造，厚度大于1794m。

受构造破坏，本区缺失奥陶系以来的地层。据邻区资料，奥陶纪以来沉积了较连续的稳定沉积。奥陶系—泥盆系为一套连续沉积的被动大陆边缘稳定型碳酸盐岩建造及陆源细碎屑岩建造。晚石炭世、二叠纪冈瓦纳群冰水沉积含煤沉积，三叠纪曲龙共巴组等滨浅涨陆源碎屑沉积。

中新世，在夏格勒桥南东有大规模的电气石白云花岗岩侵位于 Pt_1Nj. 中，形成 S 型花岗岩建造。

五、米里山褶皱束

米里山褶皱束位于图幅南部的稠贴—丽达断裂(MCT)以南地区，区内出露新元古代—寒武纪波木多组($Pt_3\in b$)、英肯组($Pt_3\in y$)、达里组($Pt_3\in d$)及少量石炭纪—二叠纪冈瓦纳群(CPG)。波木多组岩性为条带状石英岩、千枚岩、板岩夹(结晶)灰岩；英肯组由砂岩、粉砂岩、页岩组成韵律沉积，夹少量石英岩及火山岩；达里组由白云质灰岩、白云岩、玄武岩、石英岩、泥灰岩、钙质板岩、夹紫红色页岩和薄层砾岩组成。冈瓦纳群不整合在新元古界—寒武系之上，其岩性组合为一套复成分砾岩、变质长石石英砂岩、含砾板岩。本区地层岩石大部分已遭浅变质达低绿片岩相。新元古界—寒武系为一套连续沉积的含火山复陆屑—碳酸盐岩建造，厚度大于 2870m。它可能属于靠近大陆边缘的中陆地带坳陷沉积，反映了拉张的构造背景。冈瓦纳群为一套冰海坠积岩-碎屑岩建造，厚度大于 400m。区域上产 *Stpanovilla* 动物群和 *Lytovolasma* -*Costiferina* 等冷水型动物群，反映近陆冰海沉积环境，具典型的冈瓦纳相沉积特点。

第二节　构造变形相及构造变形相序列

构造变形相是岩石在地壳运动过程中一定变形环境的构造表现，是一定物理化学条件范围内形成的各种岩层和岩体以某一变形机制的变形为主导的变形构造的共生组合(单文琅等，1991)。测区地质构造形迹复杂多样，通过对地质构造形迹的变形相及变形相序列的研究，可以揭示岩石在变形过程中同一构造条件所造就的构造变形在不同的构造层次所反映出的不同的变形机制和变形形态，进而从构造形态的角度分析研究不同构造层次、构造形迹之间的叠加关系和演化特征。依据《变质岩区 1:5万区域地质填图方法指南》，通过宏观观察，结合室内镜下的微观研究，对本区构造样式、构造组合、构造群落的综合分析，将测区构造变形相及构造变形相序列分述如下。

一、构造变形相

主要依据褶皱形态、断裂性质、面理、线理、显微构造特征、构造置换方式、置换类型和特征，以及变质程度、变形机制等因素，将区内构造相划分为表、浅、中、深 4 个构造变形相及 2 个构造变形亚相(表 5-2)。

表 5-2　构造变形相划分表

划分标志		A 表部变形相	B 浅部变形相		C 中部变形相	D 深部变形相
			B_1 上亚相	B_2 下亚相		
大型标志	褶皱	开阔、宽缓直立褶皱	开阔—紧闭状斜歪褶皱、同斜倒转褶皱，以等厚型为主	紧闭—闭合状斜歪、同斜倒转褶皱、倾伏褶皱、倾竖褶皱	顶厚褶皱、不协调褶皱、褶叠层	以 Sn 片麻理构成掩卧褶皱；以 Sn+1 新生面理，Sn+2、Sc 面理，Sn+3 滑劈理构成单斜状
	断裂构造	脆性破裂	脆性—脆韧性断裂	脆韧性断裂、走滑剪切	韧性伸展、走滑剪切	韧性剪切带
	卷入地层	K—N 花岗岩	K_2、$Pt_3\in b$、$Pt_3\in y$、$Pt_3\in d$、CPG	T_3、KL	$Pt_3\in R$.	Pt_1Nj.

续表 5-2

划分标志		A 表部变形相	B 浅部变形相		C 中部变形相	D 深部变形相
			B_1上亚相	B_2下亚相		
中小型标志	构造变形面理	S_0层理	S_0层理、S_1板（片）理、S_2褶劈理、S_1 // S_2、$S_2 \perp S_1$	S_0层理、S_1板（片理）、S_2褶劈理、S_1平行或斜交S_0、S_2斜交S_1	S_0层理、S_1片理、S_2流劈理	Sn片麻理，Sn＋1流劈理，Sn＋2、Sn面理，Sn＋1 ∧ Sn＋2＝0°～30°
	主期褶皱样式及叠加褶皱	局部拖曳、牵引褶皱	等厚型同斜倒转褶皱、牵引褶皱、叠加次级不规则等厚褶皱、滑褶皱	同斜倒转褶皱、牵引褶皱、倾竖褶皱	顺层掩卧褶皱，波状、肠状褶皱，无根褶皱，鞘褶皱	顺层流变褶皱、无根褶皱、鞘褶皱、肠状褶皱
	变形机制	剪切、弯滑	剪切、弯滑、纵弯	剪切、滑流	剪切弯流	弯流—柔流
	劈理类型	间隔破劈理	间隔破劈理、轴面劈理、褶劈理	轴面劈理、褶劈理	透入性流劈理、片理、滑折劈理	流劈理、滑劈理、片麻理等
	构造置换方式及发育程度	未置换	S_1平行置换S_0、局部S_2纵向置换S_1	S_1平行或斜交置换S_0、S_2，纵向置换S_1	S_1平行置换S_0，S_2纵向置换S_1	Sn＋1、Sn＋2置换早期面理，Sn＋1横向置换Sn
	线理类型	不发育	交面线理	拉伸线理、交面线理	矿物生长线理、拉伸线理、褶纹线理	矿物生长线理、拉伸线理、布丁构造等
	同构造分凝石英脉	沿裂隙出现	沿裂隙与劈理出现，局部布丁化	沿劈理出现，布丁化	沿劈理出现，布丁化	同构造熔融、分异长英质脉与暗色条带分布成层、强烈布丁化
显微标志	构造岩类型	碎裂岩系	碎裂岩、构造角砾岩	构造角砾岩、糜棱岩化、糜棱岩系列	糜棱岩、糜棱片岩、千糜岩	千糜岩、强置片麻岩、糜棱片岩、构造片岩
	显微构造	原生结构保存较好	原生结构、构造局部破坏	矿物压扁、拉长、次生结构发育，具S－C组构	矿物压扁、拉长、发育“σ”碎斑，S－C组构	变质新生组构，发育S－C、S－L构造、长英质矿物流变、核幔构造、压力影等
变质程度		亚绿片岩相	低绿片岩相	低绿片岩相	高绿片岩相	角闪岩相—麻粒岩相
分布地区		图幅全区	图幅北部	图幅北部	图幅中南部	图幅中南部

（一）表部构造变形相(A)

受变形地质体为早白垩世、中新世花岗岩，变形特征以岩石在浅表环境下的脆性破裂为主，变形标志为发育脆性破裂、棱角状断层角砾和破劈理，无新生变质矿物产生。

（二）浅部构造变形相(B)

(1) 上亚相(B_1)：卷入地层为低喜马拉雅褶冲带新元古界—寒武系和石炭系—二叠系冈瓦纳群。受稠贴—丽达断裂(MCT)强烈的逆冲推覆作用，岩层产状整体倒转并形成以卡瑞倒转背斜为代表的纵弯褶皱。区内断裂构造不发育。面理置换主要以透入性的板理(千枚理)平行置换 S_0 为特征。该变形亚相为脆—韧脆性变形，同构造变质作用为低温动力变质作用，变质达低绿片岩相。

(2) 下亚相(B_2)：卷入地层为上三叠统及雅鲁藏布江结合带基质和外来构造块体。在雅鲁藏布江结合带北部的朗县构造混杂岩，受雅鲁藏布江洋盆消减封闭及印度板块与欧亚板块的"超碰撞"作用，受变形体基质碎屑沉积物以较低的能干性应变形成了强烈的挤压剪切及褶皱变形和面理置换，形成歪斜褶皱、同斜倒转褶皱、不协调褶皱以及叠瓦状逆冲推覆断裂、横向置换面理(板理、千枚理)和轴面劈理，变形特征表现出脆—韧性特点。在强烈的挤压推覆环境下，同构造卷入洋壳残片(超镁铁岩、镁铁质岩等)、二叠纪碳酸盐岩、元古界中深变质岩等构造块(片)，形成了雅鲁藏布江结合带朗县构造混杂岩。在玉门构造混杂岩，玉门陆间裂谷的消减封闭及持续的挤压推覆作用，增生楔形体中广泛发育叠瓦状冲断层和同斜褶皱，构造混杂有大小悬殊、成分各异的超基性岩、基性熔岩、硅质岩等外来岩块。S_1(板)片理普遍置换 S_0 原生层理，S_2 褶劈理斜交(或垂直)置换 S_1，同构造变质为中高压低温动力变质作用，变质达低绿片岩相。而在章村褶冲束及康马隆子褶冲带，受变形体褶皱构造以剪切—弯滑机制下形成的等厚褶皱、同斜褶皱、倾竖褶皱为主。S_0 原生面理被 S_1 板理同向置换，S_2 轴面劈理纵向置换 S_1。断裂以脆—韧性逆断层、剪切走滑断层为主，发育碎裂岩、糜棱岩化岩石和糜棱岩，局部出现拉伸线理、交面线理，同构造变质达低绿片岩相。

（三）中部构造变形相(C)

该变形相分布于图幅中北部及东部，受变形体为 $Pt_3\in R.$，属 Pt_1N 结晶基底之上的沉积盖层构造变形域，变形机制为伸展环境下的韧性变形，以夏格勒桥基底剥离断裂⑭为代表，上盘中发育一系列同向低角度顺层韧性剪切带和伴生的褶叠层、无根褶皱、肠状褶皱、鞘褶皱。发育透入性流劈理、片理、滑折劈理及糜棱面理，S_1 置换 S_0 较彻底，拉伸线理、布丁构造、"σ"碎斑构造普遍，同构造变质达高绿片岩相。

（四）深部构造变形相(D)

受变形地质体为古元古代南迦巴瓦岩群($Pt_1Nj.$)。早期为固态剪切流变机制，先期面理被 Sn 片麻理强烈置换。晚期在弯流—柔流变形机制下，以 Sn 为变形面形成肠状褶皱、无根褶皱、掩卧褶皱、鞘褶皱，以及矿物生长线理、拉伸线理、布丁构造、"σ"旋转碎斑，Sn+1 流劈理，Sn+2(Sc)面理强烈置换 Sn。同构造变质达角闪岩相。

二、构造变形相序列

通过对构造变形相的分析研究，根据前后相继的变形相转换在同一变形地质体中构成的不同构造群落和叠置关系，测区建立了 4 个变形旋回的变形相演化序列，即前期(Pt_1)固态流变形相序列，早期(Pt_3—P)弯流—压扁韧塑性变形相序列，主期(T—N_1)脆—韧性挤压—剪切变形相序列，后期(N_2—Q)脆性变形相序列(表 5-3)。基本揭示了本区构造变形形迹多层次、多体制、多类型和多尺度的相互叠加、相互制约、变形—变质多相共存的复杂构造格局。

表 5-3 构造变形相序列表

变形旋回	时限	冈底斯陆块	雅鲁藏布江结合带	康马—隆子褶冲带	高喜马拉雅基底逆冲带	低喜马拉雅褶冲带
后期	Q—N_2	A相：隆升后的结晶基底与岩浆弧、岛弧沉积中发育浅表相脆性断裂和破裂	A相：在主期构造形迹之上叠加脆性断裂和碎裂	A相：在主期挤压推覆和伸展剥离构造形迹之上叠加脆性断裂和碎裂	A相：基底抬升后遭脆性断裂和破裂改造	A相：在基底和盖层整体抬升后叠加脆性断裂和碎裂作用
主期	N_1—T		B_1相：叠加或断承消减闭合期早期构造形迹，形成等厚型同斜褶皱、滑褶皱、牵引褶皱等及脆性、脆韧性逆冲推覆断裂 B_2相：消减闭合期，在强烈的挤压推覆作用下，形成构造混杂带及一系列的同斜倒转褶皱、逆冲推覆断裂，S_1板（片理）强裂置换S_0，S_2褶劈理垂直或斜交改造S_1，在强应变带则形成韧性剪切带	B_1相：在伸展背景下，绕让一切当拉断裂产生大规模拆离滑脱，也拉香波倾日核杂岩及剥离断层系形成，在伸展剥离断层上盘形成以褶叠层为代表的顺层掩卧褶皱系列，下盘中发育糜棱岩及韧性剪切构造 B_2相：在挤压收缩背景下，产生反向逆冲推覆作用，形成T_3n一系列同斜倒转褶皱和逆断裂，S_1板理平行或斜向置换S_0，S_2褶皱劈理纵向置换S_1	B_1—B_2相：在伸展机制下，绕让一切当拉断裂、夏格勒桥断裂产生大规模的伸展拆离，在T_3—$Pt_3 \in R.$之间，$Pt_3 \in R.$—$Pt_1 Nj.$间形成宽百米—数千米的韧性剪切带，带内发育布丁构造、S—C组构、拉伸线理及无根褶皱、鞘褶皱等韧性变形组合，在剥离面之上则发育褶叠层等顺层掩卧褐皱系列，沿韧性剪切带Sc面理强烈置换Sn。 在喜马拉雅南麓，以稠贴—丽拉断裂为代表的逆冲推覆构造组合，$Pt_3 \in R.$以S_1为变形面形成同斜倒转褶皱、牵引褶皱，S_2褶劈理纵向置换S_1	B_1—B_2相：$Pt_3 \in b$、$Pt_3 \in y$、$Pt_3 \in d$、CPG等，在挤压收缩、走滑剪节机制下，产生脆韧性变形构造形迹，形成同斜倒转褶皱、牵引褶皱倾竖褶皱，S_1平行置换S_0，S_2垂直或斜交置换S_1
早期	P—Pt_3				C相：$Pt_3 \in R.$在剪切—弯流机制下，形成掩卧褶皱、倾竖褶皱，Sc糜棱面理横向置换S_0，出现长英质脉布丁化	
前期	Pt_1	D相：晚期$Pt_1 Nq.$（念青唐古拉岩群）形成固态流变组合，以Sn为变形面形成肠状褶皱、无根褶皱、掩卧褶皱及矿物生长线理、拉伸线理、布丁构造，Sn+1流劈理、Sn+2、Sc面理置换早期面理Sn，早期固流相，Sn片麻理置换晚期面理			D相：固态流变形组合，$Pt_1 Nj.$在深剖构造变形相环境下形成掩卧褶皱、无根褶皱、鞘褶皱，以及矿物生长线理、拉伸线理等构造变形组合，Sn+1流劈理、Sc面理强烈置换早期面理Sn	

第三节　各构造单元构造形迹特征

在上述构造单元划分，各单元沉积建造特征及构造变形相、变形相序列分析的基础上，结合测区大地构造位置及构造变化特征，将分区断裂及各单元构造形迹分述如下。

一、冈底斯陆块(Ⅰ)

冈底斯陆块位于测区北缘秀村—朗拉岗则断裂①以北，区内分布范围小，仅出露冈底斯岩浆弧($Ⅰ_1$)早白垩世石英闪长岩、英云闪长岩、花岗闪长岩及少量的古元古代念青唐古拉岩群蓝晶片岩捕虏体。其构造形迹仅发育有浅表构造相的破裂和碎裂现象，且主要沿秀村—朗拉岗则断裂旁侧出现，为该断裂向北逆冲推挤对断裂下盘的影响所致。根据北邻图幅1∶25万林芝县幅资料，冈底斯岩浆弧构造形迹较发育，基底岩系中主要发育韧性剪切带和小尺度固态流变褶皱序列，中、晚侏罗世岛弧火山—沉积地层中则发育脆韧性断裂和短轴褶皱，晚期在全区叠加了脆性断裂和破裂，总体构造线以东西向为主兼有南北、北西和北东向。

二、雅鲁藏布江结合带(Ⅱ)

雅鲁藏布江结合带呈近东西向展布于图幅北侧的秀村—朗拉岗则断裂①与邛多江—卡拉—玉门断裂⑨之间，向西延入1∶25万隆子县幅，东端被绕让—切当拉断裂(STDS)切错并向北推移了约23km，至1∶25万林芝县幅米林县附近。图内东西长约108km，南北宽7.5～20.2km。雅鲁藏布江结合带由朗县构造混杂岩($Ⅱ_1$)、章村褶冲束($Ⅱ_2$)、玉门构造混杂岩($Ⅱ_3$)3个构造岩片组成，是经晚三叠世至晚白垩世多次消减俯冲拼合而成的板块结合带。受东西走向断裂构造的逆冲推覆、走滑剪切作用和绕让—切当拉伸展剥离断裂(STDS)改造，结合带各构造岩片在东西走向上的出露规模和构造岩片间的叠置关系也发生了变化。

西段拉多段，构造岩片(块)出露齐全，岩片(块)间呈"背冲式"叠置(图5-4)，结合带南界向南逆冲推覆于T_3n之上；东段莫洛段，受伸展走滑断裂的斜向切错，构造岩片(块)明显变窄或尖灭，结合带南界与$Pt_3 \in R.$间呈伸展剥离断裂关系(图5-5)。其构造变形达浅部变形相下亚相(B_2)，其中朗县构造混杂岩、玉门构造混杂岩中出现有多硅白云母、铁铝榴石，其西延的罗布莎构造混杂岩中出现钠闪石、青铝闪石、黑硬绿泥石及绿纤石等，显示了高压相系特征(1∶20万加查幅，1995)，因此至少可以认为其同构造变质为中高压低温动力变质作用。

朗县构造混杂岩：由外来系统和原地系统两部分组成。外来系统有来自喜马拉雅特提斯带稳定型

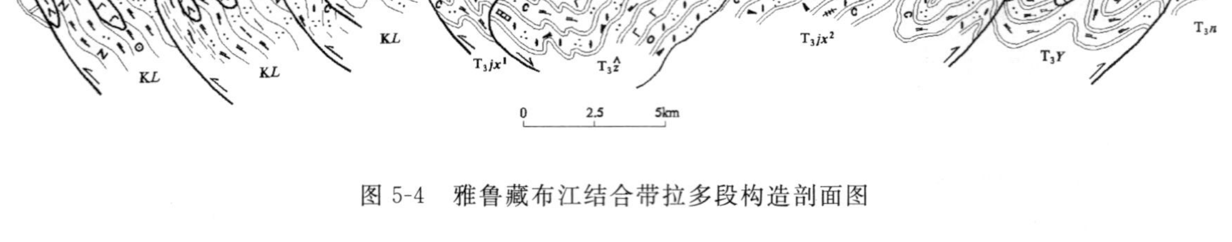

图5-4　雅鲁藏布江结合带拉多段构造剖面图

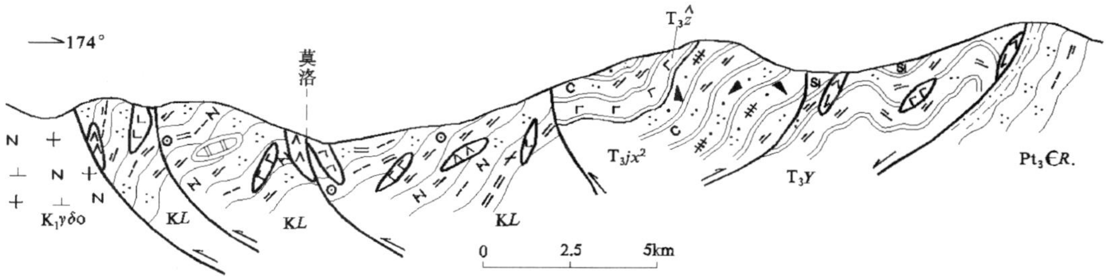

图 5-5　雅鲁藏布江结合带莫洛段构造剖面图

浅海台地相的早二叠世灰岩块(图版Ⅻ-5)、侏罗纪一白垩纪远洋深水含放射虫硅泥质岩块，以及大量的变形橄榄岩(图版Ⅻ-6)、堆晶辉长岩等构造块体；原地系统为白垩纪弧前盆地相类复理石沉积。

章村褶冲束：系晚三叠世玉门陆间裂谷—初始洋盆向北消减俯冲时，在冈底斯三叠纪岩浆弧前盆地沉积的巨厚类复理石沉积经强烈的挤压推覆形成的褶冲复式向斜构造。

玉门构造混杂岩：由辉橄岩、辉长辉绿岩、枕状玄武岩、火山碎屑岩、放射虫硅泥质岩、砂砾岩、泥岩等性质迥异的沉积物和岩石组成。砂、泥质基质普遍遭受剪切，超基性岩、基性岩构造包裹体呈不规则状。这是玉门陆间裂谷初始洋盆在晚三叠世向北消减俯冲在冈底斯岩浆弧的陆侧坡形成的增生楔形体一构造混杂体。

上述各构造岩片间均以断层接触，结合带内发育近东西走向的逆冲推覆断裂、脆-韧性剪切带和露头尺度的中小型褶皱，大中型尺度的褶皱由于受断裂及韧性剪切破坏保留较少。现将结合带内典型褶皱及主要断裂分述如下。

（一）褶皱

(1) 燃木章向斜(1)：为1∶25万隆子县幅唐卡向斜的东延部分，在区内其轴向呈近东西向弯曲延伸，东端受白露断裂牵引呈北东东向并被该断裂所切，轴长大于70km。向斜核部地层为$T_3\hat{z}$，两翼地层为T_3jx。向斜北翼地层倒转，倾角18°～20°；南翼倾角26°～39°，为一同斜倒转向斜。向斜两翼被东西向断裂破坏，北翼大部断失，两翼中发育小尺度的次级褶皱。

(2) 雅鲁藏布江结合带内发育中、小尺度的褶皱构造，并常与带内逆冲推覆断裂和剪切作用相伴生。在朗县构造混杂岩，主要发育轴面南倾、向北倒转的一系列同斜倒转褶皱(图5-6)、歪斜褶皱及"N"型褶皱、无根褶皱、不协调褶皱(图5-7、图5-8，图版Ⅻ-7、Ⅻ-8)等脉褶。S_1片理(千枚理)强烈置换S_0原生层理，S_2褶劈理近垂直置换S_1(图5-9，图版XⅢ-1)；而在章村褶冲束则以发育等厚型褶皱为特征(图5-10)；结合带南侧的玉门构造混杂岩，主要受强烈的剪切作用和向南逆冲推覆断裂改造，发育有紧闭型同斜倒转褶皱、歪斜褶皱、倾竖褶皱、尖棱褶皱(图5-11)、平卧褶皱(图5-12)及杆状构造(图5-13)等。面理置换较强烈，S_1片理同向置换S_0，S_2褶劈理垂向置换S_1(图5-14，图版XⅢ-2)。

图 5-6　拉多 *KL* 中的同斜倒转褶皱

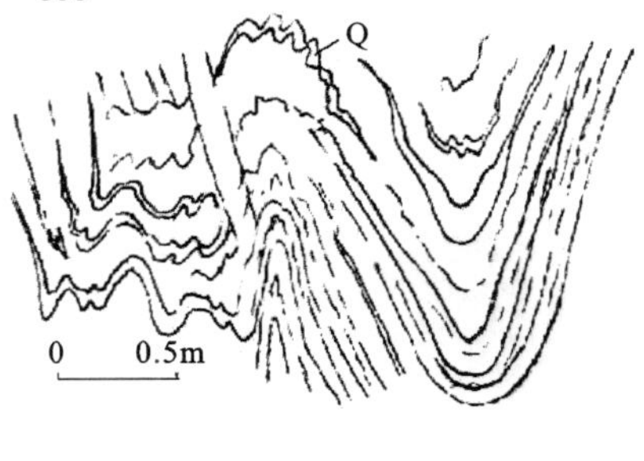

图 5-7　拉多 *KL* 中的紧闭褶皱及石英脉褶

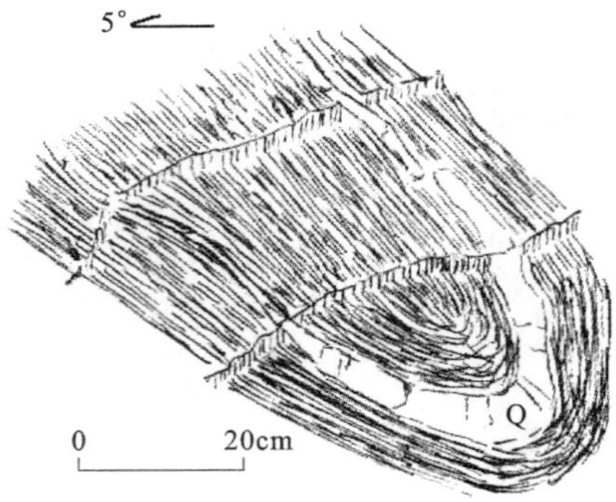

图 5-8　KL 千枚岩中的石英脉褶

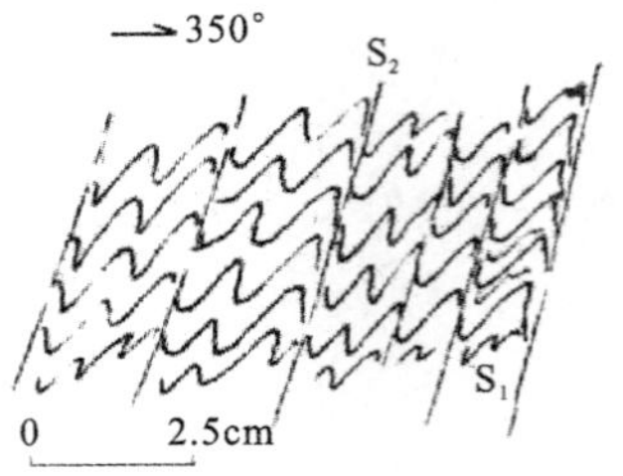

图 5-9　拉多北 KL 千枚岩中的面理置换现象

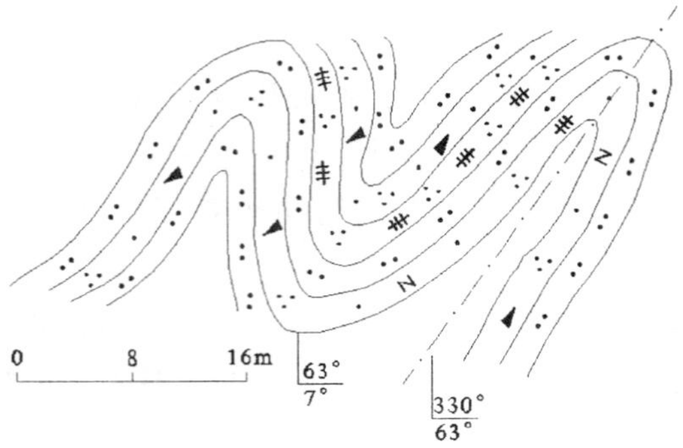

图 5-10　章村 $T_3\hat{z}$ 中的等厚型褶皱

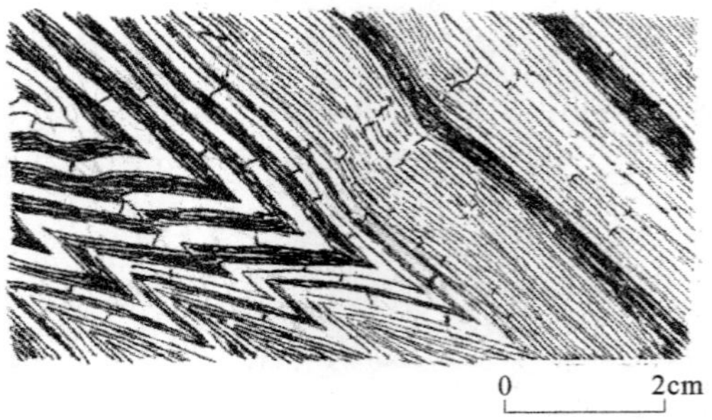

图 5-11　玉门北 T_3Y 片岩中的尖棱褶皱

（据手标本素描）

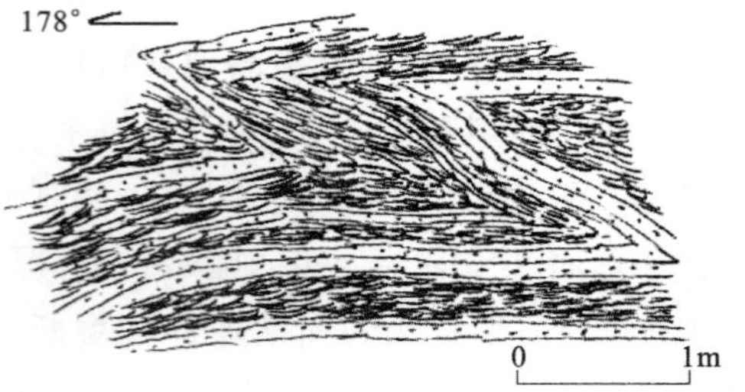

图 5-12　扎日区 T_3Y 变质砂岩、千枚岩中的平卧褶皱

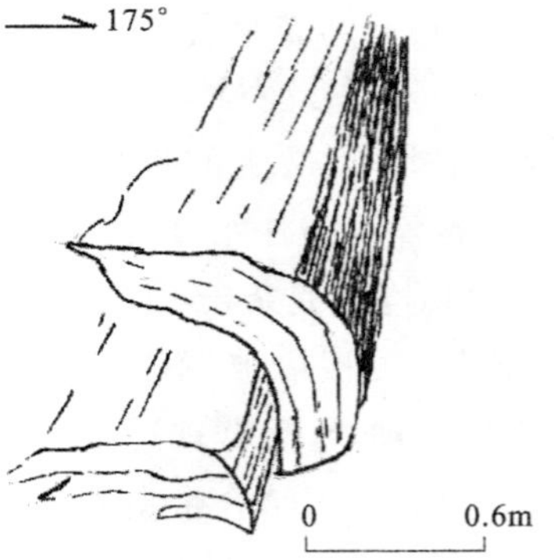

图 5-13　玉门 T_3Y 砂岩形成杆状构造

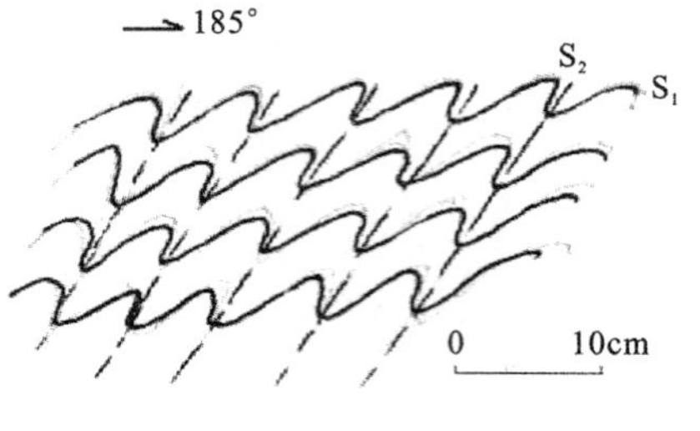

图 5-14　玉门 T_3Y 片岩中 S_2 垂向置换 S_1

（二）断 裂

（1）秀村—朗拉岗则断裂：为冈底斯岩浆弧与雅鲁藏布江结合带的分界断裂。走向近东西向，略弯曲呈弧线状，西端出图，东端被绕让—切当拉断裂（STDS）切错，图内长约 78km。断裂北盘出露早白垩世Ⅰ型花岗岩，南盘为雅鲁藏布江结合带的朗县构造混杂岩带。断裂卫片影像特征清晰，显示为束状、带状色异常及两侧影纹图案不连续等。沿断裂发育有宽 50～100m 不等的挤压破碎带，由糜棱岩、糜棱片岩、糜棱岩化岩石和碎裂岩组成，发育露头尺度的相似褶皱、紧闭型同斜倒转褶皱、倾竖褶皱，出现 S-C 组构和矿物拉伸线理、布丁构造、杆状构造、钩状构造、长英质旋转碎斑、多米诺骨牌构造等小型变形构造。断裂两盘挤压破碎现象较普遍，南盘中次级断裂和牵引褶皱普遍发育（图 5-15）。根据断裂带中倾竖褶皱及多米诺骨牌构造的运动学标志和牵引褶皱的性质判断，断裂早期具左行走滑性质，晚期南盘向北逆冲，断裂经历了韧性剪切—脆性挤压逆冲等多期次、多层次的活动。断裂面倾向南，倾角 40°～58°，断裂面略起伏，总体显示南盘向北逆冲的逆断层性质。

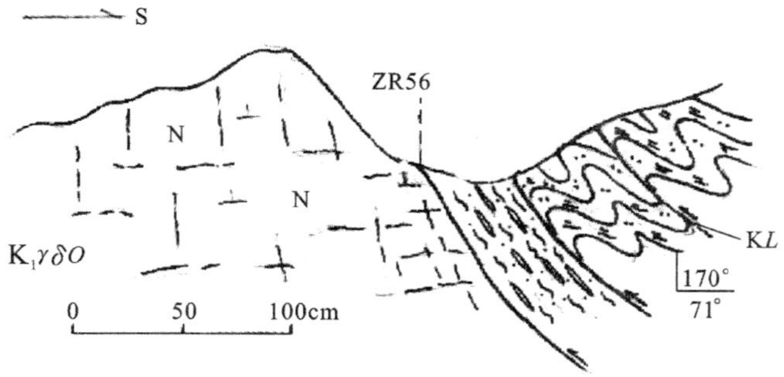

图 5-15 秀村—朗拉岗则断裂剖面素描图

（2）白露断裂：走向近东西向，西端延入 1:25 万隆子县幅，为登木断裂的东延部分，断裂东端在普宁多被绕让—切当拉断裂（STDS）切错，区内呈弧形延伸，长约 105km。断裂北盘为 KL，南盘为 T_3jx—$T_3\hat{z}$，是雅鲁藏布江结合带内部朗县混杂岩带与章村褶冲带构造拼合界线。其卫片影像特征反映为带状异常及两侧色斑、块不连续。沿断裂发育挤压破碎带，宽 20～100m 不等，破碎带部分具糜棱岩化、挤压片理化，菱形构造块体及石英脉、褐铁矿化普遍，断裂南盘 T_3jx、$T_3\hat{z}$ 中发育牵引褶皱及次级断裂。断裂面呈波状起伏，倾向南，倾角 25°～36°，南盘向北逆冲为一逆断层。

（3）朗贡断裂：呈东西向—北东东向弧形延伸，西端延入 1:25 万隆子县幅，东端在切当拉北被绕让—切当拉断裂（STDS）切错，图内长约 110km。该断裂是章村褶冲带与玉门构造混杂岩带的分界断裂，为雅鲁藏布江结合带内构造岩片间的构造拼合界线。断裂野外宏观标志清楚，其北盘出露地层为 $T_3\hat{z}$，南盘为 T_3Y。沿断裂发育宽 10～100m 不等的挤压破碎带，带内褐铁矿化构造角砾岩、挤压透镜体（图版ⅩⅢ-3）、石英脉发育，部分构造岩糜棱岩化，具脆-脆韧性特点。断裂北盘中发育轴面北倾、向南倒转的小型褶皱（图 5-16、图版ⅩⅢ-4），断裂面产状与北盘中牵引褶皱轴面产状近一致，断裂面倾向 5°～340°，倾角 40°～70°，断裂面起伏较大，北盘向南逆冲为一逆冲断层。

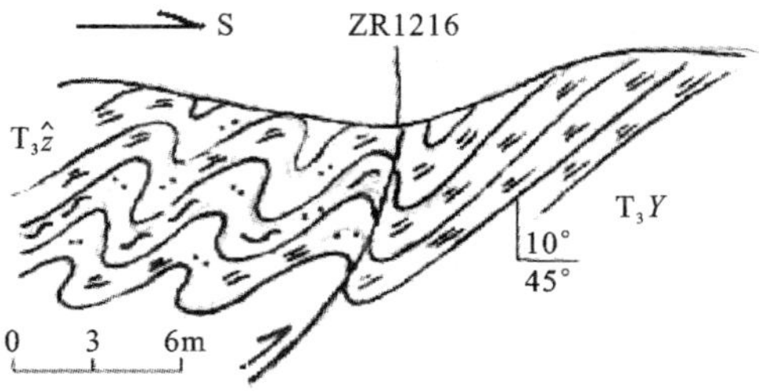

图 5-16 朗贡断裂剖面素描图

（4）邛多江—卡拉—玉门断裂：呈东西向延伸，向西延入 1:25 万隆子县幅，东端被绕让—切当拉断裂（STDS）所截，图内长 47km。卫片影像特征主要表现为连续色带、色斑异常及复杂的束状、联合弧状。该断裂为雅鲁藏布江结合带南界断裂，是雅鲁藏布江结合带与康马隆子褶冲带的分界，是特提斯洋盆消减俯冲、冈底陆块与喜马拉雅陆块碰撞的缝合线，具形成时间早、规模大、切割深、活动时间长的特点。断裂北盘为玉门混杂岩蛇绿混杂岩和弧前盆地沉积性质的江雄组、章村组，南盘出露晚三叠世喜马拉雅特提斯浅海—斜坡相稳定—次稳定型沉积—涅如组。断裂宏观标志明显，沿断裂发育有宽 50～200m 不等的挤压破碎带，由糜棱岩、糜棱岩化岩石和碎裂岩组成，发育露头尺度的紧闭型同斜倒转褶皱、不协调褶皱、倾竖褶皱，出现了S－C组构、矿物拉伸线理、布丁构造、多米诺骨牌构造和"σ"旋转碎斑(图 5-17)，挤压破碎带内石英脉杂乱穿插并产生脉褶，褐铁矿化普遍，局部硅化。北盘蛇绿岩逆冲到南盘涅如组之上，北盘中发育有中小尺度的轴面北倾、向南倒转的褶皱构造，尤其在玉碓、扎日区及塔马墩等地普遍发育。综合上述，邛多江—卡拉—玉门断裂具韧性剪切走滑、脆-韧性逆冲推覆等多期次活动特点，早期以左行韧性剪切为主，形成糜棱岩系列及倾竖褶皱，晚期向南逆冲推覆，形成脆-韧性构造及牵引褶皱系列。断裂面呈波状起伏，倾向北—北北东，倾角 30°～46°。

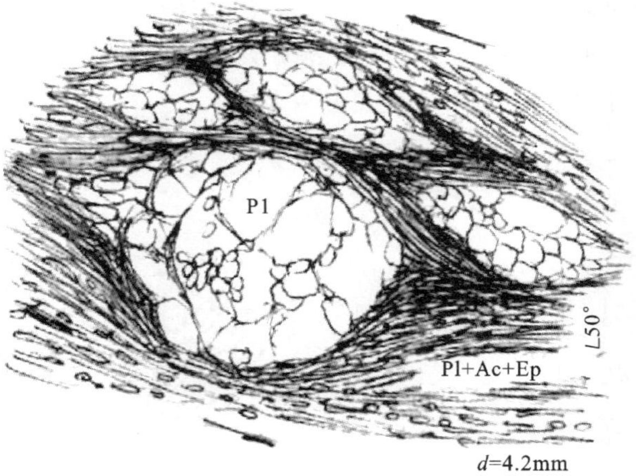

图 5-17　邛多江—卡拉—玉门断裂带中的 σ 旋转碎斑(示左旋)

(5) 不嘎—则莫浪韧性剪切带：分布于朗县混杂岩带各仓断裂④和拉多断裂⑤之间，呈近东西向延伸，与两侧断裂走向一致，其东、西端均延出图外，图内长约 55km，宽 2～5km 不等。韧性剪切带发育于白垩纪朗县混杂岩带中部，以发育密集的韧性剪切面和糜棱岩为主要标志，剪切面和糜棱面理走向近东西向，糜棱面理产状 180°～190°∠55°～70°。糜棱岩以含硬绿泥石炭质绢云千糜岩、炭质石榴石绢云千糜岩、钙质糜棱岩(图版Ⅻ－5)为主，新生变质矿物为绢云母、绿泥石、硬绿泥石、石榴石、绿帘石等。韧性剪切带中常残留有粉砂质绢云千枚岩、变质细砂岩、硬绿泥石蛇纹石滑石片岩等弱应变菱形块(带)，强应变带与弱应变域相间。强应变带以透入性的 Sc 面理同向置换 S_1 千枚理、片理为标志，弱应变带 S_1 保留较好。在拉多、巴弄、莫洛等地可见沿剪切带傍侧发育两翼紧闭的片褶(图版ⅫⅠ－6)、重褶及倾竖褶皱等。滑动面上矿物生长线理、拉伸线理(图 5-18)、"σ"碎斑(图 5-19，图版ⅫⅠ－7)、白云母S形左行旋扭(图 5-20)、布丁构造(图版Ⅻ－8)较为常见，其变形形迹及运动学标志显示早期向北推覆，晚期叠加左形走滑的特征。

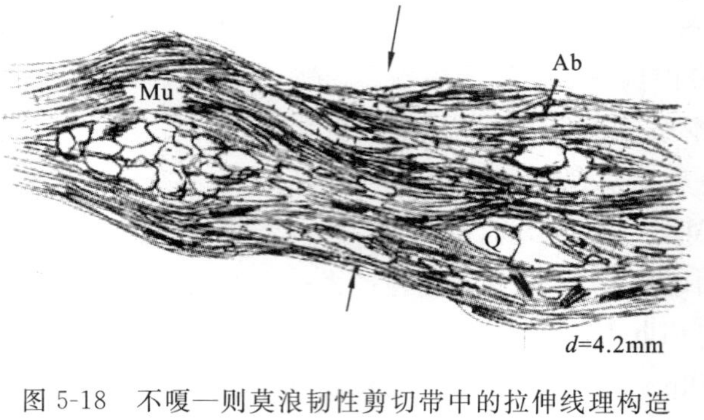

图 5-18　不嘎—则莫浪韧性剪切带中的拉伸线理构造

Ab. 钠长石；Mu. 白云母；Q. 石英

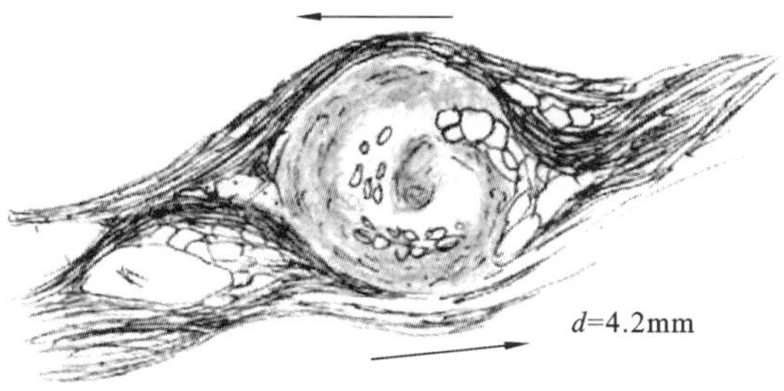

图 5-19　不嘎—则莫浪韧性剪切带中的σ旋转碎斑(示左旋)

图 5-20　不嘎—则莫浪韧性剪切带中的白云母 S 型旋扭构造(示左旋)

其余断裂特征见表 5-4。

表 5-4　雅鲁藏布江结合带断层特征简表

编号	断裂名称	走向	长度(km)	断裂产状		结构面特征	性 质
				倾向	倾角		
2	尼玛邦嘎断裂	EN	35	S	—	断裂面平直，沿断裂发育挤压破碎带，褐铁矿化，两盘中发育牵引褶皱	
3	龙则断裂	NWW	>23	N	83°	断裂面弯曲，发育碎裂岩、糜棱岩，西盘中牵引褶皱，直立劈理带发育	逆断层
4	各仓断裂	EW	>107	S	83°	断裂面弯曲呈弧形，北盘中发育碎裂岩，劈理化带，南盘中发育韧性剪切带	逆断层
5	拉多断裂	EW	>70	S	42°	断裂面弯曲光滑，东端与白露断裂复合，沿断裂发育牵引构造、挤压构造岩、劈理化带	逆断层
7	更机北断裂	EW	>18	N	43°	断裂面弯曲，东端与白露断裂复合，发育挤压破碎带、构造透镜体、褐铁矿化、石英脉	逆断层

三、康马隆子褶冲带(Ⅲ)

根据联测图幅 1∶25 万隆子县幅构造单元划分方案，本幅仅分布有达拉三安曲林褶冲束(Ⅲ$_1$)，其大部分见于 1∶25 万隆子县幅内，区内呈楔状夹持于邛多江—卡拉—玉门断裂⑨和绕让—切当拉断裂⑩之间，分布面积约 600km^2。本构造单元地层出露单一，为上三叠统涅如组，是一套次稳定—稳定型陆源碎屑沉积，以砂岩、板岩互层为特点。构造变形以浅部构造变形相为特征，发育露头尺度的中小型褶皱构造和北东东向断裂(图 5-21)。

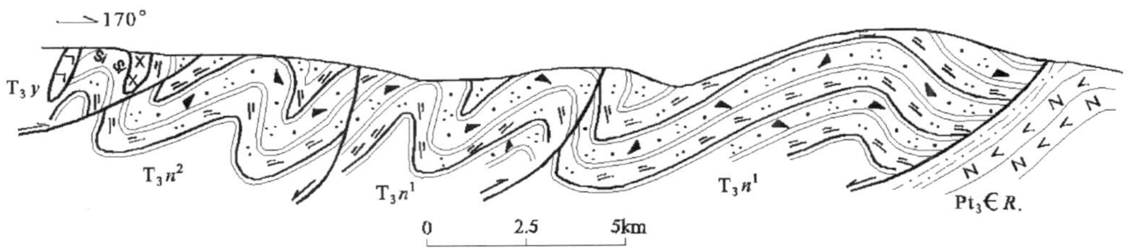

图 5-21　达拉—三安曲林褶冲束构造剖面图

1. 褶皱

本构造单元地层以单斜断块状叠置，大中型褶皱构造不发育，露头尺度的中小型褶皱主要沿断裂旁侧出现。在收缩体制下，受向南逆冲推覆作用，形成一系列同斜倒转褶皱、歪斜褶皱组合，在其西延的1∶25万隆子县幅尚发育有隔槽式、隔档式褶皱。

2. 断裂

(1)央碓郎断裂⑪：走向北东东向，西端延入1∶25万隆子县幅并与基浦断裂相接，东端被绕让—切当拉断裂(STDS)所切，图内长21km。断裂北盘出露地层为 T_3n^2，南盘出露 T_3n^1。沿断裂岩石破碎，形成宽10～30m不等的褐铁矿化构造角砾岩带，构造角砾呈棱角状，铁泥质胶结，在破碎带中有较多的石英脉和少量基性岩脉贯入。根据上述，断裂具张性特征，断裂产状不明。

(2)米帕断裂⑫：走向北东东向，略具弧形，西端延入1∶25万隆子县幅，东端被绕让—切当拉断裂(STDS)所切，图内长约38km。沿断裂发育有10～50m不等的挤压破碎带，褐铁矿化较普遍，断裂北盘岩层牵引褶皱发育，轴面起伏呈舒缓波状，与断裂面产状近平行。断裂面倾向北北西向，倾角38°，北盘向南逆冲，为一逆断层。

四、高喜马拉雅基底逆冲带(Ⅳ)

本构造单元位于图幅中南部，分布于绕让—切当拉断裂(STDS)和稠贴—丽达断裂(CMT)之间，面积约10 000km²，是测区内面积最大的构造单元。根据区域地质资料和卫片解译，本区出露有古元古代南迦巴瓦岩群基底岩系和新元古代—寒武纪肉切村岩群。构造变形为中部构造变形相的韧性伸展、走滑剪切变形和深部构造变形相的固态流变变形。高喜马拉雅结晶基底在主中央断裂向南逆冲推覆的作用下急剧抬升，在其北西侧形成向北西滑落的伸展剥离断裂系(图5-22)。肉切村岩群在伸展剥离、走滑剪切的机制下，形成韧性剪切带和褶叠层，鞘褶皱，发育矿物拉伸线理、矿物生长线理及"σ"碎斑。南迦巴瓦岩群在主中央断裂强烈的逆冲推覆作用下，则以Sn为变形面形成掩卧褶皱、相似褶皱、无根褶皱、肠状褶皱等，以及流劈理、布丁构造、多米诺骨牌构造。受强烈的伸展剥离和走滑剪切作用，肉切村岩群a亚群与b亚群之间、南迦巴瓦岩群a亚群和b亚群之间均以韧性断裂接触，在肉切村岩群与南迦巴瓦岩群之间则形成了基底剥离断裂。分述如下。

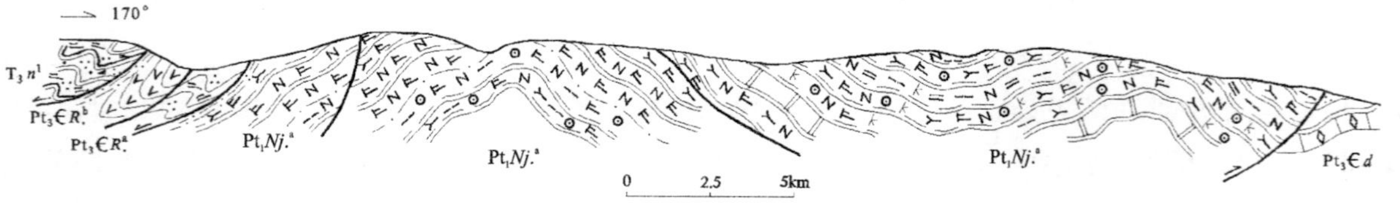

图5-22　高喜马拉雅基底逆冲带构造剖面图

(一) 褶　皱

热工向斜(2)：是本构造单元内经卫片解译出的唯一的大型褶皱，向斜轴为北东向，略弯曲呈曲线状，北东、南西端扬起，轴长约87km。向斜核部地层为 $Pt_3\in R^a$，两翼由 $Pt_3\in R^b$ 组成，两翼倾角及轴面特征不详。根据图面分析，向斜长宽比约3∶1，为一短轴向斜。

(二) 断　裂

(1) 绕让—切当拉断裂：属藏南拆离系主剥离断裂(STDS)在测区的延伸段，区内呈北东向弯曲延伸，北东、南西端分别延入 1∶25 万隆子县幅，图内长约 130km。断裂上盘由晚三叠世涅如组、玉门构造混杂岩、章村褶冲束、朗县构造混杂岩及冈底斯岩浆弧组成，下盘为古元古代—寒武纪肉切村岩群。断裂斜向切错了上盘地层，上、下两盘岩石变质、变形有明显的差异。上盘为浅部构造变形相，岩层以脆—脆韧性变形为主，发育弯滑褶皱和正断层；下盘为中部构造变形相，在脆韧性—韧性条件下形成顺层剪切掩卧褶皱系列及韧性剪切糜棱岩带。此断裂为一分隔高喜马拉雅变质结晶基底、增生褶皱基底和藏南特提斯沉积盖层之间的北倾正断裂。区内倾角 40°～75°，断裂面受后期构造改造倾角变陡。据同构造淡色花岗岩的结晶年龄（U－Th－Pb 法），活动时间为 20～17Ma，与主中央断裂同步发生（据《青藏高原及邻区 1∶150 万地质图说明书》，2004）。

（2）夏格勒桥断裂⑭：呈北东—南西向，大致与主剥离断裂——绕让一切当拉断裂平行展布，其北东、南两端均延出图外，图内长约 145km。断裂北西盘（上盘）由 $Pt_3\in R.$ 组成，并发育顺层掩卧褶皱、褶叠层及韧性剪切带。南东盘（下盘）为 $Pt_1 Nj.$，发育有透入性的糜棱面理、“σ”碎斑、拉伸线理、布丁构造及多米诺骨牌构造等。断裂面倾向北西，倾角 10°～25°，为一低角度伸展剥离断层。

（3）帕果断裂⑱：为测区 $Pt_1 Nj^a.$ 与 $Pt_1 Nj^b.$ 间的韧性断裂，其走向为北东向，两端均延出图外，中部被中新世花岗岩体侵占，长度大于 125km。沿断裂及北西盘发育有数百米宽的韧性剪切带，剪切带由含榴黑云长英质糜棱岩、黑云角闪长英质糜棱岩等组成，具 S－C 组构，旋转碎斑、布丁构造及镜下核幔构造、拉伸线理，不对称眼球构造，压力影和拔丝构造等。糜棱面理产状 330°～350°∠65°～75°。断裂面产状与糜棱面产状一致，具有由北西向南东逆冲的特征。

（4）稠贴—丽达断裂㉒：是喜马拉雅地区主中央断裂（MCT）在区内的延伸段，呈大规模弯曲状延伸，东、西两端及中东段延出图外，图内长约 160km。本断裂为高喜马拉雅基底逆冲带与低喜马拉雅褶冲带的分界断裂，其北盘出露古元古代南迦巴瓦岩群、新元古代—寒武纪肉切村岩群，南盘出露新元古代—寒武纪波木多组、英肯组、达里组和石炭—二叠纪冈瓦纳群。根据《青藏高原及邻区 1∶150 万地质图说明书》（成都地质矿产研究所）：主中央逆冲断裂（MCT）是一条宽几百米到几千米的韧性剪切带，很可能是一条在高喜马拉雅和低喜马拉雅序列之间构造杂岩的基础上发展起来的宽阔剪切带。韧性剪切的主滑移面向北缓倾，一般 15°～25°，构造组构指示总体向南的逆冲位移；纵向上地表不均一的侵蚀作用，剥露出一系列不完整的飞来峰和构造窗，显示了 MCT 大规模位移的证据。依据淡色花岗岩的测龄，指示剪切变形同步发生在 22±Ma（Parrish *et al.*，1993；Hodges *et al.*，1994，1996，1998），持续到 10Ma。

（5）卡布韧性剪切带：分布于绕让一切当拉主剥离断裂南东盘，并与之平行展布，呈北东—南西向，北东、南西端分别延出图外，长大于 65km，宽 2～5km。卷入地层为 $Pt_3\in R.$。剪切带强应变带与弱应变域相间，强应变带以二云母长英质糜棱岩、眼球状糜棱岩、白云母长英质糜棱岩为主要标志，以透入性的 SC 面理置换 S_0，发育“σ“旋转碎斑，矿物生长线理、拉伸线理、布丁构造等。弱应变域为糜棱岩化二云石英片岩、白云石英片岩、方解绿泥石英片岩，S_1 片理完全置换 S_0，形成片褶、重褶、褶叠层和鞘褶皱等。糜棱面理产状 330°～340°∠10°～30°，与共荣一斗玉断裂产状一致。据”σ“旋转碎斑、多米诺骨牌构造及鞘褶皱等显示的运动学特征，该韧性剪切带早期为向北西伸展滑脱，晚期叠加有左行走滑。

其余断裂见表 5-5。

表 5-5　高喜马拉雅基底逆冲带断裂特征简表

编号	断裂名称	走向	长度（km）	结构面特点	性 质
13	勒坡达断裂	NE	＞18	略弯曲呈弧形，是一条宽 10～100m 的韧性剪切带，其 NE 端与卡布韧性剪切带复合	韧性断裂
15	4542 高地断裂	NE	18	断层线较平直，卫片影像特征为线状色异常及山脊中断错移等	不 明

续表 5-5

编号	断裂名称	走向	长度(km)	结构面特点	性质
16	木比丁断裂	SN	25	影像显示为带状色异常，发育负地形及切错NE向山脊和NE向线性构造等	不明
17	马落山断裂	NW	46	影像特征为线状色异常，两侧花纹图案不连续及发育沟谷地貌	不明
19	塔帕断裂	EW	68	呈直线状，影像显示为切错山脊和水系并错移NE向线性构造	不明
20	尼苏断裂	NE	>90	影像特征为直线状色带异常、错移山脊，两侧图案、纹饰不一致等	韧性断裂
21	约尔京山断裂	SN	50	直线状线性构造，切错NE向山脉和两侧纹饰图案错移	不明
23	波米斯断裂	NE	>40	影像呈带状色异常，两侧花纹、色斑、色块一致	韧性断裂

五、低喜马拉雅褶冲带(Ⅴ)

低喜马拉雅褶冲带分布于测区南部的稠贴—丽达断裂(MCT)以南地区，图内面积约1400km²。根据区域地质资料结合卫片解译，本区地层划分出古元古代—寒武纪波木多组、英肯组、达里组及石炭纪—二叠纪冈瓦纳群，冈瓦纳群不整合在古元古代—寒武纪地层之上。其构造变形为浅部构造相，受主中央断裂(MCT)向南逆冲推覆作用，地层整体倒转并形成一大型倒转背斜(图5-23)，同构造变质达低绿片岩相。据区域资料，低喜马拉雅褶冲带经历了中新元古代和喜马拉雅两期变质作用，喜马拉雅晚期出现退变质作用，该带以向南推覆的低角度逆掩断层发育为特征，形成规模巨大的推覆构造。由于受客观条件限制，本区研究程度低，区内断裂发育情况及面理置换方式等均不详。现根据区域地质资料和卫片解译结果，将卡瑞倒转背斜简述如下。

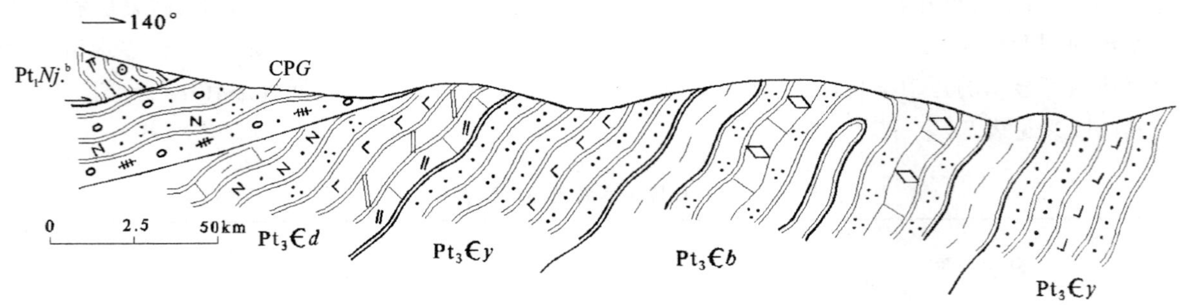

图5-23　低喜马拉雅褶冲带构造剖面图

卡瑞背斜(3)：轴向北东—南西向，轴迹较平直，南西端延伸出图，北东端被稠贴—丽达断裂(MCT)所截，轴长大于31km。核部地层为波木多组，两翼由英肯组、达里组及冈瓦纳群组成。背斜南翼倒转，轴面北倾，为一倒转背斜。

第四节　新构造运动

测区自古新世—渐新世碰撞造山，并随着印度陆块在喜马拉雅南麓—西瓦里克发生陆内俯冲，使喜马拉雅山脉急剧隆升，在本区表现为上新世末以来多次抬升所形成的各级夷平面和活动断裂，地震，水热活动，以及冰川、冰斗、角峰、刃脊地貌和深切河谷、河流阶地等。

一、地貌

测区地处喜马拉雅山脉东段，为高山峡谷地貌，平均海拔3000m以上，最高山峰海拔6179m，最低河谷海拔仅200m，最大高差达5979m。主山脉走向以北东向为主，次级山脉走向有北东、北西和近东西向。主山脉走向与区内主干构造线展布相吻合，现今地貌形态与第四纪继承性构造运动密切相关，是更新世以来喜马拉雅山脉急剧抬升、河流急剧下切的产物。

二、夷平面

(1) 一级夷平面(山顶面)：分布于喜马拉雅山脉的拉多东、柯马干布、龚章日、马及墩东一带，海拔5710～6179m。呈截顶的平台状，多被古冰帽和现代冰川所占据，受强烈的冰蚀作用，在该夷平面形成测区海拔最高的剥蚀(冰蚀)堆积体。该夷平面可能形成于中新世末—上新世初。

(2) 二级夷平面：主要分布于一级夷平面外围及洞村北、本布拉、金牙日及木比丁以南一带，海拔4700～5582m。形成平台状、浑圆状山顶，是区内主要分水岭。主要形成于上新世末。

(3) 三级夷平面(主夷平面)：主要分布于一、二组夷平面外围及测区中南部，海拔3000～3600m。地貌上常形成开阔的平台，是区内主要的居民居住地和耕作平台。

综上所述，测区在喜马拉雅期曾经历了3次大幅度的间歇性整体性隆升，每次整体快速隆升后，在相对宁静期则以遭剥蚀和切削夷平作用为主，其中以三级主夷平面切削夷平作用最为强烈，遭剥蚀期也相对较长，夷平面保留面积亦相对较大。

三、河流阶地

区内水系发育，雅鲁藏布一级水系流经图幅北缘，西巴霞曲、锡约姆河等二级水系横贯测区中、东部，其主要支流为三、四级水系。一、二级水系河谷呈U形—宽谷状，常发育有两岸对称或不对称的Ⅰ—Ⅱ级河流阶地和少量Ⅰ—Ⅳ级侵蚀阶地、基座阶地。三、四级水系常呈V形—U形，局部形成Ⅲ—Ⅳ级阶地。

(1) Ⅰ级阶地：沿雅鲁藏布江河谷发育，区内见于达浪、扎西淌、卒金多等地，阶地海拔3066m。阶地由全新统河流冲积物堆积而成，堆积厚15～35m，为内叠阶地。

(2) Ⅱ级阶地：常与Ⅰ级阶地相伴，在雅鲁藏布江河谷两岸较常见，区内仅在达浪附近发育，海拔高3042m。由河流冲积、洪冲积构成，堆积厚约18m。根据卫片影像反映，在西巴霞曲下游、锡约姆河达东一带河谷两岸均发育有Ⅰ—Ⅱ级阶地，其影像特征为明显的台坎地貌和带状浅色调。

(3) Ⅲ级阶地：主要沿三、四级水系侧岸发育，常以内叠式与Ⅳ级阶地相伴分布，部分为侵蚀阶地。

在普曲、金东曲、龙则、纳伊普曲等地较为发育,阶地海拔 3200~3500m,显示上游高、下游低的特点。由更新世冲积构成,厚 5~30m。

(4) Ⅵ级阶地:多为侵蚀阶地或基座阶地,保留较差,零星分布于白露、拉多和金东等地。阶地堆积物以冲积为主,厚 1~10m。

上述表明,测区自更新世以来曾经历了 4 次隆升和相对宁静期,其中Ⅰ、Ⅱ级阶地形成后间歇期较长,剥夷强烈,阶地平台保留较好。

四、冰川活动

测区经历了早更新世、中更新世、全新世新冰期和现代冰期 4 次强烈的冰川活动,在喜马拉雅山脉主山脊及柯马干布、洛母化、拉底格列东等 5000m 以上的高海拔地区,发育有众多的冰蚀地貌和冰碛。沿喜马拉雅山脉主山脊,刃脊、角峰林立,雄伟壮观。冰窖散布于海拔 4500~5000m 的二级夷平面附近,在达瓜西热、龚章日等地,冰窖中围结了大量的冰雪。受强烈的冰川刨蚀作用,在洛母北、本布拉西分水岭两侧,形成冰川槽 U 形谷。冰碛则广泛分布于海拔 4500~5000m 的槽谷和冰斗、冰窖中,主要有冰川堆积、冰水冲积扇、冰川漂砾等。分布海拔由低至高分别代表早更新世冰期、中更新世冰期、新冰期的冰川堆积,现代冰期堆积主要分布于 5000m 以上的高海拔区,大部分为原地冰蚀堆积。

五、活动断裂及水热活动

上新世末以来,伴随着印度陆块在喜马拉雅南麓—西瓦里克发生的陆内俯冲,测区及周边地区老断裂复活或持续活动较强烈,区内的喜马拉雅山脉东段、东邻的南迦巴瓦地区的快速隆升均与活动断裂的断块造山作用有关。在北东向、东西向断裂带,频繁发生的滑坡、泥石流等地质灾害,也是活动断裂的主要表现形式之一。在各仓、曲莫等地有多处构造热(温)泉点分布。

六、地震活动

地震是现代地壳活动的直接证据和主要表现形式。据前人资料记载,本区历史上曾发生过 6 级以上地震 1 次,4.7~5.9 级地震 9 次,周边邻区地震活动也较频繁,为极不稳定区。

综上所述,新构造运动在测区表现强烈,其特点是以断裂的继承性活动,大面积整体间歇性掀斜抬升,断块造山、地震、水热活动为标志,具有继承性、新生性和节奏性,区内众多的冰川地貌和夷平面、河流阶地、深切河谷、温泉、地震等都是新构造运动的重要标志。

第五节 构造发展史

根据测区沉积作用、变质作用、岩浆活动和构造变形特征,结合地球物理资料和邻区地质资料的分析,本区地质构造演化可划分为泛非造壳期、克拉通化期、板内调整扩张期、洋壳消减闭合期、伸展隆升期 5 个变形期,据此建立了本区构造变形序列与其他地质事件的关系表(表 5-6)。

表 5-6 构造变形序列与其他地质事件关系表

<table>
<tr><th rowspan="2">时代</th><th colspan="6">构造事件及其特征</th><th rowspan="2">沉积建造</th><th rowspan="2">变质事件</th><th rowspan="2">岩浆事件</th><th rowspan="2">成矿作用</th></tr>
<tr><th>变形期</th><th>世代</th><th>体制</th><th>主要构造事件</th><th>主要构造类型</th><th>变形相</th></tr>
<tr><td>Q—N</td><td rowspan="3">伸展隆升期</td><td>D_8</td><td>隆升</td><td>断续抬升</td><td>切穿性断裂系列，Ⅱ级阶地、深切河谷发育</td><td>脆性破裂变形相</td><td>第四系冰碛</td><td></td><td></td><td>砂矿、泥炭</td></tr>
<tr><td rowspan="2">N_1—E_3</td><td>D_7</td><td>走滑</td><td>挤压抬升，左行走滑</td><td>切穿性脆韧性断裂</td><td>脆韧性剪切变形相</td><td></td><td>动力变质、热接触变质</td><td rowspan="2">浅色花岗岩、伟晶岩</td><td>地热资源</td></tr>
<tr><td>D_6</td><td>伸</td><td>藏南折离系（STDS）伸展拆离事件</td><td>STDS伸展拆离，也拉香波倾日伸展构造，顺层掩卧褶皱系列，韧性剪切糜棱岩系列</td><td>韧性剪切变形相</td><td></td><td>区域低温动力变质</td><td>伟晶岩型白云母、水晶、绿柱石</td></tr>
<tr><td>E_1—K_2</td><td>碰撞期</td><td>D_5</td><td>缩</td><td>雅鲁藏布江洋盆封闭</td><td>雅鲁藏布江构造混杂带形成</td><td>韧性剪切纵弯褶皱变形相</td><td>弧前盆地复理石建造岛弧火山-沉积建造</td><td>区域动力热流变质、高温接触变质</td><td>S型、I型花岗岩侵入及中酸性火山喷发</td><td>岩浆弧Pb、Zn、Ag、Cu、Fe、Au成矿作用</td></tr>
<tr><td>K_1—T</td><td>洋盆扩张消减期</td><td rowspan="2">D_4</td><td rowspan="2">伸</td><td>雅鲁藏布江洋盆扩张、板内拉张及特提斯边缘海盆形成</td><td>远洋放射虫硅质岩、大洋拉斑玄武岩、超基性岩、蛇绿岩套形成。初期裂谷扩张，高钾、高钛火山岩喷发</td><td>弹—塑性变形相</td><td>远洋复理石、大洋拉斑玄武岩建造</td><td>高压变质和埋深变质作用</td><td>大陆裂谷火山岩、超基性岩、基性岩及大洋拉斑玄武岩</td><td>铬铁矿</td></tr>
<tr><td>P—O</td><td>板内稳定沉隆期</td><td>边缘浅海盆地形成</td><td>$Pt_3 \in R$. 与下伏 $Pt_1 Nj$. 结晶基底间剥离断裂形成，$Pt_3 \in R$. 发育褶叠层、顺层韧性伸展断裂。区域上含化石的 O_1 与 $Pt_3 \in R$. 不整合</td><td>弹—塑性变形相</td><td>冰水沉积建造、滨浅海陆源碎屑建造</td><td>区域低温动力变质</td><td>板内玄武岩</td><td>外生成矿作用</td></tr>
</table>

续表 5-6

时代	构造事件及其特征						沉积建造	变质事件	岩浆事件	成矿作用
	变形期	世代	体制	主要构造事件	主要构造类型	变形相				
$Pt_3\in$	克拉通化期	D_3	缩	地壳缩短岩浆侵入、区域变质	$Pt_3\in$中发育纵向弯曲变形	弹-塑性变形相		高绿片岩相区域动力热流变质作用	$Pt_3\in$晚期同构造花岗岩侵入	变质成矿作用
		D_2	伸	前期顺层韧性剪切	$Pt_3\in$发育紧闭—开阔斜歪褶皱及顺层韧性剪切褶叠层，掩卧褶皱组合	变质顺层固态流变相	滨浅海陆源碎屑岩建造			
Pt_1	泛非造壳期	D_1	缩	基底固化	Sn置换先存面理S_0、S_1，形成片麻理、片理，与上覆间隐闭不整合	变质固态流变相	含基性火山-中酸性火山-碎屑岩夹碳酸盐岩建造	角闪岩相-麻粒岩相区域动力热流变质作用	基性—中酸性火山喷发、古老花岗岩侵入	

在上述变形期次的划分及与其他地质事件关系分析的基础上，依据板块构造理论将测区构造演化划分为：克拉通化、克拉通、洋盆形成—扩张、陆-陆碰撞和伸展隆升5个阶段，并围绕测区雅鲁藏布缝合带及其两侧地质，初步探讨本区的大地构造演化特点（图5-24）。

一、克拉通化阶段

为前震旦纪泛非造壳形变期基底形成阶段。古元古代南迦巴瓦岩群、亚堆扎拉岩组巨厚含基性火山、中酸性火山岩和富铝的泥质碎屑岩、碳酸盐岩沉积，经历了中元古末期达角闪岩相—麻粒岩相区域动力热流变质作用、强烈褶皱构造变形和Sn片麻理的形成，伴有古老花岗岩浆侵入，在挤压的机制下形成了冈瓦纳古陆的固化结晶基底。其后在新元古代之初，固化基底内部因构造差异，在构造薄弱地带发生差异升降，并产生近水平分层剪切运动，发育了韧性剪切糜棱岩、褶叠层、掩卧褶皱及横向面理置换等变质顺层固态流变构造，并在古陆边缘构造软弱带形成陆缘浅海盆地，沉积了新元古代—寒武纪肉切村岩群、曲德贡岩组浅海陆源碎屑岩、陆缘岛弧火山岩及台地相碳酸盐岩沉积。寒武纪末发生地壳收缩变形，伴有同构造S型花岗岩浆侵入和达高绿片岩相区域动力热流变质作用，形成了泛非末期冈瓦纳陆缘增生基底，从而使冈瓦纳古陆进入稳定的克拉通阶段（图5-24A）。

二、克拉通阶段

冈瓦纳古陆经泛非末期褶皱和同构造岩浆侵入而回返并进入克拉通阶段。在奥陶纪时古陆北缘发生拉伸转化为陆缘克拉通陆表海，沉积了奥陶纪—泥盆纪的稳定型浅海台地相碳酸盐岩建造，石炭纪、二叠纪浅海陆棚相冰筏碎屑岩及碳酸盐岩沉积（图5-24B）。

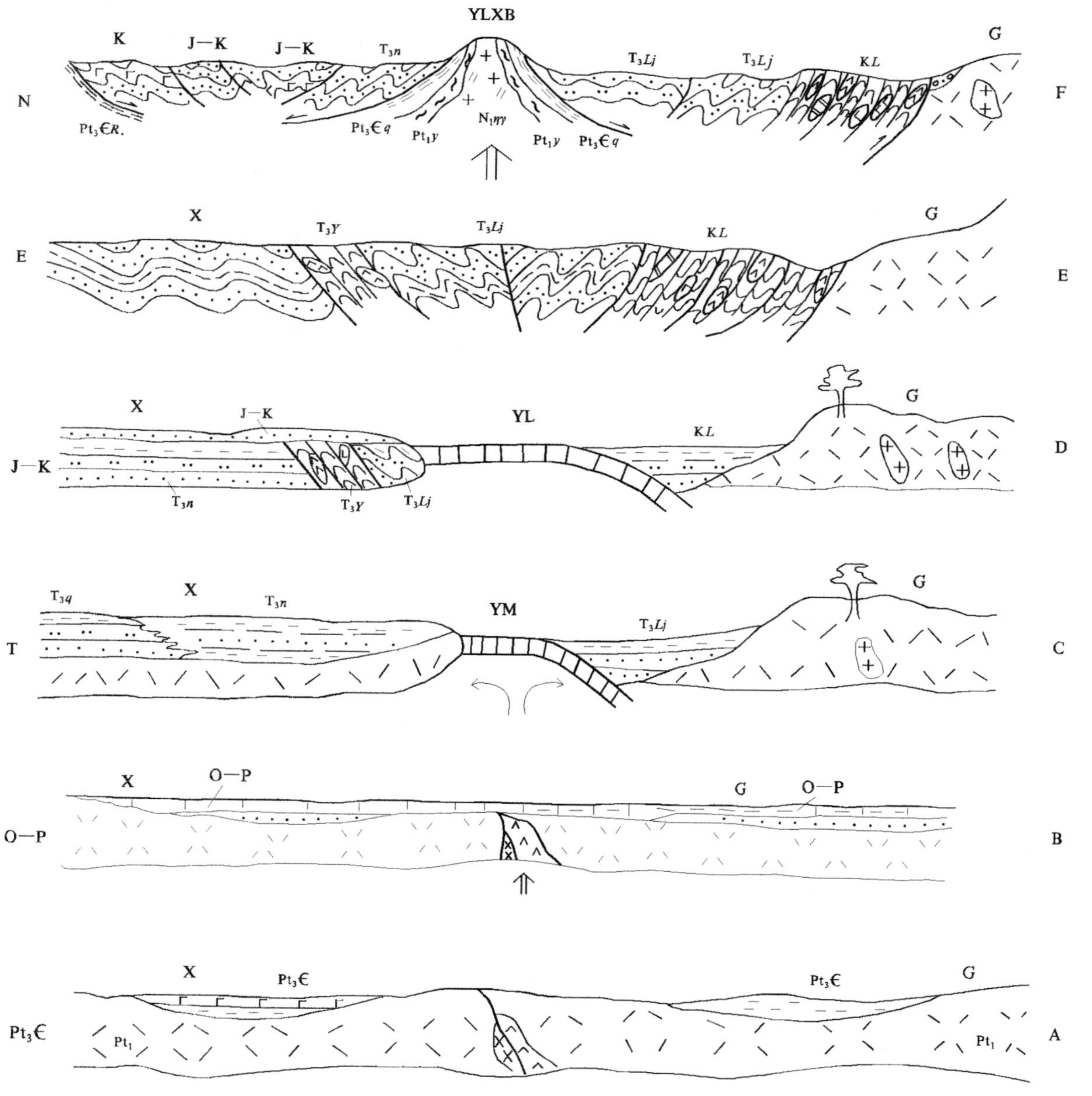

图 5-24　扎日—隆子及邻区板块构造演化示意图

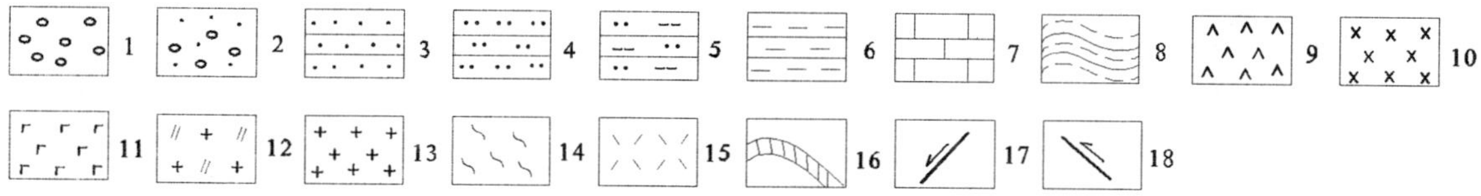

1. 山前磨拉石堆积；2. 河湖相砂砾岩；3. 砂岩；4. 粉砂岩；5. 粉砂质泥岩；6. 泥岩；7. 灰岩；8. 片岩；9. 超基性岩；10. 基性岩；11. 玄武岩；12. 二长花岗岩；13. 花岗岩；14. 片麻岩；15. 陆壳；16. 洋壳；17. 正断层；18. 逆断层；X. 喜马拉雅陆块；G. 冈底斯陆块；YM. 玉门裂谷；YL. 雅鲁藏布江洋盆；YLXB. 也拉杰波倾日核杂岩；T_3Y. 玉门构造混杂岩；T_3Lj. 朗杰学群；KL. 朗县构造混杂岩

三、雅鲁藏布江洋盆形成—扩张阶段

三叠纪时，古陆北缘陆表海进一步拉张，在玉门带强烈坳陷，开始出现裂谷型高钾、高钛玄武岩喷发，晚三叠世中晚期发展成初始洋盆，发育了低钾、中钛枕状大洋拉斑玄武岩和远洋硅泥质复理石沉积。

此时雅鲁藏布江洋盆开始形成，在玉门初始洋盆南侧被动大陆边缘盆地沉积了厚达 5130m 以上的涅如组浅海－半深海复理石建造，在其南部则渐变为稳定型含丰富化石的曲隆共巴组浅海陆源碎屑建造，玉门初始洋盆之北为冈底斯弧，在两者之间冈底斯弧前盆地发育了郎杰学群巨厚活动型半深海－深海相复理石建造(图 5-24C)。

侏罗纪时雅鲁藏布江洋盆在玉门初始洋盆的基础上，向北进一步发展扩张，发育具洋壳特征的变形橄榄岩、堆晶辉长岩和侏罗纪、白垩纪枕状大洋拉斑玄武岩、远洋含放射虫硅质岩的蛇绿岩套，并在其北与冈底斯弧间发育了白垩纪弧前盆地巨厚的深海—半深海—三角洲相复理建造。在洋盆南侧侏罗纪、白垩纪被动大陆盆地沉积了早侏罗世浅海台地相碳酸盐岩建造、中晚侏罗世浅海陆源碎屑建造、白垩纪双峰式裂谷火山岩及陆源碎屑岩建造，总厚达 10 454m 以上，并向南部边缘显著减薄，厚度仅为 3236m (图 5-24D)。

四、喜马拉雅陆块与冈底斯陆块碰撞阶段

雅鲁藏布江洋盆自三叠纪开始形成并扩张，至少在侏罗纪洋盆扩张的同时，就开始向北俯冲消减，在冈底斯活动大陆边缘形成了冈底斯岛弧，并发育了中晚侏罗世叶巴组岛弧火山碎屑岩建造和早白垩世同熔型闪长岩、花岗闪长岩浆侵入，以及与之有关的斑岩型 Cu、Mo、Au 的成矿作用(1∶25 万林芝县幅，2003)。

雅鲁藏布江洋盆从侏罗纪以来不断俯冲消减至晚白垩世时洋盆逐渐封闭，白垩纪末—古近纪时喜马拉雅陆块与冈底斯陆块发生碰撞，在北部的冈底斯弧和南部被动大陆边缘间形成规模宏大的雅鲁藏布江结合带。

在北部冈底斯岛弧带上发生了大规模的 K－E 同构造 S 型花岗岩浆侵入和与之有关的 W、Sn、Be 等成矿作用。

雅鲁藏布江结合带则形成了构造极其复杂的玉门蛇绿混杂岩、三叠纪郎杰学群弧前盆地楔形增生体、罗布莎蛇绿混杂岩和朗县白垩纪弧前盆地构造混杂楔形增生体。随着古新世—渐新世急剧造山，在冈底斯南麓前陆盆地中沉积了巨厚的磨拉石建造，不整合覆于弧前盆地沉积之上，从而奠定了本区构造之雏型(图 5-24E)。

五、青藏高原伸展隆升阶段

随着印度板块持续不断地向北与亚洲大陆汇聚，西瓦里克陆内俯冲带急剧下插，使喜马拉雅陆块强烈向南逆冲而隆升，高原地壳发生急剧缩短而成为宏大青藏高原的一部分。与此同时，在青藏高原南部南迦巴瓦构造结外围发生顺时针旋扭和上部构造层次的伸展滑脱构造，以及相伴的壳源浅色花岗岩浆沿隆升薄弱地带侵入，并形成了著名的藏南拆离系和拉轨岗日、康马、隆子一带的核杂岩(图 5-24F)。

第六章　结　束　语

1∶25 万扎日区幅区域地质调查，系中国地质调查局新一轮国土资源大调查为填补青藏高原空白区，提高西藏自治区地质研究程度，加速西藏自治区的经济开发，为国民经济建设和科研、生产、教学提供基础地质资料，而下达的区域地质调查重点项目之一。

本报告以丰富的实际资料为依据，在学习并充分运用前人资料与成果的基础上，以新理论、新观点、新技术、新方法为指导，在极其艰难的情况下，经过工作者艰苦努力，在调查区地层、岩石、构造和矿产、旅游等基础地质方面均取得了一些突破性的进展，为西藏东南部地区喜马拉雅构造带和雅鲁藏布江构造带的地学研究、找矿、旅游资源开发、环境保护，以及地方经济发展提供了较为丰富的基础地质资料。经过四年的艰苦工作，取得如下主要成果。

（一）地层方面

（1）运用现代多重地层划分理论，查明了工作区的地层分布，初步建立了全区的地层系统。以岩石地层、生物地层及变形-变质特征为基础，将测区划分为 5 个地层分区、5 个（岩）群、6 个（岩）组和 2 个蛇绿混杂岩单位。其中新建晚三叠世章村组和玉门混杂岩，还填绘了 16 个具有特殊成因、标志、成分等非正式岩石地层单位，并在地质图上予以表示。

（2）依据在隆子县夏格勒桥南迦巴瓦岩群中获 Rb－Sr 等时年龄 625Ma，隆子县绕让肉切村岩群中获 $^{40}Ar-^{39}Ar$ 同位素等时线年龄 921.17±1.32Ma，结合邻区同位素年龄资料，从而确定调查区元古代结晶基底的存在。

（3）在郎杰学群章村组中采获了大量双壳类、牙形石等古生物化石，并发现了植物化石：*Clathropteris* sp.，*Taeniopteris leclerei* Zeill，*Equisertites* sp.，为确定地层的时代、研究地史发展提供了极好的资料。

（4）在蛇绿岩调查研究中取得重大进展：①新发现玉门蛇绿混杂岩，由晚三叠世复理石基质、玄武岩岩片、辉橄岩岩片、闪长岩岩片和少量硅质岩等组成；在基质部分采获双壳类：*Halobia subyunnanensis*，*Posidonia* cf. *wengenensis*，时代为晚三叠世。②朗县蛇绿混杂岩带范围有所扩大，其南界向南推至登木—白露一带。其物质组成甚为复杂，其中新发现元古代石榴蓝晶石片麻岩、片岩构造块体，为研究本区蛇绿混杂岩带地质特征及其构造演化提供了新信息。

（5）利用 Bhatia 、Maynard 、Dickinson 等有关理论，对区内碎屑岩进行了岩石化学及地球化学分析，特别是对郎杰学群进行了详细研究，认为郎杰学群为冈底斯活动大陆边缘的斜坡-盆地沉积，为活动大陆边缘构造环境。由郎杰学群砂岩岩石薄片石英的阴极发光可知，其物源主要是棕色变质成因岩石，其次为浅紫蓝色、绿色的火山或深成岩母岩，显示了物源区的构造背景主体是再旋回造山带，并伴有岩浆和火山作用，物质来源于北部冈底斯。

（二）火山岩方面

（1）初步查明了火山岩的分布，火山活动时期有新元古代至寒武纪、三叠纪、白垩纪等时期，对其岩性、岩相、喷发旋回进行了划分。基本查明了火山岩的时空分布规律及形成的大地构造环境。

（2）朗县混杂岩带火山岩主要为基性火山熔岩，详细研究了岩石学、岩石化学及地球化学特征，显示了深海拉斑玄武岩特征，其形成的构造环境为扩张的洋脊或边缘海。

(3) 详细研究了玉门混杂岩带火山岩岩石学、岩石化学及地球化学特征，其特征为板内碱性玄武岩与洋中脊玄武岩之间，玉门混杂岩形成于晚三叠世，为晚三叠世时的雅鲁藏布江洋盆的一部分，并具有早期裂谷至初始洋盆特征。

(4) 在章村组中首次发现了大量中基性、基性火山岩，详细研究了岩石学、岩石化学及地球化学特征，其特征为板内碱性玄武岩与洋中脊拉斑玄武岩、岛弧安山玄武岩均有，为研究郎杰学群盆地的发展及构造环境、为弧前盆地提供了更为可靠的证据。

(三) 侵入岩方面

(1) 对全区的侵入岩进行了系统、全面的调查，已划分出三叠纪、始新世、中新世 3 个侵入时期。对其物质组成、时空分布、岩石学、岩石化学、地球化学等资料作了较系统的收集。

(2) 对冈底斯岩浆弧花岗岩进行了岩石学、岩石化学及地球化学分析，划分为早白垩世同熔型花岗岩、晚白垩世同构造 S 型花岗岩组合，为冈底斯岩浆弧的构造演化及成矿专属性研究充实了更丰富的岩浆活动的基础资料。

(3) 对喜马拉雅陆块花岗岩进行了岩石学、岩石化学及地球化学分析，确定为同碰撞和碰撞后花岗岩。

(四) 变质岩方面

(1) 运用变质岩石学的新理论，搜集了较多的宏观变形特征资料，并系统采集了各类样品，对变质岩石学、岩石化学、矿物学、变质相、变质相系进行了较深入的系统研究，并划分了 5 个变质岩带、变质岩亚带及 2 个韧性剪切糜棱岩带。

(2) 在金东一莫落一带发现了高压多硅白云母，确定了雅鲁藏布江结合带高压变质带在区内的存在，为研究雅鲁藏布江结合带的构造演化补充了新的地质资料。

(3) 在雅鲁藏布江分区南侧玉门混杂带中首次发现了埋深变质的葡萄石-沸石相低温高压变质带，使雅鲁藏布江高压变质带更加完整，为研究该区的大地构造演化提供了丰富的地质资料。

(4) 查明了高喜马拉雅变质带在区内的展布情况，详细研究了其岩石学、岩石化学及地球化学特征。

(五) 遥感地质解译方面

应用中国地质调查局提供的遥感影像资料和数据光盘进行遥感地质解译。通过地质路线和矿产调查，发现区内线形影像与区域构造格局基本一致。对测区遥感卫星影像进行了地质解译，将调查区遥感影像划分为 6 个地层、岩石区和 4 组 16 条主要线性构造及 15 个环形构造，并简述了各类地质体的解译标志、线性、环形影像和地层、岩石特征及其地质意义，为提高图幅质量均起到十分重要的保证作用。

(六) 地质构造方面

(1) 调查区地跨冈底斯陆块、雅鲁藏布江结合带、喜马拉雅陆块东部南迦巴瓦构造结的西侧，为一强烈挤压、碰撞、旋扭走滑、急剧伸展隆升及地质构造极其复杂的造山带。通过区域地质调查，系统搜集了较为丰富的地质构造方面的资料，基本查明了调查区褶皱、断层、韧性剪切带的展布、规模、形态、产状和性质，以及区域地质构造特征，由北向南构造变形强度逐渐减弱。这为今后的地质研究和资源评价提供了丰富的地质资料。

(2) 本节运用板块构造理论、构造变形分析法和历史构造分析法，通过对测区沉积建造、岩浆活动、变质作用、构造变形相、构造变形相序列、地球物理、构造变形期次、构造事件和大地构造环境的综合分析，将测区划分为5个二级构造单元、7个三级构造单元；依据M. Mattauer构造相理论，划分为4个构造相；并从时空两个方面探讨了区域地质构造演化历史。

(3) 重视了区内伸展断裂和区内南北向脆性断裂的研究，查明了藏南拆离系在区内的展布情况，详细研究了其运动学特征。

(七) 区域矿产与旅游资源、灾害地质方面

(1) 在前人工作的基础上，全区共发现金、铜、铬、铁、铅、镍、水晶矿、硬玉、软玉、石榴石、大理岩、高铝矿物(蓝晶石、红柱石、夕线石)、玛瑙、硫磺、温(热)泉、砂砾建筑原材料等矿产地26处，其中20处为新发现。

(2) 通过区域地质矿产调查，基本查明了区内矿产种类及其分布地域，较客观地总结了区内矿产分布规律，初步将调查区划分出4个成矿带。其中，冈底斯岩浆弧成矿带秀村斑岩型铜矿，雅鲁藏布江结合带的铬铁矿、玉石、Ni、Co和黑色岩系中韧性剪切带构造蚀变型金矿具有巨大的潜在经济价值。

(3) 通过调查，首次将本区旅游资源划分为雅鲁藏布江流域风景名胜区和喜马拉雅风景名胜区，并对区内旅游资源进行了划分。

(4) 对区内矿产资源和旅游资源的开发与利用提出了建设性意见，并对环境地质和灾害地质进行了初步研究。

(八) 地质图方面

1∶25万扎日区幅地质图采用计算机数字化地质图工作流程和技术要求编制。并突出了调查区各地层分区的岩石地层单位说明，对重要的地质要素进行了夸大表示，特别对朗县混杂岩和玉门混杂岩进行了详细表示。

由于学习运用新理论、新方法不够，工作地又为新区，业务水平有限，因此，报告中的缺点和谬误在所难免，敬请批评指正。

主要参考文献

陈兆棉. 区域地质填图中的旅游资源调查评价[J]. 中国区域地质,1995(3):212－219.

陈安泽,卢云亭,陈兆棉,等. 旅游地学的理论与实践——旅游地学论文集第三集[M]. 北京:地质出版社,1997.

程力军,李志,刘鸿飞,等. 冈底斯东段铜多金属成矿带的基本特征[J]. 西藏地质,2001(19):43－53.

陈克强,汤加富. 构造地层单位研究[M]. 武汉:中国地质大学出版社,1995.

地质矿产部直属单位管理局. 沉积岩区、花岗岩类区、变质岩区 1:5万区域地质填图方法指南(3 册)[M]. 武汉:中国地质大学出版社,1991.

丁林,钟大赉. 西藏南迦巴瓦峰地区高压麻粒岩相变质作用特征及其构造地质意义[J]. 中国科学(D)辑,1999,29(5):385－397.

杜光伟,程力军,赵咸明. 西藏冈底斯东段地球化学特征及其找矿意义[J]. 西藏地质,2001(19):73－79.

冯庆来,叶玫. 造山带区域地层学研究的理论方法与实例剖析[M]. 武汉:中国地质大学出版社,2000.

贺同兴,等. 变质岩岩石学[M]. 北京:地质出版社,1980.

韩郁菁. 变质作用 P－T－t 轨迹[M]. 武汉:中国地质大学出版社,1993.

金性春. 板块构造学基础[M]. 上海:上海科学技术出版社,1984.

靳是琴,李鸿超,等. 成因矿物学概论[M]. 长春:吉林大学出版社,1984.

刘宝君,曾允孚. 岩相古地理基础和工作方法[M]. 北京:地质出版社,1985.

李昌年. 火成岩微量元素岩石学[M]. 武汉:中国地质大学出版社,1992.

潘桂棠,陈智梁,李兴振,等. 东特提斯地质构造形成演化[M]. 北京:地质出版社,1997.

潘桂棠,李兴振,王立全,等. 青藏高原及邻区大地构造单元初步划分[J]. 地质通报,2002,21(11):701－707.

邱家骧. 应用岩浆岩岩石学[M]. 武汉:中国地质大学出版社,1991.

孙忠军,任天祥,向运川. 西藏冈底斯东段成矿系列区域地球化学预测[J]. 中国地质,2003,30(1):105－113.

单文琅,宋鸿林,傅昭仁,等. 构造变形分析的理论、方法和实践[M]. 武汉:中国地质大学出版社,1991.

王仁民,贺高品,等. 变质岩原岩图解判别法[M]. 北京:地质出版社,1987.

徐朝雷. 中浅变质岩区填图方法[M]. 太原:山西科学教育出版社,1990.

西藏自治区测绘局. 西藏自治区地图册[M]. 北京:中国地图出版社,2000.

西藏自治区地质矿产局综合普查大队. 1:100 万拉萨幅区域地质调查报告(地质部分、矿产部分)[M]. 北京:地质出版社,1979.

西藏自治区地质矿产局,西藏自治区区域地质志[M]. 北京:地质出版社,1993.

夏代祥,刘世坤. 西藏自治区岩石地层[M]. 武汉:中国地质大学出版社,1997.

西藏风物志编委会. 西藏风物志[M]. 拉萨:西藏人民出版社,1985.

《1:25 万区域地质调查试点图幅和填图方法研究》项目办公室. 1:25 万区域地质调查填图方法研究项目中期成果专辑[J]. 中国区域地质增刊,1998.

中国科学院青藏高原综合科学考察队. 西藏地层[M]. 北京:科学出版社,1984.

赵振华. 微量元素地球化学原理[M]. 北京:科学出版社,1997.

赵振华,等. 西藏南部聂拉木—岗巴地区奥陶纪—老第三纪沉积地层稀土元素地球化学[J]. 地球化学,1985(2):123－133.

中国科学院青藏高原综合科学考察队. 西藏第四纪地质[M]. 北京:科学出版社,1983.

张德全,孙贵英. 中国东部花岗岩[M]. 武汉:中国地质大学出版社,1988.

中国科学院青藏高原综合科学考察队. 西藏岩浆活动和变质作用[M]. 北京:科学出版社,1981.

张旗,周国庆. 中国蛇绿岩[M]. 北京:科学出版社,2001.

张儒瑗,从柏林. 矿物温度计和矿物压力计[M]. 北京:地质出版社,1983.

周详,等.西藏板块构造—建造图及说明书(1:150 万)[M].北京:地质出版社,1989.

钟大赉,等.滇川西部古特提斯造山带[M].北京:科学出版社,1998.

陈安泽,卢云亭,陈兆棉.国家地质公园建设与旅游资源开发——旅游地学论文集第八集[M].北京:中国林业出版社,2002.

郑延力,樊素兰.非金属矿产开发应用指南[M].西安:陕西科学技术出版社,1992.

中国地质科学院成都地质矿产研究所.1:150 万青藏高原及邻区地质图[M].北京:地质出版社,1988.

中国地质调查局成都地质矿产研究所.青藏高原及邻区 1:150 万地质图说明书[M].成都:成都地图出版社,2004.

图版说明及图版

图版Ⅰ

1. 米林县喜马拉雅山则单嘎冰湖及U形谷地貌(海拔4600m)
2. 米林县岗嘎大桥雅鲁藏布江中小型海岛多嘎猜沙洲(海拔2951m),远处南迦巴瓦雪峰
3. 雅鲁藏布江上的吊桥
4. 雅鲁藏布江边米林县甲帮村藏族民居
5. 喜马拉雅山上的高山花卉
6. 喜马拉雅山上的原始森林
7. 雅鲁藏布江边风成沙丘链
8. 国土资源部副部长、中国地质调查局局长寿嘉华等领导到野外第一线慰问

图版Ⅱ

1. 米林县绣彩牧场南迦巴瓦岩群($Pt_1 Nj.$)石榴石片麻岩
2. 米林县巴嘎村剖面南迦巴瓦岩群($Pt_1 Nj.$)石榴石片麻岩
3. 米林县雪嘎村剖面南迦巴瓦岩群($Pt_1 Nj.$)糜棱岩化片麻岩中麻粒岩残留体
4. 隆子县夏格勒桥剖面南迦巴瓦岩群($Pt_1 Nj.$)眼球状片麻岩(长石形成眼球)
5. 米林县雪嘎村剖面南迦巴瓦岩群($Pt_1 Nj.$)长英质糜棱岩中长石形成的"σ"碎斑
6. 米林县东拉南迦巴瓦岩群($Pt_1 Nj.$)长英质糜棱岩中长石形成的"σ"碎斑
7. 米林县东拉南迦巴瓦岩群($Pt_1 Nj.$)长英质糜棱岩中长石形成的"σ"碎斑
8. 隆子县绕让剖面肉切村岩群($Pt_3 \in R.$)角闪片岩(褶叠层指示向北滑脱)

图版Ⅲ

1. 章村南章村组($T_3\hat{z}$)复理石沉积
2. 登木南章村组($T_3\hat{z}$)复理石沉积
3. 章村南章村组($T_3\hat{z}$)砂板岩中玄武岩夹层
4. 章村南章村组($T_3\hat{z}$)遗迹化石
5. 章村南章村组($T_3\hat{z}$)复理石中生物觅食迹
6. 章村南章村组($T_3\hat{z}$)复理石中沟模构造
7. 拉多剖面章村组($T_3\hat{z}$)岩屑长石石英砂岩变余砂状结构、块状构造,正交×63
8. 拉多剖面章村组($T_3\hat{z}$)含岩屑石英杂砂岩变余砂状结构、块状构造,正交×40

图版Ⅳ

1. 拉多剖面章村组($T_3\hat{z}$)粉砂质绢云板岩,鳞片变晶结构,正交×160
2. 拉多剖面章村组($T_3\hat{z}$)千枚岩,鳞片变晶结构、千枚状构造,正交×63
3. 玉门混杂岩(T_3Y)中超基性岩、玄武岩、硅质岩块体
4. 玉门乡玉门混杂岩(T_3Y)中硅质岩
5. 玉门剖面玉门混杂岩(T_3Y)含粘土质硅质岩,隐晶质结构、层状构造,正交×160
6. 玉门剖面玉门混杂岩(T_3Y)含粘土质硅质岩,含微生物(骨粒)隐晶质结构、层状构造,正交×63
7. 玉门剖面玉门混杂岩(T_3Y)长石岩屑石英砂岩,细粒砂质结构、平行构造,正交×63
8. 玉门剖面玉门混杂岩(T_3Y)粉砂岩,砂状结构、孔隙式胶结,正交×63

图版Ⅴ

1. 玉门剖面玉门混杂岩（T_3Y）岩屑石英砂岩，砂状结构、接触-孔隙式胶结，正交×63
2. 卡拉剖面玉门混杂岩（T_3Y），*Monotis tenuicostata* Kittl（细脊髻蛤）
3. 达拉剖面涅如组（T_3n）变余细粒岩屑砂岩，变余细粒结构、层状构造，正交×63
4. 达拉剖面涅如组（T_3n）绢云粉砂质板岩，板状构造，正交×63
5. 达拉剖面涅如组（T_3n）粉砂质板岩，变余砂状结构、层状构造，正交×63
6. 俗坡下北涅如组（T_3n），*Monotis salinaria* Bronn（沙林髻蛤）
7. 卡拉剖面涅如组（T_3n），*Monotis salinaria* Bronn（沙林髻蛤）
8. 娘中剖面曲龙共巴组（T_3q），*Pichleria incrassata* J. Chen（增高匹斯蛤）

图版Ⅵ

1. 娘中剖面曲龙共巴组（T_3q），*Halorella janchuanensis*（剑川海燕贝）
2. 拉多剖面朗县混杂带（*KL*）糜棱岩化硬绿泥石石英片岩，变晶结构、半定向构造，正交×40
3. 拉多剖面朗县混杂岩（*KL*）含硬绿泥石绢云千糜岩，鳞片变晶结构、千糜状构造，正交×63
4. 拉多剖面朗县混杂岩（*KL*）变质长石石英细砂岩，细粒砂状结构、半定向构造，正交×63
5. 拉多剖面朗县混杂带（*KL*）钠长绿泥片岩，变晶结构、半定向构造，正交×63
6. 拉多剖面朗县混杂带（*KL*）绢云千糜岩，鳞片变晶结构、千糜状构造，正交×63
7. 拉多剖面朗县混杂带（*KL*）斜长变粒岩，变晶结构、块状构造，正交×63
8. 朗县朗村公路板岩中孢粉：二连粉未定种 *Erlianpollis* sp.（K_1）×700

图版Ⅶ

1. 朗县朗村公路板岩中孢粉：短单沟粉未定种 *Brevimonosulcites* sp.（K_1）×700
2. 朗县朗村公路板岩中孢粉：二连粉未定种 *Erlianpollis* sp.（K_1）×700
3. 朗县朗村公路板岩中孢粉：三孔粉属未定种 *Triporopollenites* sp.（K_1）×700
4. 朗县朗村公路板岩中孢粉：短单沟粉未定种 *Brevimonosulcites* sp.（K_1）×700
5. 朗县朗村公路板岩中孢粉：二连粉未定种 *Erlianpollis* sp.（K_1）×700
6. 朗县朗村公路板岩中孢粉：拟云杉粉未定种 *Picerites* sp.（K_1）×700
7. 朗县朗村公路板岩中孢粉：雪松粉未定种 *Cedripites* sp.（K_1）×700
8. 朗县朗村公路板岩中孢粉：双束粉未定种 *Pinuspollenites* sp.（K_1）×700

图版Ⅷ

1. 朗县朗村公路板岩中孢粉：大云杉粉 *Piceaepollenites gigantea* Wang（K_1）×700
2. 朗县朗村公路板岩中孢粉：伸长双束粉 *Pinuspollenites elongus* Norton（K_1）×700
3. 朗县朗村公路板岩中孢粉：宽大罗汉松粗比较种 *Podocarpidites* cf. *amplus* Zhao（K_1）×700
4. 朗县朗村公路板岩中孢粉：古松柏粉未定种 *Palaeoconiferus* sp.（K_1）×700
5. 朗县朗村公路板岩中孢粉：大型双束松粉 *Pinuspollenites* cf. *maximus* Potoie ×700
6. 米林县朗贡普曲上游湖积堆积（QP^l）海拔 3710～3800m 之河谷地貌景观
7. 米林县巴姆雄纳伊普曲湖积堆积（QP^l）海拔 3181～3185m 湿地地貌景观（背景为喜马拉雅山脉主山脊海拔3714m 之东拉垭口）
8. 朗县章村东南约 5km 水冲沟中第四纪化学堆积物（QP^l）钙壳层（海拔 4110m±）

图版Ⅸ

1. 朗县章村东南约 5km 水冲沟中第四纪化学堆积物（QP^l）钙质胶结层（海拔 4110m）
2. 朗县章村东南打拉错冰湖 195°方向海拔 4800m 坡积、残积物（Qh）
3. 朗县章村东南打拉错冰湖南海拔 4400～4800m 以上冰川 U 形谷、冰斗、角峰、刃脊地貌景观
4. 朗县秀村南麦龙贡普冰川 U 形谷、角峰、冰斗地貌景观
5. 朗县打渣东北 5210m 高地冰川 U 形谷、角峰、刃脊地貌景观
6. 朗县章村东南高山地带基岩遭受物理风化堆积岩屑坡地貌景观

7. 马及墩剖面玉门混杂岩(T_3Y)玄武岩,屑玻屑凝灰岩,晶屑-玻屑凝灰结构,正交×80
8. 玉门剖面玉门混杂岩(T_3Y)杏仁状玄武岩,基质粒间结构、杏仁状构造,正交×63

图版Ⅹ

1. 玉门剖面玉门混杂岩(T_3Y)枕状玄武岩
2. 杰堆南章村组($T_3\hat{z}$)变玄武岩,变余间隐(玄武)结构,单偏光×32
3. 拉多剖面章村组($T_3\hat{z}$)蚀变玄武岩,填间结构、杏仁状构造,正交×63
4. 玉门剖面玉门混杂带(T_3Y)杏仁状玄武岩,变余填间结构、杏仁状构造,正交×63
5. 卡拉剖面玉门混杂岩带(T_3Y)超基性岩,构造块体
6. 玉门剖面玉门混杂带(T_3Y)单辉橄榄岩,中粒结构、块状构造,正交×6
7. 玉门剖面玉门混杂带(T_3Y)单辉橄榄岩,中粒结构、块状构造,正交×40
8. 玉门剖面玉门混杂带(T_3Y)单辉橄榄岩,半自形粒状结构、块状构造,正交×40

图版Ⅺ

1. 玉门剖面玉门混杂岩(T_3Y)蛇纹石化辉橄岩,变余粒状结构,蛇纹石化橄榄石假象,正交×32
2. 玉门剖面玉门混杂岩(T_3Y)辉绿岩,辉绿结构、块状构造,正交×63
3. 秀村剖面朗县混杂岩(KL)滑石蛇纹石岩,鳞片变晶结构,正交×40
4. 秀村剖面朗县混杂岩(KL)滑石蛇纹石岩,鳞片变晶结构,正交×63
5. 朗县混杂岩(KL)秀村剖面,含菱镁矿蛇纹岩,叶片状变晶结构,正交×63
6. 库曲新近纪花岗岩($N_1\gamma$)与拉康组(K_1l)侵入接触关系
7. 库曲新近纪花岗岩($N_1\gamma m$)侵位于拉康组(K_1l) 中
8. 米林县留各浦变质辉绿岩,变余辉绿结构,普通辉石变晶显透辉石又依次出现文象交生角闪石斜长石石榴石环边,单偏光×61

图版Ⅻ

1. 朗县尼米达北透闪构造片岩,具碎斑基质固态流变,碎斑为透辉石蛇纹石化,基质为定向排列透闪石, 正交×24
2. 米林县帮宗普松布南迦巴瓦岩群(Pt_1Nj^{a}:)石榴角闪黑云二长花岗质变晶糜棱岩,变余流状纹理构造及石英矩形条带(反映了高温恢复结晶作用),正交×61
3. 米林县作许黑云角闪斜长片麻岩($Pt_1b.$),普通角闪石→阳起石→绿泥石绿帘石(退变质反应边) 单偏光×61
4. 米林县基浦含夕线蓝晶石榴黑云斜长质变晶糜棱岩,蓝晶石具夕线石反应边,示减压增温,单偏光×61
5. 朗县构造混杂岩带(KL)中的二叠纪灰岩构造块体
6. 朗县构造混杂岩带(KL)中的超镁铁岩构造块体
7. 拉多剖面朗县混杂带(KL)褶劈理
8. 玉门构造混杂岩带中发育的褶劈理

图版ⅩⅢ

1. 拉多剖面朗县混杂岩带(KL)褶劈理
2. 玉门构造混杂岩带(T_3Y)中发育的褶劈理
3. 朗贡断裂中的挤压透镜体
4. 朗贡断裂北盘中的牵引褶皱
5. 拉多剖面朗县混杂带(KL)钙质糜棱岩
6. 不嘎—则莫浪韧性剪切带中发育的剪切褶皱
7. 不嘎—则莫浪韧性剪切带中发育的“σ”碎斑
8. 不嘎—则莫浪韧性剪切带中的布丁构造

图版Ⅰ

1

2

3

4

5

6

7

8

图版Ⅱ

1

2

3

4

5

6

7

8

图版Ⅲ

1

2

3

4

5

6

7

8

图版Ⅳ

1

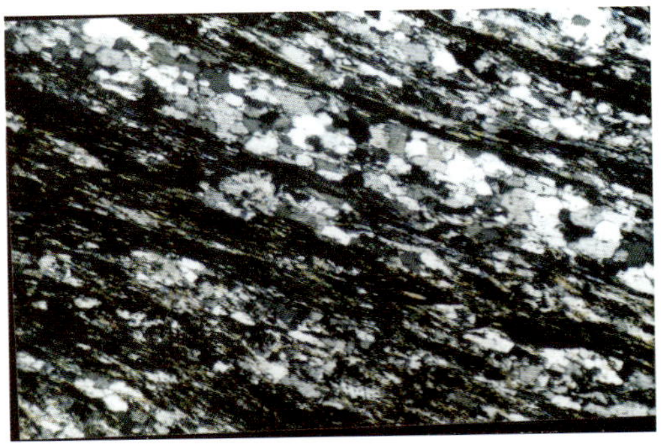

2

3

4

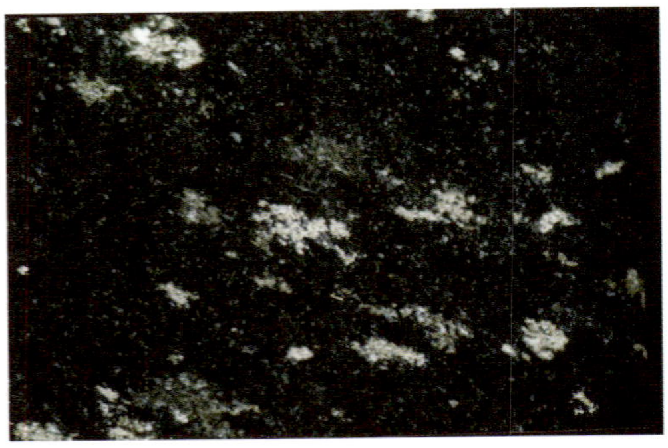

5

6

7

8

图版Ⅴ

1

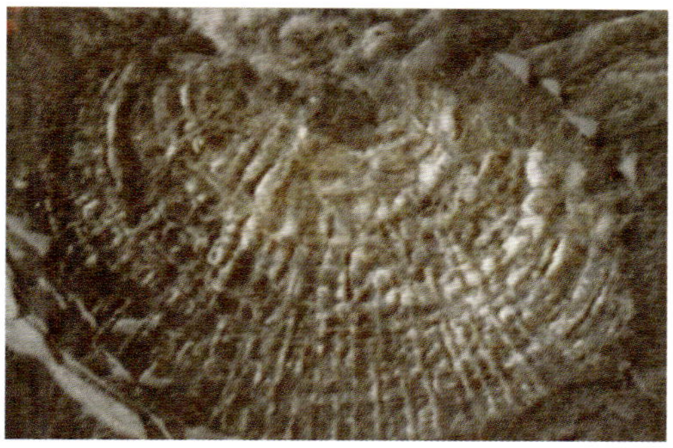

2

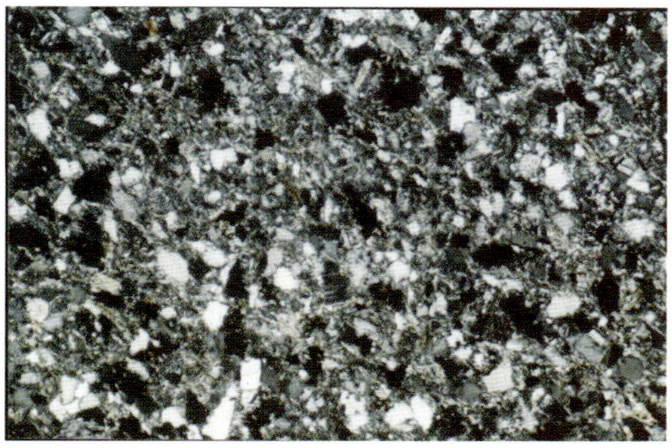

3

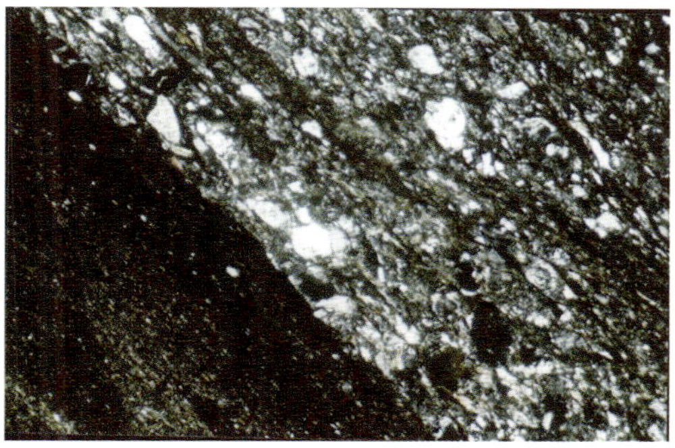

4

5

6

7

8

图版Ⅵ

1

2

3

4

5

6

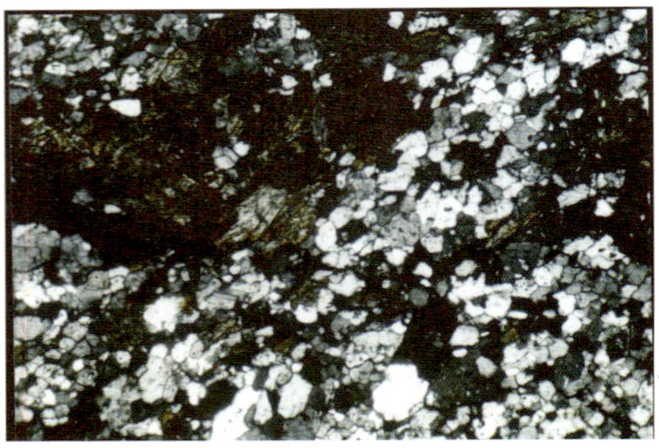

7

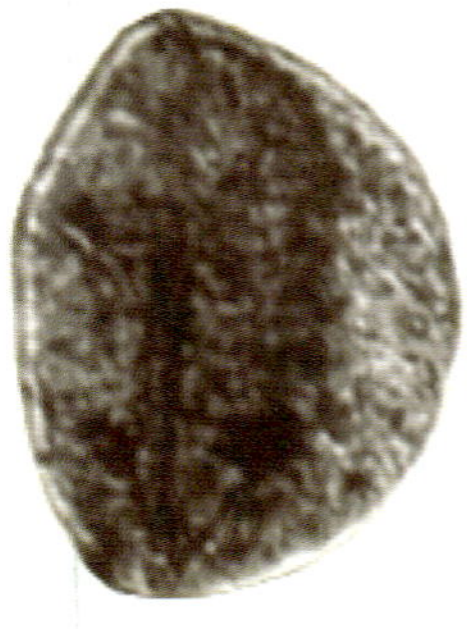

8

图版Ⅶ

1

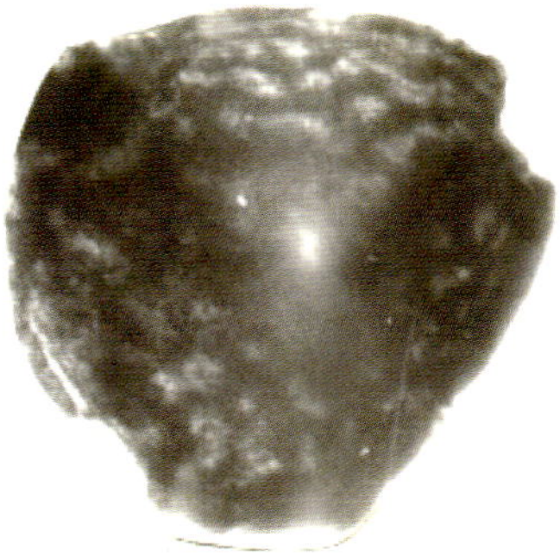

2

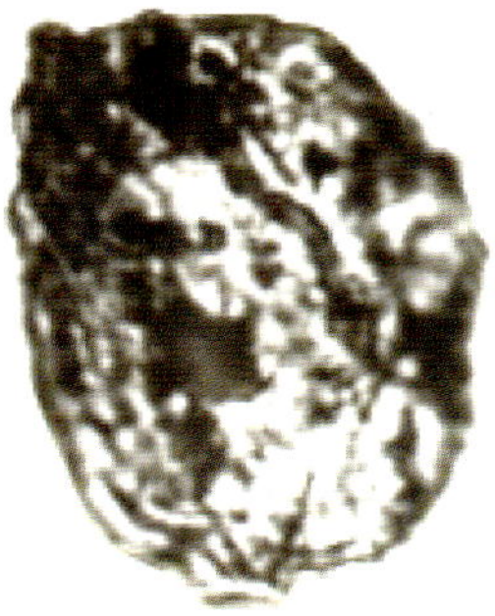

3

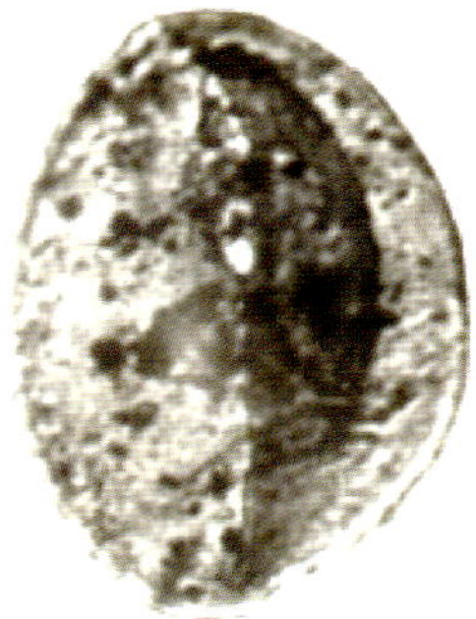

4

5

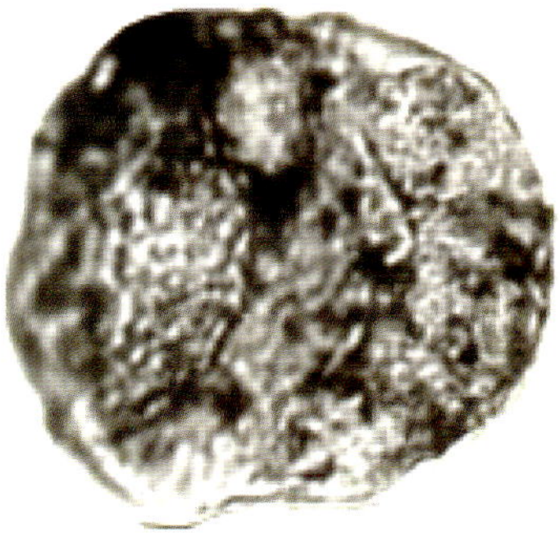

6

7

8

图版Ⅷ

1

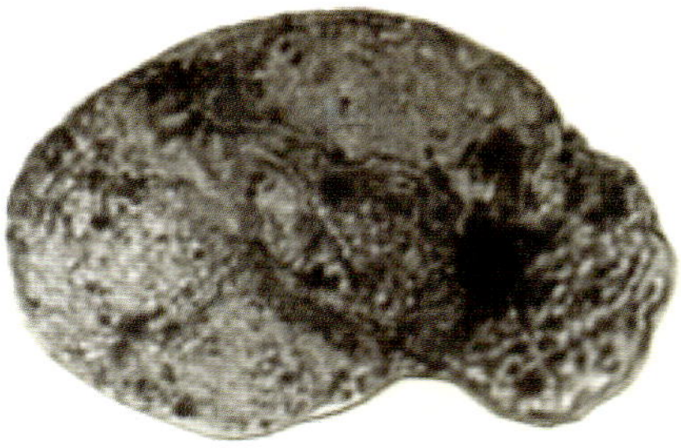

2

3

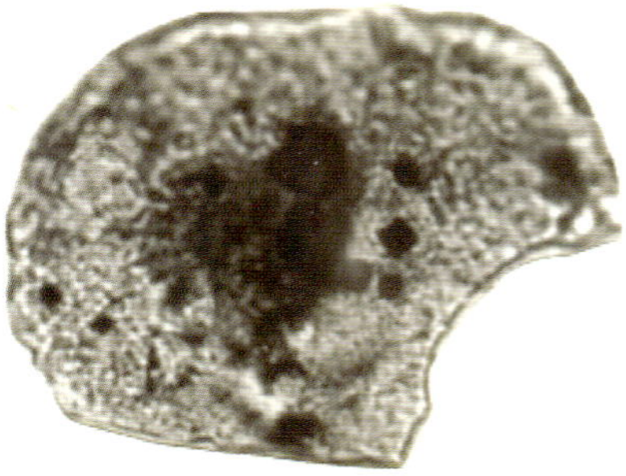

4

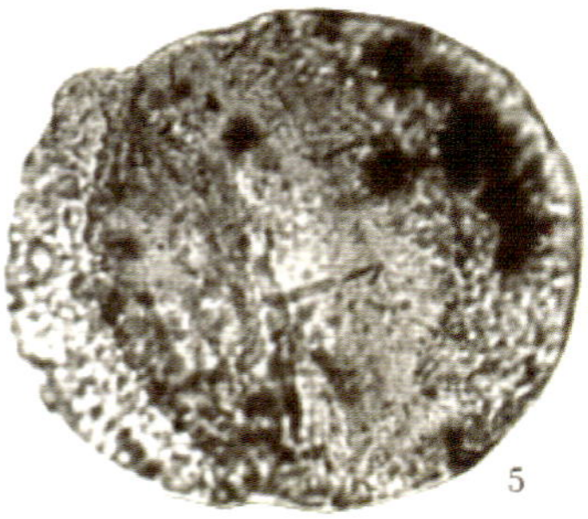

5

6

7

8

图版Ⅸ

1

2

3

4

5

6

7

8

图版X

1

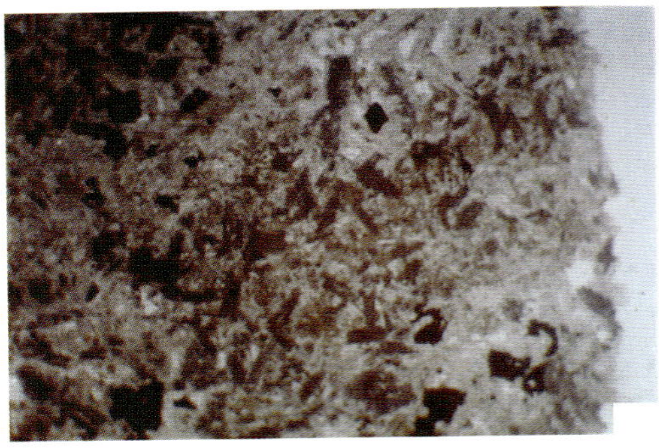

2

3

4

5

6

7

8

图版 XI

1

2

3

4

5

6

7

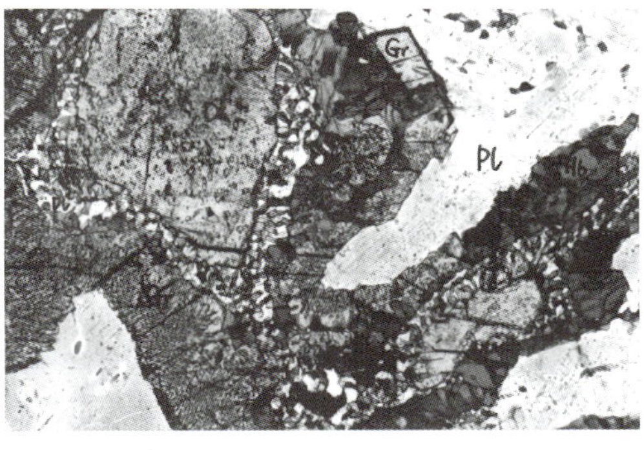

8

图版XII

1

2

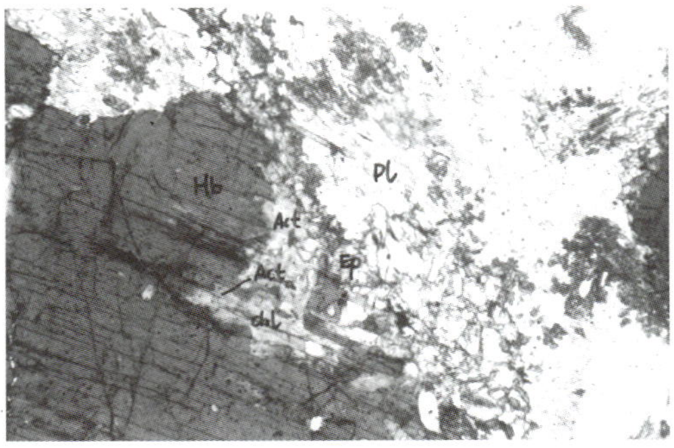

3

4

5

6

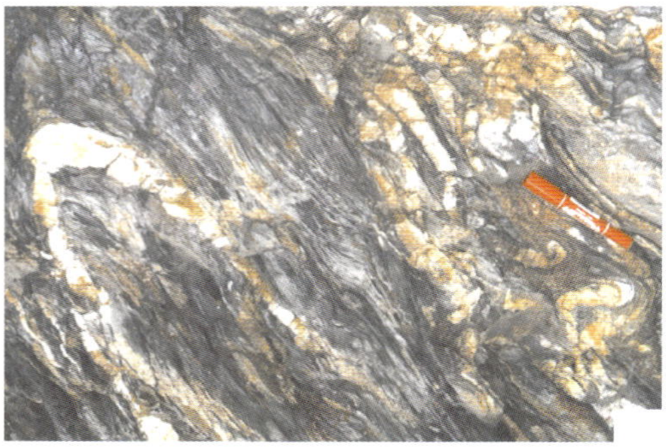

7

8

图版 XIII

1

2

3

4

5

6

7

8